北京理工大学“双一流”建设精品出版工程

Thermal physics

热学

李军刚　吕勇军　邹 健 ◎ 编著

北京理工大学出版社
BEIJING INSTITUTE OF TECHNOLOGY PRESS

内容简介

本书系统地阐述了热物理学的基本内容，全书分为热现象与热物理学、热力学第零定律和温度、热力学第一定律和内能、热力学第二定律和熵、麦克斯韦－玻尔兹曼分布、输运过程的分子动力学基础、物态与相变共7章。采用了先介绍宏观理论再阐述微观理论的做法，这更符合初学者由现象到本质的认识过程。全书融入了人文素养、科学素养、科学精神和科学方法四个方面的基本要素，全面提升学生的基本素养。

本书可作为高等学校物理学专业、应用物理学专业、理科大类相关专业的教材和参考书。

图书在版编目(CIP)数据

热学／李军刚，吕勇军，邹健编著．-- 北京：北京理工大学出版社，2022.3（2024.1重印）
ISBN 978－7－5763－1146－4

Ⅰ．①热…　Ⅱ．①李…　②吕…　③邹…　Ⅲ．①热学－高等学校－教材　Ⅳ．①O551

中国版本图书馆CIP数据核字(2022)第041417号

出版发行／北京理工大学出版社有限责任公司
社　　址／北京市海淀区中关村南大街5号
邮　　编／100081
电　　话／(010) 68914775（总编室）
　　　　　(010) 82562903（教材售后服务热线）
　　　　　(010) 68944723（其他图书服务热线）
网　　址／http://www.bitpress.com.cn
经　　销／全国各地新华书店
印　　刷／廊坊市印艺阁数字科技有限公司
开　　本／787毫米×1092毫米　1/16
印　　张／13
字　　数／285千字
版　　次／2022年3月第1版　2024年1月第2次印刷
定　　价／56.00元

责任编辑／陈莉华
文案编辑／陈莉华
责任校对／周瑞红
责任印制／李志强

前　言

热学是一门优美的科学，它植根于现实世界的直接经验，同时与物理学的其他基本领域——古典力学、电磁学、量子理论以及化学和工程学科有着密切的联系。热学又是一个特别的领域，这点从它把“热力学系统”作为研究对象就已经显现了出来，不同于传统科学中以“分而又分”得到整体的一部分作为研究对象（机械的还原论），热力学注重训练以整体性为特征的现代系统科学的思维方式。当我们站在雪地里或者泡在温泉中时，会得到跟热有关的直观感受。然而，热力学这个领域充满了只有在深入研究之后才能感受到的微妙之处。

党的二十大报告指出“科技是第一生产力、人才是第一资源、创新是第一动力”。热学完善的知识结构是许多工程科学的基础，同时在热学的发展史中，知识从无到有的创造过程充满了创新性思维的极好范例，这些创造过程也展现了科学工作者特别的科学素养和品质。这些都是我们新时代背景下青少年学生需要重点培养的能力和素质。本书力求做到在帮助学生构建合理的知识结构的同时，帮助学生去体会知识从无到有的创造过程和科学的精神. 本书有以下特点：

（1）在教学顺序上，我们采取了先宏观理论再微观理论的做法，这更符合初学者由现象到本质的认识过程。在宏观理论部分，我们特别强调宏观理论的构建过程，从生产生活中的现象中抽象出热力学的研究对象“热力学系统”之后，按照系统描述、规律展现、理论应用等依次展开，按照理论建立的普遍过程深入，让读者能够在把握完整知识结构的同时，体会理论的构建过程中蕴含的创新思维。在微观理论部分，我们注重与宏观之间的联系，特别引导学生从宏观到微观思维方式的转变。

（2）更加注重其中一些重要原理的导出，提供了相当一部分原汁原味的内容，这些内容正好演示热学知识从无到有的创造过程，可以很好地激发学生的创新思维。在介绍热力学第二定律时，我们强调了卡诺的贡献以及卡诺定理对热力学第二定律导出的重要地位。

（3）增加了必要的数学基础的介绍，重点介绍了这些数学知识的物理背景，力求把数学和物理融为一体，以便让初学者能够在较短的时间内掌握这些数学工具，尽快进入物理课程的学习与对物理规律的思考。例如，在第 1 章中介绍了全微分的相关知识，特别强调它与热学中的状态函数的关系。在后续的章节中，介绍温度、内能、熵等状态函数时，对全微分做了呼应，让初学者能够尽快地理解这些概念的本质。

本书能够满足现行大类招生和培养的目标，可以给学生以充分的自由度，让学生既能够得到系统的训练，又能够充分地发展自己的个性和特色，为后续的“宽口径”发展奠定基础。

本书的编写工作分工为：李军刚负责全书的统稿及第1～4章和第6章的编写工作；邹健负责第5章的编写工作；吕勇军负责第7章的编写工作。

感谢北京理工大学“特立教材”系列计划的资助，感谢北京理工大学出版社的大力帮助。

由于编者水平有限，书中不免有许多疏漏之处，敬请同行专家和读者批评指正。

编 者

目　录

第1章

热现象与热物理学

竹外桃花三两枝，春江水暖鸭先知。——宋　苏轼《惠崇春江晚景》

这首诗描述的是春回大地，桃花初放，江水回暖，群鸭嬉戏的情景。一个“暖”字展现出了生命现象与热现象的密切关系。的确，热现象每天都发生在我们周围，热是生命得以延续的必不可少的重要因素。人类自诞生的那一天起，就和热结下了不解之缘。春夏秋冬四季更替，气温的变化让人类学会了兽皮裹身、择洞而息等基本的生活能力，而文明的起源，则是从人类学会使用火开始的。古老的中国古代史中，燧人氏钻木取火使人类摆脱了茹毛饮血从而开创了华夏文明；在浪漫的西方传说中，普罗米修斯为人类盗来天火，使人类成了万物之灵。可以说，人类从出现在这个世界上的那一刻起，就开始了对热现象的研究，经过了整个人类历史长河的发展，积累了大量的规律和知识，最终形成了本书所要讨论的热学理论。

物理学是研究自然现象及其规律的科学的总称，而热学又称作热物理学，是物理学的一个重要分支。热学是物理科学中研究热现象规律以及热运动与其他运动形式相互转化规律的一门科学，它是人们在认识和研究热现象的过程中逐渐形成的。它的基本概念、基本定律和基本理论不但是物理学各分支学科的理论基础，也是化学、生物学、工程技术甚至是社会科学的理论基础。

本章中我们首先从自然界中常见的热现象出发，给出热学的研究对象、研究内容以及它的理论结构。最后补充两个学习热力学所需要的数学知识。

1.1　热力学是宏观热现象规律的总结

热力学是人们在不断追求美好生活的过程中产生的，它是宏观热现象规律的总结。经典热力学理论有着悠久的历史，是从日常的生活经验中总结出来的。自从人类学会使用火之后，生活条件得到了极大的改善。火的使用为人类食用熟食创造了条件，让生肉生食逐渐远离了人类的餐桌，这在一定程度上延长了人类的平均寿命。在利用火的过程中，人们逐渐积累了关于热的第一手资料。人类的祖先很早就认识到，刚刚在火上烧开的水不能直接饮用，否则会把嘴巴烫坏；人们慢慢地获得了一个经验，即不同物体的冷热程度可以相差很大，但是如果把罐中的开水放在石桌上等上一段时间，水的冷热程度就会变得和石桌的冷热程度差不多。原始人对冷热程度的认识相对来说非常粗糙，但随着经验的积累，人们开始有意识地通过实验来研究这些热现象，冷热程度这个概念最终进化成了温度，并建立了与之密切相关的热力学第零定律，成了热力学体系的基础定律之一。

仍然回到烧开水的例子，在滚烫的开水自动冷却到与石桌冷热程度一样的过程中，到底发生了什么事情呢？进一步的研究发现，事实上是水放到火上以后，从火中获得了一些能量，放到石桌上以后，这些能量以热的形式不可逆转地耗散到了石桌上，最终都跑到了周围的环境中去了。也就是说，能量可以从一个物体转移到另一个物体。钻木取火技术的发明让人们学会了对火的控制，极大地提高了人类的生活质量。通过对钻木取火过程的思考，人们认识到，付出劳动对外做功可以产生热量，最终点燃柴草，这是功变热的最初经验。后来人们发明了水壶，带一个长长的壶嘴，可以方便地把热水倒出来。在用水壶烧水的过程中人们又有了新的发现：水沸腾后，水蒸气从水壶的壶嘴喷出，可以推动壶嘴前放着的叶片，也就是水蒸气产生了动力，这启发人们可以用火或其他方法产生的热量来获得有用功，而不仅仅是让它耗散到环境中去。后来人们发明了热机，热机可以将部分热量转化为功，直接帮助人类劳动，也可以转化为其他形式的能量（例如提起重物，把能量转化成物体的重力势能）。热与功的这种互相转换的关系最终演化成了热力学第一定律的规律，它告诉我们**能量有不同的形式，热是能量的一种，形式多样的能量可以在不同形式之间转换，但在转换的过程中总量保持守恒。**

经验还告诉我们，如果房间外面的气温比房间内部的气温高，房间的温度不会自动下降，相反会上升；当两个物体接触时，热的物体会冷却，因为热量会自发地由较热的物体向较冷的物体传递。那么在没有更冷的物体的情况下，就没有办法让物体冷却下来吗？办法当然有，打开家里的空调，就可以把热量从室内搬运到高温的室外去，这与物体的自发冷却过程刚好相反。后面的讨论我们会知道，要实现制冷过程我们是需要付出代价的，也就是说我们必须提供功，比如给空调提供电力。人们发明了热机之后，最为关心的一个问题就是如何用最少的热量来获得尽可能多的功，最终发现，不管如何设计热机，热量都不可能100%全部转化为功。这些现象表明**能量的转化是有方向性的**，最终人们把这个规律总结成了热力学第二定律。

随着低温技术的发展，人们发展出了各种产生低温的方式，人们可以获得的低温越来越接近一个低温的极限即绝对零度。但是无论如何精巧的低温方法，都无法达到这个温度的极限。1906年德国物理学家能斯特（W. Nernst）根据实验发现提出了热力学第三定律：**不可能使一个物体冷却到绝对温度的零度。**

关于热现象的例子还有很多很多，所有这些现象都可以用热力学的四个定律所撑起的热学宏观理论来解释。热力学第零定律告诉我们，处于平衡态的热力学系统存在一个共同属性叫作温度，它是热力学理论的一个核心概念。温度不能用力学中诸如质量、长度和时间等物理量表示出来，这也使得热学成了不同于其他物理学分支的一个重要组成部分。热力学主要是从能量转化的观点来研究物质的热现象和规律，它告诉我们能量从一种形式转换为另一种形式时遵从的宏观规律，即热力学第一定律和热力学第二定律。热学的基本定律直接关系到前面提到的热机和制冷机的工作原理，这些定律告诉我们热量如何转化为功，功又如何转化为热以及在转化过程中所依从的规律。

热力学第三定律给温度的取值规定了一个下限，即不能用有限的步骤使物体冷到这个下限温度。

热力学以从实验观测并总结得到的四个基本定律为基础和出发点，应用数学方法，通过逻辑演绎，得出有关物质各种宏观性质之间的关系和宏观物理过程进行的方向和限度，故它属于唯象理论。热力学研究的对象是由大量原子或分子组成的系统，但是热力学从宏观的视角考虑，其关注点是系统总体的规律而忽略组成系统的微观物质个体。由于是从大量宏观经验中总结出的规律，因此不仅不依赖于任何特殊的物质结构模型的假设，且无须知道系统的基本组成，所以爱因斯坦在晚年时曾经说过：“**一个理论，如果它的前提越简单，而且能说明各种类型的问题越多，适用的范围越广，那么它给人的印象就越深刻。经典热力学是具有普遍内容的唯一的物理理论，我深信，在其基本概念适用的范围内是绝对不会被推翻的**。”热力学的原理是最具普遍性的规律，我们对物质的认知可能会随着人类的进步而改变，但通过热力学得出的结论往往仍然适用。

但是，热力学也有它自身的局限性。第一，热力学只适用于构成系统的个体数非常大的宏观系统；第二，热力学主要讨论系统处于平衡态时的性质，对非平衡态问题的处理还不是很有效；第三，在用热力学理论处理问题时，我们把系统看作是连续体，不考虑物质的微观结构，因此不能揭示出热现象的本质。比如对于热力学系统的压强和温度等物理量的本质还需要从热力学系统的微观结构来进一步诠释。也就是说，热现象的微观本质需要在人们对物质的微观构成认识清楚之后，才能真正地揭示出来。

1.2　热运动与热现象的微观理论

物质的微观结构包含着大量重要的信息，以至于费曼（R. P. Feynman）在其物理学讲义中有着这样的描述：“如果在某次大灾难中，所有的科学知识都将被毁灭，只有一句话能够传给下一代人，那么，怎样的说法能够以最少的词语包含最多的信息呢？我相信是原子假说，即**万物都是由原子构成的，原子是一些小粒子，它们永不停息地四下运动，当它们分开一个小距离时彼此吸引，而被挤到一起时则互相排斥**”。

1.2.1　物质由大量的分子或原子组成

在早期，观测仪器还未发展成熟，人们对物质世界的认知主要靠感官来实现。在这一时期，眼睛承担了人类认知世界的绝大部分功能，因此我们对世界的认知首先是眼睛能够看到的宏观物体。世间万物，千态万状，而它们是如何构成的呢？它们的构成是否有相同之处呢？人类丰富的想象力天马行空、不拘一格，总能在目力所不能及的地方描绘出美妙的蓝图。“一尺之锤，日取其半，万世不竭”显示了我国古代哲学思想中的物质无限可分的思想。两千多年前，德谟克利特（Democritus）曾经写道：“依照通常的说法，甜只是甜，苦只是苦，冷总是冷，热总是热，颜色也只是颜色，但实际上只有原子和虚空。也就是说，我们习惯于把感知到的事物当作是实在的，但是真正说起来，它们不是实在的，只有原子和虚空是实在的。”这是古代哲学中的巧妙的想象。这种朴素的原子论中所说的原子本质相同而只是形状不同，因而构成了世间万物。

真正以实验结果为依据指出物质都是由原子组成的这一事实的科学家是19世纪初被称为科学原子论之父的道尔顿（J. Dalton），他指出构成不同物质的原子本质上是不同的，并把原子与元素联系起来。道尔顿把经典的原子论提高到了一个新的高度。后来，随着科学的进一步发展，人们提出，原子可以直接构成宏观物体，或者多个原子组合起来可以构成分子，分子再进一步构成宏观物体。而原子则是利用化学方法不可再分的单质微粒。这种物质结构的分子原子论在19世纪得到公认，但是由于实验手段的不足，原子分子仍只是假想出来的抽象概念。直到20世纪，布朗运动的实验发现，并由分子无规则运动理论完美解释之后，物质结构的原子分子学说才被真正确立。

科学发展到近代以后，实验成为人们进行科学发现和认识自然规律的首要手段。大量持续不断的实验及理论研究的深入，物质世界的构成被逐渐揭示出来，到目前为止，我们物质世界的构成可以用图1.1表示的示意图给出。尽管模型显示了自下而上，物质世界从小的夸克、胶子开始，逐级向上组成高一层次的粒子，直到我们肉眼可以直接观察的宏观物体，然而我们对物质世界构成的认识则是从上而下逐级深入的。

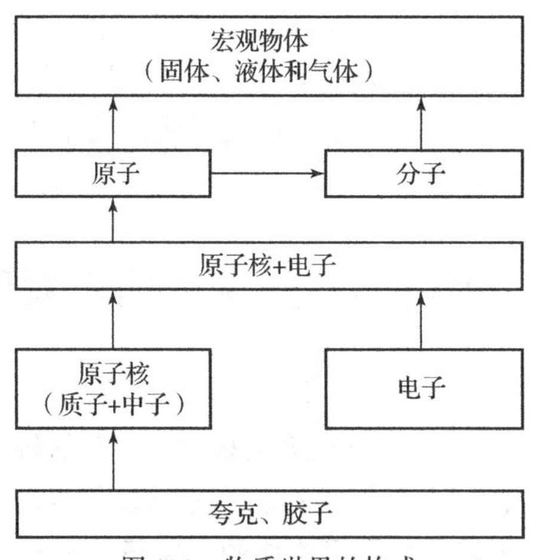

图1.1 物质世界的构成

热学所研究的对象是由大量原子或分子等微观粒子组成的宏观物质，热学关注的是这些分子或原子无规则的运动形式的整体规律，因此探索热现象的微观本质，只需要从“物质是由大量原子或分子构成的”出发即可。组成物质的分子的尺度有多大呢？实验结果表明，由单原子组成的物质，其原子的尺度大概是10^{-10} m的量级；而由许多原子一起构成的大分子的尺度有可能比单原子尺度大10 000倍。

1.2.2 分子的热运动及其实验事实

上一小节我们提到，宏观物体是由分子或原子等小的微粒组成的，那么这些组成宏观物质的分子或原子在物质内部的运动状态如何呢？是像课堂上教室座位上坐的学生那样占据一个固定的位置不动呢？还是像下课后操场上活力四射的学生们那样四处乱跑呢？原子论者相信，组成物质的最小颗粒（原子或分子）处于永恒的运动之中。最先能够从实验上显示出分子的运动情形的是布朗运动。1827 年，植物学家布朗（R. Brown）在利用显微镜观察研究微生物时发现，悬浮在液体中的植物花粉细小微粒的运动轨迹非常奇怪，如图 1.2 所示，路径具有很大的随机性。这时，他很明智地领悟到这并非生命活动的原因，而是在水中随机游动的微小尘粒。后来这种悬浮微粒被称作布朗粒子，把上述的无规则运动叫作布朗运动。

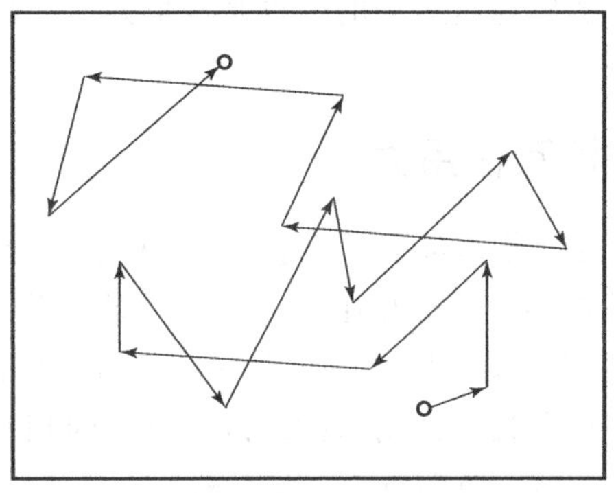

图 1.2　布朗运动示意图（图中每条折线是一个粒子在每隔一定时间所在位置的连线）

布朗运动的机理是什么呢？科学家们对这一奇异现象研究了 50 年都无法解释，直到 1877 年德耳索（J. Delsaulx）才正确地指出：这是由于微粒受到周围分子的不均衡碰撞而引起的，从而为分子无规则运动的假设提供了十分有力的实验依据。分子无规则运动的假设认为，分子之间在做频繁的碰撞，每个分子运动方向和速率都在不断地改变。任何时刻，在液体或气体内部各分子的运动速率有大有小，运动方向也杂乱无章。

1905 年左右，爱因斯坦用概率的概念和分子运动论的观点，创立了描述布朗运动的理论（见图 1.3），证明布朗粒子位移平方的平均值正比于时间 t，此结论为皮兰的实验所证实。这一定量的结果给原子论为人们所承认提供了最有力的证据。

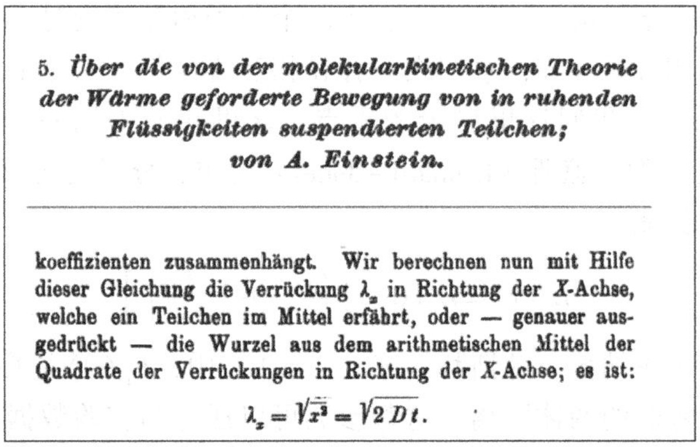

5. *Über die von der molekularkinetischen Theorie der Wärme geforderte Bewegung von in ruhenden Flüssigkeiten suspendierten Teilchen; von A. Einstein.*

koeffizienten zusammenhängt. Wir berechnen nun mit Hilfe dieser Gleichung die Verrückung λ_x in Richtung der X-Achse, welche ein Teilchen im Mittel erfährt, oder — genauer ausgedrückt — die Wurzel aus dem arithmetischen Mittel der Quadrate der Verrückungen in Richtung der X-Achse; es ist:

$$\lambda_x = \sqrt{\overline{x^2}} = \sqrt{2\,D\,t}.$$

图 1.3　爱因斯坦论文“热的分子动理论所要求的静止液体中悬浮小粒子的运动”
（上面是文章的德文题目，下面是文章中的一个结果，方均根位移与时间的平方根成正比）

日常生活中有许多现象也可以用分子的热运动来解释。比如，一滴墨水进入水中，它会在整个水中扩散而成为均匀溶液，这是由于石墨分子与水分子都在上、下、左、右不停地运动和相互碰撞造成的，因此它们间接地证明了液体分子的热运动事实。我们把这种在有浓度梯度时物质粒子因热运动而发生宏观上的定向迁移的现象叫扩散现象，产生的原因是物质粒子的热运动。扩散过程并不是分子的定向移动，其本质仍然是分子的热运动，即具有方向性的热运动；温度越高，热运动越剧烈，扩散越迅速。

总之，大量的实验事实表明：组成宏观物体的大量分子在永不停息地做无规则运动，而且这种分子无规则运动的剧烈程度受物体的温度影响很大，温度越高，物体内分子的无规则运动越剧烈，我们把这种与物体冷热直接相关的大量分子的无规则运动称作热运动。热运动是自然界物质运动的一种基本形式，一切热现象都是大量分子热运动的宏观表现。

1.2.3 分子间存在相互作用力

上一小节我们提到，宏观物体包含了大量的微观粒子（原子或分子）。那么这些组成宏观物体的粒子之间是否存在着相互作用力呢？答案是肯定的，否则我们五彩缤纷的世界将不复存在。而我们现实世界之所以存在形态各异的固体和婀娜多姿的液体，正是由于分子和分子之间存在相互作用力的缘故。分子间相互作用力是液体和固体能够形成的必要条件，也是决定物质性质的主要因素。

不同状态的物质中，分子之间的相互作用各不相同。在气体中，分子之间的相互作用非常小，分子几乎独立自由地运动；在液体和固体中，分子间的作用力使分子相互结合在一起，这些力是组成分子的电子、质子等粒子之间的电磁相互作用的综合效应。我们知道，两个点电荷之间存在库仑相互作用，其大小与电荷之间的距离平方成反比，同性电荷排斥，异性电荷吸引。与点电荷不同，分子是包含正负电荷的复杂结构，因此它们之间的相互作用力比库仑力复杂得多。

大量事实告诉我们，分子间的作用力与分子间的距离有关，当它们之间的距离 r 比较大时，作用力表现为吸引力，并且吸引力随着 r 的减小而增加，吸引力主要是由于原子中电磁力引起的。当原子之间的距离 r 足够小时，则又表现为排斥力了，排斥力主要来源于微观粒子的量子效应。简单地说，当两个分子相互接近时，分子中的电子云相互重叠，由泡利不相容原理知，它们之间存在相互排斥作用。分子之间作用力的微观机理比较复杂，也不是我们这里讨论的重点，这里我们采用一种唯象的描述方法。1924 年，约翰·伦纳德·琼斯（Lennard - Jones）提出，分子之间的相互作用可以用一个简单的数学模型势能

$$E_p(r)=E_p(0)\left[\left(\frac{r_0}{r}\right)^{12}-2\left(\frac{r_0}{r}\right)^{6}\right] \tag{1.2.1}$$

来表示，后来被称为伦纳德 - 琼斯势。式（1.2.1）中，$E_p(0)$是势阱的深度；r_0是互相作用的力正好为零时的两体距离。这些参数可以通过与实验数据拟合而得到，也可以从精确的量化计算结果中推导出来。根据力学中势与力的关系，我们可以由式（1.2.1）方便地求出分子间的相互作用力：

$$F(r)=-\nabla E_p(r)=-\frac{\mathrm{d}}{\mathrm{d}r}E_p(r)\hat{r}=12\,\frac{E_p(0)}{r_0}\left[\left(\frac{r_0}{r}\right)^{13}-\left(\frac{r_0}{r}\right)^{7}\right]\hat{r} \tag{1.2.2}$$

式（1.2.1）中的$(r_0/r)^{12}$和式（1.2.2）中的$(r_0/r)^{13}$项表示分子之间的相互排斥

作用，由于排斥势能与分子间距离 r 的 12 次方成反比，所以当分子间距离增加时，排斥力会迅速减小至可以忽略不计的程度，只有当分子靠得很近时，排斥力才会急剧增加。因此，排斥力可以视为短程力。式（1.2.1）中的 $(r_0/r)^6$ 和式（1.2.2）中的 $(r_0/r)^7$ 项表示分子之间的相互吸引作用，相对排斥力而言，吸引力的作用力程要长得多，因此在原子之间距离较大时，分子之间表现为吸引力。

在图 1.4 中我们给出了气体中分子之间的力和势随分子之间的距离 r 变化的趋势，其中 $F(r)$ 大于零对应于排斥力，$F(r)$ 小于零对应于吸引力。从图中可以看出，当分子相距较远时，分子间作用力很小，通常表现为吸引力。当气体被压缩，其分子靠近时，吸引力先增加后减小。当分子之间的距离减小到大致相当于液态和固态分子之间的间距时，分子间作用力变为零，我们把这个特定的距离记为 r_0。液体和固体很难被压缩，常常需要施加非常大的压力才能改变其体积。这表明，在分子距离略小于平衡间距时，分子间作用力变成排斥力，并且随距离的减小而急剧增大；从势能的角度来看，它在分子间距离为 r_0 时取得最小值，此时分子间作用力为零。

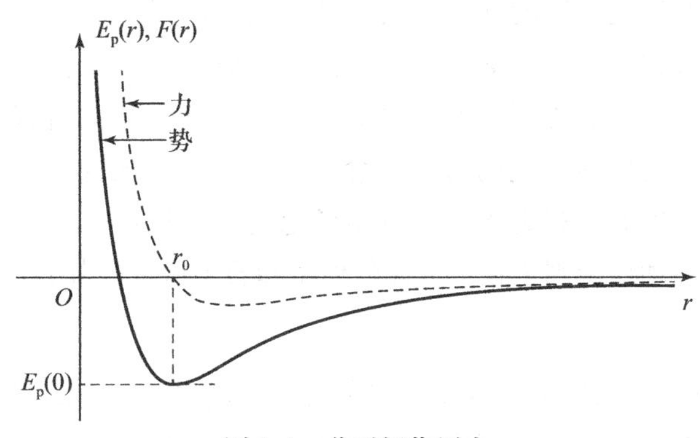

图 1.4　分子间作用力

前面我们曾经指出，分子总是在永不停息地运动，它们的动能通常随温度的增加而增加。这里我们又指出，分子之间存在作用力，力的大小随分子之间的距离的变化而变化。热运动和分子间作用力是决定物体各种宏观性质的两个基本要素。在非常低的温度下，分子热运动比较弱，分子的平均动能可能远小于势阱的深度，因此分子有序排列形成固体，分子间平均间距约为 r_0；随着温度的升高，当分子的平均动能与 $|E_p(0)|$ 相当时，形成液体；当温度高到一定程度时，热运动变得非常剧烈，分子平均动能会大于势阱的深度 $|E_p(0)|$。分子就可以逃脱分子间的作用力，自由地独立地运动，形成气体。

综合前面的结论，物质都是由大量的微观粒子组成的，这些微观粒子都在永不停息地做着杂乱无章的热运动，这些微观粒子的速率、位置等微观状态都是随机取不同的值。但是由统计学可知，在粒子的数量足够大（且稳定时）时，这些微观参量取特定值的概率又是完全确定的，其统计平均值也是确定的，满足一定的统计规律性。因此，可以用统计的方法来研究热学问题。

从宏观物体由大量热运动的分子组成的前提出发，把热力学系统的宏观性质看作由微观粒子热运动的统计平均值所决定，运用统计的方法，通过大量分子热运动所遵循的统计规律性，计算描述热现象的各种宏观量所对应的微观量的统计平均，进而对各种热现象做出微观解释并做进一步的研究，称为统计力学。统计力学是从微观的视角来研究物质热学性质的科学，它在微观世界和宏观世界之间架起了桥梁。

1.2.4 热物理学的三种理论

1. 热力学

热力学是热物理学的宏观理论。热力学从系统的宏观性质出发，不考虑系统的微观结构，由宏观的观察和测量总结出来关于热力学系统的普遍规律，然后应用数学方法，通过逻辑推理和演绎，得出有关热力学系统各种宏观性质之间的联系、宏观物理过程进行的方向和限度等结论。经典热力学的基本定律有着极其普遍的一般性，所以应用范围极广。

2. 气体动理论

气体动理论主要研究气体的性质和气体状态变化的过程。它的出发点与热力学相反，是从气体的微观粒子满足力学规律出发，加入概率的观念，运用统计手段，用微观量的统计平均来表示宏观参量，并从微观上给出宏观参量的解释。例如，可以由分子与器壁碰撞时分子动量的变化的力学概念，引入气体压强的宏观概念；由分子运动的动能，引入气体温度的宏观观念。气体动理论的最高目标是能描述由非平衡态转入平衡态的过程。气体动理论因依赖于气体的模型和若干假设，其普适性不如热力学。

3. 统计力学

统计力学是19世纪末由玻尔兹曼、吉布斯等人创立的。它的基础，既不像热力学那样完全基于经验性的定律，也不像气体动理论那样需要考虑力学的观念。它从一个基本假设出发，采用演绎性理论的形式，导出相互独立的三个热力学基本定律。同时还能通过对特殊物质建立微观模型，实施统计平均，预言具体的热力学性质和演化规律。统计力学定义了若干个数学概念，把它们和热力学中的一些概念（如温度、熵）对应起来，就可以获得热力学中的许多函数（如自由能、熵等）的数学表达式。除了应用许多问题时能做具体计算外，其重大贡献之一，是其对热力学第二定律提供了一个物理的、概率的解释。在热力学中，熵是一个非常抽象的概念，玻尔兹曼给予了熵一个概率的意义，使统计力学与热力学互相沟通，相辅相成。

本书中我们重点讨论经典热力学和气体动理论，基本上不涉及统计力学的内容。

1.3 热学研究的对象

物理学在研究自然现象和规律时遵循这样的步骤：①确定想要研究的对象；②对研究对象进行必要的简化假设，从中简化出适合用数学工具来描述的物理模型；③找出合适的状态参量以便准确地描述研究对象（物理模型）；④给出研究对象的规律。因此我们同样也可以按照以上步骤来介绍热力学理论。

我们首先确定热学的研究对象。由 1.2 节我们知道，世间万物各式各样，但是它们有一个共同的特点，就是宏观物质都是由大量微观粒子组成的。比如一杯水是由大量水分子组成的；一块铁是由大量铁原子组成的，并且组成宏观物质的微观粒子都在永不停息地做无规则热运动。忽略掉不必要的个性，提取出其中的共性，我们可以建立起这些研究对象的物理模型来，即**热力学研究的对象是由大量原子或分子组成的系统**。

在这里系统是指相互联系、相互作用的大量个体的总体。作为热力学对象的系统具有宏观尺度，占据着一定的空间，可以通过常用的测量手段来测量。这种系统可能由大量的物质粒子（例如分子、原子、电子等）或场（例如电磁场）组成。在这两种情况下，它们都是包含大量自由度的动力学系统，这个系统的各个组成个体之间有着或大或小的相互作用。

前面我们提到，宏观热力学主要从宏观的视角来研究原子和分子在整体上表现出来的行为。事实上，宏观和微观并没有严格的界限。不太严格地说，宏观是指和我们人体大致相当的尺度，而微观则是在原子和分子的尺度范围内，从数量级来看宏观系统包含的原子数的代表性数字是阿伏伽德罗常数 $N_A = 6.022 \times 10^{23}$，这个也就是热力学系统定义中“大量”的量级，值得注意的是，即使是看起来不大的一个系统也含有大量的原子，可以认为是宏观的。生活中，可以作为热力学的研究对象的例子很多，比如一屋子的空气、一杯水、气缸中的油气混合物、一块铁磁性的铁、空腔中的辐射场……

在热学中，我们研究的主要对象热力学系统只是整个宇宙的一部分，为了把系统与系统之外的物体分割开，我们常常用某种材料或器壁将热力学系统封装起来，使其与周围环境分离，这样就可以完全或部分地排除系统与环境之间的交互作用。在热力学中系统和环境之间经常有两种交互作用：

（1）通过以传热的形式交换能量，进而使系统与其周围环境之间达到一种动态的平衡。如果环境可以被看作是一个非常大的系统，当有有限的“热量”被传出或传入时，其温度几乎不变化，我们把这样的大系统称作热源。

（2）通过做功的形式交换能量。当系统对周围环境做了功，或周围环境对系统做了功，系统的某些特性将发生变化，本质上是以做功的形式与外界交换了能量。这种功可以是机械的、电磁的、化学的或任何其他性质的功。

如图 1.5 所示，当我们讨论一个经典的热力学系统时，经常要涉及以下这些概念。

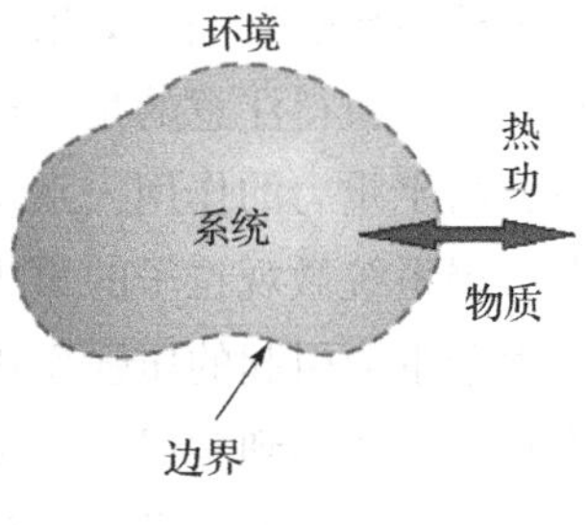

环境：如果选择整个世界中的一部分作为我们研究的对象，那么我们称研究对象以外的所有物体为环境，环境可以抽象为施加在热力学系统上的某些条件下（如恒温、压强、化学势等）的综合。

环境
热
功
系统
物质
边界

图 1.5　热力学系统、边界和环境

边界：是指系统和环境的分界面。边界的作用就是把系统和环境隔开。边界有各种各样的，例如有不允许交换热量和做功的，有不允许交换物质的等。根据边界性质的不同，可以把热力学系统分成孤立系统、封闭系统和开放系统三类。

孤立系统：孤立系统所处的边界具有阻止系统本身与周围环境交换任何“能量”和“物质”的特性，同时又能阻止系统与外部场相互作用等。孤立系统是一个理想化极限情况，在热力学中是一个非常重要的概念。

封闭系统：封闭系统的边界具有阻止系统本身与周围环境交换任何“物质”的特性，但是允许系统与环境之间有能量的交换，比如传热、做功等。

开放系统：开放系统边界允许系统与周围环境有物质交换和能量的交换。对于开放系统的讨论相当复杂，本书不予讨论。

除了上述给出的三种系统以外，热力学中还经常讨论一种情况，即绝热系统。与外界环境没有热接触的系统称为绝热系统。我们通常把系统置于绝热材料的包围之中，不让系统与外界进行热量的交换。绝热系统经历的过程为绝热过程，它是热力学中经常讨论的一类过程。

1.4 状态参量与状态公理

把一滴墨水滴入一杯水中，墨水会在水中逐渐扩散开来，最终形成一杯颜色均匀的浅灰色液体，之后杯中液体的颜色不再变化，达到一种稳定的状态；气缸中存有质量一定的气体，突然拉动气缸的活塞使其容积变大，则气体会迅速充满变大后的体积中，达到新的一种稳定状态。这样的例子在生活中还有很多，可以总结为：无论初始时热力学系统的状态如何复杂，在不受外界条件影响的情况下，经过足够长的时间后，系统最终会进入一个宏观状态不变的最终状态，这种最终状态称为**平衡状态**。热力学主要研究处于平衡状态（习惯称为平衡态）时的系统。当热力学系统处于平衡状态时，虽然从微观上看，组成系统的微观粒子仍然保持着复杂的运动状态，但是从宏观上看，其热力学系统与外界条件达到了平衡，因而不会发生宏观的热流或者粒子流。

由于能够影响系统状态的外界因素很多，只有所有相关平衡条件都得到满足时，系统才处于热力学平衡状态，这些平衡条件有：热平衡条件、力学平衡条件、相平衡条件和化学平衡条件。如果整个系统内部不存在冷热不均时，系统处于热平衡状态；力学平衡与压强有关，如果系统内任何区域的压强都不随时间变化，则系统处于力学平衡状态。值得注意的是，这并不意味着压强处处相等，例如处在重力场中的热力学系统，由于重力的作用，系统内的压强随高度而减小，底层的压强更大是由于它必须承载上层系统微观粒子的重力，因此实际上满足力学平衡条件。在大多数热力学系统中，由于重力引起的压强变化相对较小，通常忽略不计。如果一个系统有两个相，当每个相的物质达到并保持平衡时，它就处于**相平衡状态**。最后，如果系统的化学成分不随时间变化，即不发生化学反应，则系统处于**化学平衡状态**。我们后面讨论的大部分内容涉及当这四种平衡中的一种或多种不存在时系统发生的变化，在后面的章节中，我们将依次考虑它们。

在一定的条件下，热力学系统都处于热力学平衡状态。当外界的条件不变时，处于平衡状态的系统也保持不变。**如何来描述这样的系统的状态呢？**一个直接的思路是按照经典力学的方式给定系统中每个粒子的初始坐标和动量，进而给出系统的总状态，然后根据演化规律得到系统任意时刻的状态。然而这是行不通的。一方面，热力学系统中的粒子的个数太多，以现在计算机的处理能力，根本不能完成对这些信息的处理。比如一个尘埃灰粒算是非常小的一个系统了，它所包含的分子数约有 10^{11} 个，如果我们每秒钟数 3 个数，数完这些分子就要 1 000 多年。而要记录其初始状态并用动力学规律来预测其未来的状态则是不可完成的一个事情。另一方面，热学性质是体系的宏观性质，即在一定宏观条件（约束）下所观测到的性质。我们事先只能给定对系统的压强、体积、温度、能量、粒子数等宏观约束条件。这些约束并不能给出体系微观运动的初始条件（微观初始条件），更不可能由此推得系统任意时刻的微观状态。在确定的宏观条件下，力学体系可能处于大量不同的微观状态，或者说其微观状态是不确定的。有意思的是，统计规律告诉我们，**数量巨大的粒子组成的一个系统，整体上存在着统计相关性，这种相关性迫使这个系统整体上要遵从一定的统计规律**。对所有粒子的一些微观量做统计平均就可以得到平衡状态系统宏观上可观测的物理量，并且这个统计平均值将会随着系统微观粒子的个数增大而变得越来越准确。我们可以用一组宏观可测量的物理量来表征系统的状态。热力学中常用的宏观状态参量有：压强 p、体积 V、表面张力 σ、表面积 S、应力 f、应变 l、磁化强度 M、磁场强度 H、浓度 c 和物质的量 ν 等。在热力学中通常把描述均匀系的状态参量分为两类，一类是与总质量成比例的，称为广延量，例如体积 V、表面积 S、应变 l、磁化强度 M 等；另一类是代表物质的内在性质与总质量无关的，称为强度量，如压强 p、表面张力 σ、应力 f、磁场强度 H 等。每一个广延量和它对应强度量构成一对共轭变量，它们的乘积的量纲是能量的量纲。

尽管有这么多的状态参量可以用来描述系统处于平衡态时的状态，当我们来研究一个热力学系统的特性时，经常会提出一个有意思的问题：对于一个给定的热力学系统，我们至少要用多少个状态参量才能完整地表示系统的状态？这里完整的意思是，在一定条件下，给定这些状态参量可以完全确定系统随后的状态。在经典力学中，一个质点在某时刻的位置和动量给定了之后，就完全确定了该质点的状态。但是对于热力学系统的描述应该有多少个独立的状态参量呢？实验观测和经验都表明，热力学中独立变量的数目决定于所讨论的具体问题的性质。经过长期的经验积累，人们发现，均匀（单相）系统的独立状态参量个数由**状态公理**来确定：

确定热力学系统状态所需要的独立状态参数的数目等于 1 加上可能涉及的广义准静态功模式的数目。

这里涉及的准静态功模式是指热力学过程中能够明显影响系统状态的功的形式。比如一个简单的只有一种分子且体积可变的热力学系统，当不存在电磁现象时，其状态完全由两个独立的参量（p，V）来确定。也就是说只要我们选择两个宏观的可观测量来描述系统就可以了。确定了这两个状态参量以后，其他的参量可以表示成系统状态的函数，即都可以用已经确定了的参量来表示出来。每增加一种可能做功形式，我们就需要增加一个对应的状态参量才能完全描述系统的状态。例如，如果要考虑磁效应，则除了固定状态所需的两个状态参量外，还需要给定磁化强度，才能完全描述系统的状态。

状态假设要求，为确定系统的状态而指定的两个状态参量是独立的。也就是说，当一个状态参量固定不变时，另一个状态参量可以随意变化。例如，温度和单位摩尔体积是两个独立的强度参量，它们可以一起来表征简单可压缩系统的状态。值得注意的是，状态公理适用的条件是均匀单相系统，当体系涉及多个相时则不成立。例如，尽管温度和压强对单相系统是独立的，但对多相系统则是互相关联的。在海平面时（$p=1$ atm $=101\ 325$ Pa），水的沸点是 100 ℃，但在压强较低的山顶上，水的沸点则低于 100 ℃。也就是说，在相变过程中温度是压强的函数，即 $T=f(p)$；因此，只给定温度和压强还不足以固定两相系统的状态。关于相的概念和相变问题我们将在第 7 章详细讨论。

状态参量描述的是系统的属性，只要系统的状态是确定的，其状态参量就是确定的。反过来知道了状态参量也就知道了系统的状态，我们就可以通过状态参量来研究热力学系统状态变化的规律了，这些规律我们将在第 3 章热力学第一定律和第 4 章热力学第二定律中进行讨论。值得一提的是，前面我们提到的状态参量中，没有涉及热力学特有的状态函数温度，尽管在我们的日常生活中温度常被提及，然而温度的精确定义却不是那么显而易见，考虑到温度在热力学理论中的重要意义，我们将在第 2 章中从热力学第零定律开始来讨论温度的定义及其标度。除了温度这个热力学特有的状态参量以外，我们在第 3 章和第 4 章中还会引入内能和熵等重要的状态函数。它们和前面已介绍的那些状态参量一起，能够全方位多角度地描述热力学系统。

1.5 数学知识补充

为了能够更加深入地了解热力学状态描述的物理意义以及宏观和微观的联系，我们在这一小节中补充全微分和概率两个方面的数学知识。全微分的概念能够帮助我们区分热力学过程中过程量和状态量的不同，使我们能够尽快地理解温度、内能、熵等量的物理内涵。概率的知识是学习和理解气体动理论的前提，是连接宏观和微观的必要的数学基础。

1.5.1 全微分概念及特性

作为描述热力学系统的状态函数在数学上应该满足什么样的条件呢？可以从下面关于全微分的定义看出一些端倪。在热力学中区分过程量和状态量通常非常重要，全微分正好是表示状态量的合适函数，因此我们在这里对全微分做简要介绍。

伽利略曾经说：“自然之书是用数学语言写成的。”因为利用数学能够把自然规律描述得精致而优美。热力学的规律自然也应该用数学来表述。在热学发展的初期，微积分理论正是用来描述物理规律的极好工具，这个在牛顿的力学体系中体现得淋漓尽致。然而，微积分理论能够应用的基本要求是涉及的函数是连续的，这也就要求函数所描述的物理量也应该是连续的，所以首要的问题是热力学的研究对象满足这一要求吗？

热力学研究的对象是由大量热运动的原子或分子组成的宏观系统。热力学的宏观性质在本质上也是由这些原子的无规则热运动的统计平均所决定的，原子作为宏观系统微观结构的最小单元是非连续的。因此，从根本上来说，热运动整体也是非连续性的。但是由于我们研究的对象是由大量的分子组成的，数目都是在10^{23}量级，因此少数原子的行为对整个系统的影响可以忽略不计。如果我们只关注热力学系统的总体规律，就可以“**不考虑物质的微观结构，把物质看成连续体，用连续函数来表达物质的性质**”，热力学理论的创建者们将这个思想称为“**连续性假设**”。这个假设构成了经典热力学的基本假设，为利用微积分理论来描述热力学规律奠定了基础，正是在这个基础上，研究人员利用微积分理论结合实验结果，在热力学中引入了描述热力学系统的状态变量和状态函数，并建立了这些函数之间的数学联系，最终形成了一套优美而令人印象深刻的宏观热力学理论。

状态公理告诉我们，一个最简单的热力学系统可以用两个独立的状态参量来完全描述，比如参量（p，V）。而我们后面要讨论的温度、内能、熵等都可以作为这两个状态参量的函数，比如$T=T(p,V)$，也就是压强和体积中一个量的变化都会影响温度的取值。下面我们考虑一个逆向问题，如果我们任意给定一个由已知的状态函数表示的增量，那么它的积分是否与路径无关？

考虑两个独立变量的情况，x和y的值域Σ是二维空间中的没有“洞”的单连通区域，设在一个微小过程中，z随x和y的变化关系为

$$\delta z = P(x,y)\,\mathrm{d}x + Q(x,y)\,\mathrm{d}y \tag{1.5.1}$$

其中函数$P(x,y)$和$Q(x,y)$具有一阶连续偏导数。如果我们考虑非无限小的变化，则可以对式（1.5.1）进行积分来求z在这个变化过程中的增量。我们关心的问题是，这个积分与具体积分的路径有关系吗？如果与路径无关，那么函数z就可以表示系统的状态。答案是不一定，需因情况而定。

数学上已经证明，式（1.5.1）积分与具体路径无关的充分必要条件是

$$\left(\frac{\partial P}{\partial y}\right)_x = \left(\frac{\partial Q}{\partial x}\right)_y \tag{1.5.2a}$$

积分与路径无关意味着，如果$P(x,\ y)$和$Q(x,\ y)$满足式（1.5.2a），则存在函数$g(x,\ y)$使得$\mathrm{d}g=\delta z$，则称式（1.5.1）的右端是函数z的全微分。此时的$g(x,\ y)$是两个独立变量x和y的函数，其值完全由x和y决定。因此全微分的充分必要条件还可以写成

$$\int_{(x_0,y_0)}^{(x,y)} [P(x,y)\,\mathrm{d}x + Q(x,y)\,\mathrm{d}y] = \int_{(x_0,y_0)}^{(x,y)} \mathrm{d}g = g(x,y) - g(x_0,y_0) \tag{1.5.2b}$$

即积分只与初、末两点有关，与具体的路径没有关系。因此满足全微分条件时，式（1.5.1）可以很好地表示状态特性的变化，相应的函数$g(x,y)$可以完美地表示状态特

性函数。

不难证明，全微分的充分必要条件还可以写成

$$\oint[P(x,y)\mathrm{d}x + Q(x,y)\mathrm{d}y] = \oint \mathrm{d}g = 0 \tag{1.5.2c}$$

即沿着任意的闭合路径积分一周结果为零。

注意区分这里我们关于 $P(x,y)\mathrm{d}x + Q(x,y)\mathrm{d}y$ 的讨论与微积分中通常的问题的不同，在微积分课程中，我们遇到的问题通常是找到一个给定函数的微分。而我们这里讨论的问题则相反，是给你一个微分形式的表达式，首先确定它是否是一个函数的微分，然后找出相应的函数是什么？即首先要回答第一个问题，然后才能回答第二个问题。

例1 确定 $a=(x^2+y)\mathrm{d}x+x\mathrm{d}y$ 和 $b=(x^2+2y)\mathrm{d}x+x\mathrm{d}y$ 是否是全微分？

解：因为 $\partial(x^2+y)/\partial y=1=\partial(x)/\partial x$，满足全微分条件式（1.5.2a），所以 $a=(x^2+y)\mathrm{d}x+x\mathrm{d}y$ 是全微分的形式。

又因为 $\partial(x^2+2y)/\partial y\neq\partial(x)/\partial x$，不满足全微分条件式（1.5.2a），所以 $b=(x^2+2y)\mathrm{d}x+x\mathrm{d}y$ 不是全微分的形式。

事实上我们对 $a=(x^2+y)\mathrm{d}x+x\mathrm{d}y$ 积分，得到 a 正是 $g(x,y)=g_0+x^3/3+xy$ 的微分，其中 g_0 是常数。对于 b 的情况，不存在函数 $h(x,y)$，使得 $\mathrm{d}h=(x^2+2y)\mathrm{d}x+x\mathrm{d}y$。

不满足条件式（1.5.2）的微分式不是某个函数的全微分，我们称之为不确切微分。不确切微分能积分吗？当然。但这里有一个关键区别：积分的结果与积分的具体路径有关。这就是为什么不确切微分的积分不代表通常意义上的函数。当沿着每个积分路径积分后所得的积分值都不同时，表达式 $z(x,y)=\int_{x,y}\delta z$ 的含义是什么呢？用这种方式定义的“函数”不仅取决于（x，y），还取决于“你如何到达那里”，或者用热力学的语言，与过程有关，是过程量。

如果式（1.5.1）不满足全微分的条件式（1.5.2），能否通过一些恒等变形把它变成全微分呢？数学上可以证明，对于只有两个独立变量的函数，存在积分因子 $\lambda(x,y)$，使得

$$\lambda\delta z=\lambda P(x,y)\mathrm{d}x+\lambda Q(x,y)\mathrm{d}y \tag{1.5.3}$$

变成全微分。微分式的这个规律可以帮助我们找到合适的状态函数来描述热力学状态。在热力学中热量的微小变化 δQ 是一个过程量，但是当我们用 δQ 乘以温度的倒数后，就得到了一个积分与具体路径无关的量，进而定义了熵。我们将在第4章讨论这个问题。

值得注意的一点是，式（1.5.3）中 $\lambda(x,y)$ 的具体形式则需要根据具体情况求解。例如：设 $\delta h=(3xy+y^2)\mathrm{d}x+(x^2+xy)\mathrm{d}y$。它是全微分形式吗？简单验证一下就知道它不是一个全微分，但如果我们在等式两端都乘以 x 以后得到 $x\delta h=(3x^2y+xy^2)\mathrm{d}x+(x^3+x^2y)\mathrm{d}y$ 就是一个全微分的形式。在这种情况下，变量 x 是一个积分因子，令 $x\delta h=\mathrm{d}f$，其中 $\mathrm{d}f=(3x^2y+xy^2)\mathrm{d}x+(x^3+x^2y)\mathrm{d}y$。

1.5.2　概率简介

生活充满了不确定性，我们经常需要根据现有不完整信息做出的最佳猜测进而进行决断。这是因为导致各种结果的原因可能非常复杂，以至于我们很难确切地预测最终的结果。尽管如此，即使在一个不确定的世界里，我们仍然能够对一些事情做出评述。例如，知道明天下雨的可能性是 20% 比什么都不知道要有意义得多。因此，概率是一个非常有用和强大的学科，因为它可以用来量化不确定性。

关于概率论的第一次实质性研究是由法国数学家费马（P. de Fermat）和帕斯卡（B. Pascal）在 1654 年的一系列书信往来中开始的。它源起于帕斯卡的赌友梅内骑士（C. de Mere）提出的几个问题。帕斯卡和费马通过书信讨论了这些问题，并对公平性进行了定义，从而为概率论奠定了基础。荷兰物理学家克里斯蒂安·惠更斯（C. Huygens）接受并拓展了帕斯卡和费马书信中的思想，并于 1657 年编写了第一本概率教科书，并将概率论应用于预期寿命的计算。最初人们认为，只有在我们缺乏全面知识的情况下，概率才有助于确定可能的结果。假设我们能在微观水平上知道所有粒子的运动，我们就能精确地确定每一个结果。但是，到了 20 世纪，量子理论的发现使人们认识到，在微观层面上，事件的发生本质上就是随机的，因此对于量子理论来说，概率是必需的。

热物理学关心的对象是由大量粒子组成的热力学系统。虽然热力学系统中每个粒子的行为各不相同且具有随机性，但其统计平均行为则是满足确定的规律。而概率在对大数目事件进行预测时，其涨落则会随着数目的增加而减少，因此基于概率的预测结果对于热力学系统来说都足够精确。因此，概率论就成了为热力学量身定做的工具，而概率论对热物理学产生了巨大的影响，在讨论热物理学之前了解简单的概率知识是必要的。

随机事件和概率：以掷骰子的试验为例，一个刚性且质地均匀的骰子有六个面，上面分别标上 1 到 6 六个点。骰子被掷出后，哪一面朝上完全是随机的，受到许多不确定的偶然因素的影响。我们把出现点数 i 称作一个事件，记为 A_i。若在相同条件下重复掷 N 次，并记事件 A_i 的次数为 N_i，我们发现在总次数 N 足够大的情况下（即 $N\to\infty$），事件 A_i 的频次 N_i/N 将趋于一个稳定的值 1/6，我们称这个值为事件 A_i 的概率，记为 $P(A_i)$。即

$$P(A_i)=\lim_{N\to\infty}\frac{N(A_i)}{N}\tag{1.5.4}$$

数学上，把研究这样的统计规律性的分支称为概率论。在概率论中，把这些可能发生的事件称为**随机事件**，并把在一定条件下，一系列随机事件组合中发生某一事件的机会或可能性称为发生该事件的**概率**。

特别地，如果某一随机事件绝对没有发生的可能性，则它的概率为 0；如果某一随机事件确定一定发生，则它的概率为 1；一般情况下随机事件都是可能但不确定的，因此它的概率满足

$$0 < P(A_i) < 1 \tag{1.5.5}$$

即取介于0到1之间的某个值。

随机事件可分为互斥事件和独立事件。对于一系列的随机事件，如果一个随机事件发生时，其他随机事件不可能同时发生，则称这样的事件组合为互斥事件。例如，在掷骰子的试验中，如果只有一个骰子，则掷出点数1、2、3、4、5、6的事件为互斥事件，掷出“1”则就不可能同时得到其他的五个点数。

概率相加法则：N个互斥事件发生的总概率是每个事件单独发生概率之和，即

$$P_{总} = \sum_{i=1}^{N} P(A_i) \tag{1.5.6}$$

式中，$P(A_i)$是事件A_i发生的概率，这里的总概率是发生N个事件中任意一个的概率。对于全部的互斥事件，有$\sum_i P(A_i) = 1$，即互斥事件的概率具有归一性。

如果在一个随机事件组合中，一个事件的发生不因其他事件是否发生而受到影响，则称这样的事件组合为独立事件。例如连续两次掷骰子，第二次出现得到点数“1”不受第一次是否得到点数“1”的影响，故连续两次得到点数“1”是两个独立事件。独立事件满足概率相乘法则。

概率相乘法则：对N个独立事件，同时发生的概率为各事件发生的概率之积

$$P(\cap A_i) = \prod P(A_i) \tag{1.5.7}$$

例如，投掷两个骰子A和B，同时出现A的点数为1、B点数为2的概率为$\frac{1}{6} \times \frac{1}{6} = \frac{1}{36}$。

用以描述事件的变量叫随机变量。随机变量可以是离散的，如描述掷骰子出现某个点数的事件时，变量只能取一些分立的值（1，2，3，4，5，6），称为离散的或分立的随机变量。随机变量也可以连续取值，例如，一个班里孩子的身高的取值是连续的，某同学看期末成绩时血压升高的程度也是一个连续随机变量。研究理想气体分子的速率大小时，分子无规则运动及它们之间频繁地相互碰撞中，分子之间不断地交换动量和能量，使每个分子的速度瞬息万变，这意味着在一堆数量巨大的分子中，各种速率都可能存在，即速率可以连续取值。下面我们分别给出离散概率分布和连续概率分布。

（一）离散概率分布

离散随机变量只能取有限个值。比如每个家庭中的孩子数（0，1，2，…）以及学生宿舍中的学生人数（1，2，3，4，…）。设x为离散随机变量，x_i出现的概率为P_i。若要求所有可能结果的概率之和等于1，可以表示为

$$\sum_i P_i = 1 \tag{1.5.8}$$

我们称之为归一化。期望值（平均值）是概率论这门学科的重要概念之一，若定义x的平均值为

$$\langle x \rangle = \sum_i x_i P_i \tag{1.5.9}$$

其思想是用随机变量 x 所取的每个值的概率作为该值的权重。也可以定义 x 平方的平均值（方均值）为

$$\langle x^2 \rangle = \sum_i x_i^2 P_i \tag{1.5.10}$$

事实上，上式可以进一步扩展为对 x 的任何函数的平均值，即

$$\langle f(x) \rangle = \sum_i f(x_i) P_i \tag{1.5.11}$$

例 2　操场上有一些人在做运动，他们的年龄分布如表 1.1 所示，求这些人的平均年龄。

表 1.1　年龄分布

年龄/岁	14	15	16	22	24	25
人数 N_i	1	1	3	2	2	5

解：我们可以先算出总人数

$$N = \sum N_i = 1 + 1 + 3 + 2 + 2 + 5 = 14$$

然后可以计算出每个年龄数对应的概率，如表 1.2 所示。

表 1.2　概率分布

年龄 x/岁	14	15	16	22	24	25
人数 N_i	1	1	3	2	2	5
概率	1/14	1/14	3/14	2/14	2/14	5/14

由概率可以计算出平均年龄为

$$\langle x \rangle = \sum_i x_i P_i = 14 \times \frac{1}{14} + 15 \times \frac{1}{14} + 16 \times \frac{3}{14} + 22 \times \frac{2}{14} + 24 \times \frac{2}{14} + 25 \times \frac{5}{14} = 21$$

所以平均年龄是 21 岁。

从这个题目可以看出，平均年龄 21 岁没有对应真实年龄的任何一个。事实上，对于离散型随机变量，其平均值可以不对应这些随机变量中的任何一个。

（二）连续概率分布

对连续随机变量情况，物理上经常借助迦尔顿板试验来解释。迦尔顿板如图 1.6（a）所示，在一块竖直的木板上部钉上许多铁钉，下部用竖直的隔板隔成许多等宽的窄槽，从板顶的漏斗形入口处可以投入小球，板的前面覆盖上透明玻璃，使小球可以留存在窄槽中。在试验中，当投入少量小球时，小球在窄槽中的分布是随机的，如图 1.6（a）所示；当有大量的小球投入时，可以看到，落入各个窄槽的小球数量不等，

在入口的正下方的窄槽中小球最多，而偏离入口的窄槽中留下的小球变少，在最远处的窄槽中小球最少，如图1.6（b）所示。窄槽内积累小球的高度，可以代表窄槽内的小球数，将这些最高点连接起来，得到如图1.6（c）所示的折线，这一折线能表示小球数随窄槽位置不同的分布情况。当小球数 N 增大时，小球数逐渐趋于一个稳定的分布。小球越多，规律越明显和稳定。或者说，当 N 极大时，曲线形状趋于一定，呈现对称分布。

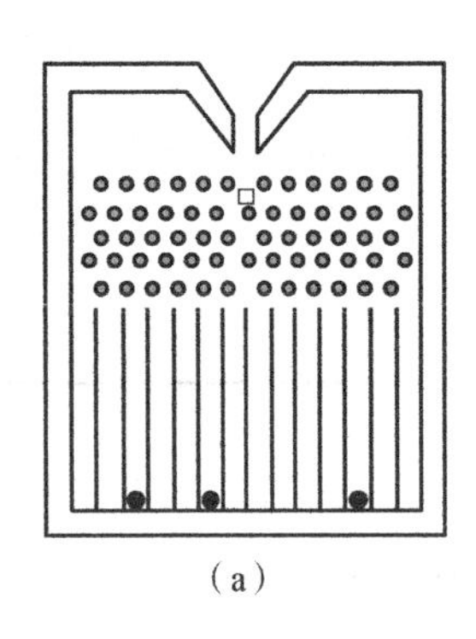

（a）

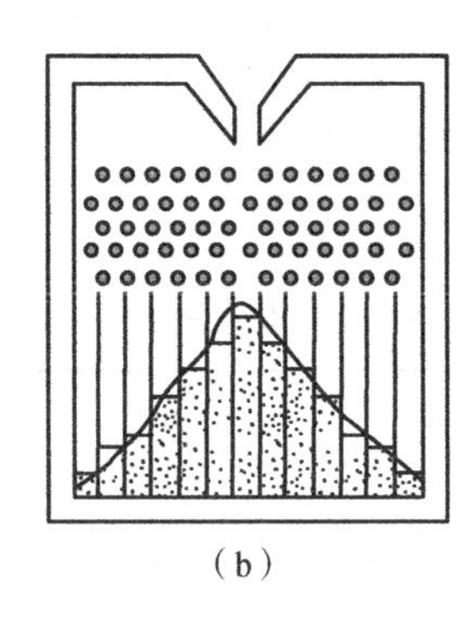

（b）

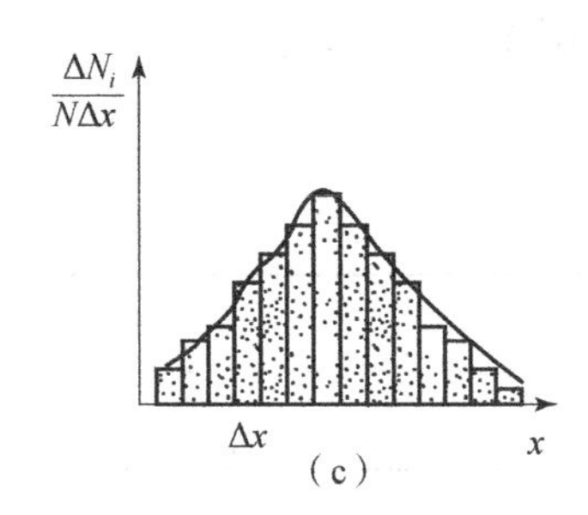

（c）

图1.6 迦尔顿板试验结果

我们在坐标纸上取横坐标 x 表示窄槽的水平位置，将 x 轴以等间距分区，Δx 为窄槽的宽度，如果投入的小球数一共是 N，数出 $x_i \sim x_i + \Delta x$ 处窄槽内的小球数为 ΔN_i，则有

$$N = \sum_i \Delta N_i$$

以 $\Delta N_i/(N\Delta x)$ 为纵轴，与 x 构成一个坐标系，如图1.6（c）所示，那么以 Δx 为底，以 $\Delta N_i/(N\Delta x)$ 为高的矩形的面积为

$$\frac{\Delta N_i}{N\Delta x} \cdot \Delta x = \frac{\Delta N_i}{N} \tag{1.5.12}$$

该面积表示的是投入 N 个小球后，落入 $x_i \sim x_i + \Delta x$ 处窄槽中的小球数占投入的小球总数的百分比。当小球的数目趋于无穷大时，$\Delta N_i/N$ 会稳定在一定值 P_i 附近，则

$$P_i = \lim_{N\to\infty} \frac{\Delta N_i}{N} \tag{1.5.13}$$

即为小球落入 $x_i \sim x_i + \Delta x$ 处窄槽中的概率。

我们可进一步来考虑迦尔顿板试验。假定小球足够小，可以看作质点，当窄槽宽度 Δx 越来越小时，小矩形也就越来越窄，在极限情况 $\Delta x \to 0$ 时，所有小矩形顶部的轮廓亦变成连续的分布曲线，如图1.6（c）中的包络线所示。将式（1.5.12）中的增量变成微分，则纵坐标变为 $\mathrm{d}N/(N\mathrm{d}x)$，令

$$f(x) = \frac{\mathrm{d}N}{N\mathrm{d}x} \tag{1.5.14}$$

$f(x)$ 称为小球在 x 方向分布的概率密度分布函数，表示小球在 x 方向的相对密集程度。则式（1.5.14）可写为

$$\frac{\mathrm{d}N}{N}=f(x)\,\mathrm{d}x \tag{1.5.15}$$

表示曲线微小线度下的面积，亦即小球落在 x 处附近的 $\mathrm{d}x$ 间隔内的概率。显然有

$$\int_{-\infty}^{\infty} f(x)\,\mathrm{d}x = \int_{-\infty}^{\infty} \frac{\mathrm{d}N}{N} = 1 \tag{1.5.16}$$

这是概率的归一化条件，总概率为 1，对应小球必然出现在整个区域中。

上面我们用迦尔顿板试验为例子给出了连续随机变量的式子，下面我们给出连续随机变量普遍的特性。设 x 为一个连续随机变量，用概率 $f(x)\,\mathrm{d}x$ 表示 x 取 $(x, x+\mathrm{d}x)$ 之间的值的概率。与离散随机变量的情况一样，我们要求所有可能结果的总概率为 1。对于连续型随机变量，需要用积分来取代求和

$$\int f(x)\,\mathrm{d}x = 1 \tag{1.5.17}$$

相应地，期望值或平均值定义为

$$\langle x \rangle = \int x f(x)\,\mathrm{d}x \tag{1.5.18}$$

这个式子在处理气体动理论部分有很多应用。类似地，x 平方的平均值（方均值）可以写作

$$\langle x^2 \rangle = \int x^2 f(x)\,\mathrm{d}x \tag{1.5.19}$$

x 的任意函数 $g(x)$ 的平均值可以定义为

$$\langle g(x) \rangle = \int g(x) f(x)\,\mathrm{d}x \tag{1.5.20}$$

这些式子在第 5 章中应用广泛。

例 3　有两个随机变量 x 和 y，它们之间线性相关，即 $y=ax+b$，其中 a 和 b 是常数。试证明，随机变量 x 和 y 的平均值 $\langle x \rangle$ 和 $\langle y \rangle$ 满足关系

$$\langle y \rangle = \langle ax+b \rangle = a\langle x \rangle + b \tag{1.5.21}$$

即可以对第一个随机变量的平均值进行线性变换来生成第二个随机变量的平均值。

证明： 设随机变量 x 的概率密度为 $P(x)$，则

$$\begin{aligned}\langle y \rangle &= \int (ax+b)P(x)\,\mathrm{d}x \\ &= a\int xP(x)\,\mathrm{d}x + \int bP(x)\,\mathrm{d}x \\ &= a\langle x \rangle + b\end{aligned}$$

（三）方差

前面给出了计算一组随机变量的期望值的方法。我们可以考虑这样的一个问题，随机变量值是否都集中在平均值附近呢？换句话说，随机变量的分散程度如何？我们来找一个合适的量来量化它。首先可能想到的是随机变量 x 的某个值与平均值的偏差

$$x - \langle x \rangle \tag{1.5.22}$$

这个数量用于说明一个特定的值是高于或低于平均值的多少，在物理上我们把这个偏

差叫作涨落。

涨落现象在物理学中非常常见。在1.2小节中提到了布朗运动，在布朗运动的实验观察中，布朗粒子的线度只有$10^{-6}\sim10^{-7}$ m的量级，其表面积很小。因而同时与布朗粒子相碰撞的液体分子数目就不是很大，从而会造成不同方向同布朗粒子相碰撞的分子数出现明显的不均匀，我们把这种现象叫作涨落，导致各个方向液体分子撞击布朗粒子的作用力不能相互抵消而瞬间出现一作用在布朗粒子上的随机作用力，正是这个随机的作用力使布朗粒子进行不停的无规则运动。

如果想要知道随机变量整体的分散程度，我们可以计算出所有随机变量偏差的平均值，即求$\langle x-\langle x\rangle\rangle$，由线性变换关系式（1.5.21）可得

$$\langle x-\langle x\rangle\rangle=\langle x\rangle-\langle x\rangle=0 \tag{1.5.23}$$

可以看出，随机变量偏差的平均值不是一个非常有用的指标！无法用它来量化随机变量的分散程度，那么我们可以分析一下出现0值的原因。事实上，不同随机变量的个体的偏差有时是正的，有时是负的，考虑到随机变量的全体，正偏差和负偏差刚好抵消了，所以我们可以由此给出一个更有用的量来有效地度量随机变量的离散程度，即偏差的模数

$$|x-\langle x\rangle| \tag{1.5.24}$$

它总是正的，但是它的缺点是代数中的取模运算可能不是很好操作。因此，可以换另一种方法以保证不出现负值，即偏差的平方$(x-\langle x\rangle)^2$，它满足我们需要的特点，即总是正的且易于代数运算。因此，我们把它的平均值称为方差σ_x^2，用它来度量随机变量的分散程度。

$$\sigma_x^2=\langle(x-\langle x\rangle)^2\rangle \tag{1.5.25}$$

我们称σ_x为标准差，它是方差的算术平方根：

$$\sigma_x=\sqrt{\langle(x-\langle x\rangle)^2\rangle} \tag{1.5.26}$$

标准差能反映一个数据集的分散程度。

计算方差时，我们经常用到以下恒等式：

$$\begin{aligned}\sigma_x^2&=\langle(x-\langle x\rangle)^2\rangle=\langle x^2-2\langle x\rangle x+\langle x\rangle^2\rangle\\&=\langle x^2\rangle-2\langle x\rangle\langle x\rangle+\langle x\rangle^2=\langle x^2\rangle-\langle x\rangle^2\end{aligned} \tag{1.5.27}$$

涨落现象极为普遍，是统计规律的一个基本特征，两者密不可分，这正反映了必然性与偶然性之间的相互依存关系。有了方差的定义后，我们就可以定量地研究涨落现象了。

（四）方差的线性变换

我们回到随机变量的线性变换问题。在这种情况下，方差会发生什么变化呢？如果y是与随机变量x相关的随机变量，即

$$y=ax+b \tag{1.5.28}$$

如果a和b是常数，利用上面例3的结果可以得到

$$\langle y\rangle=a\langle x\rangle+b \tag{1.5.29}$$

两边平方可以计算出$\langle y\rangle^2$，即

$$\langle y\rangle^2=(a\langle x\rangle+b)^2=a^2\langle x\rangle^2+2ab\langle x\rangle+b^2 \tag{1.5.30}$$

也可以计算出随机变量 y 的平方的平均值 $\langle y^2\rangle$，即

$$\begin{aligned}\langle y^2\rangle&=\langle(ax+b)^2\rangle=\langle a^2x^2+2abx+b^2\rangle\\&=a^2\langle x^2\rangle+2ab\langle x\rangle+b^2\end{aligned} \tag{1.5.31}$$

因此，把上面两个式子的结果带入式（1.5.27），可以得到

$$\sigma_y^2=\langle y^2\rangle-\langle y\rangle^2=a^2\langle x^2\rangle-a^2\langle x\rangle^2=a^2\sigma_x^2$$

从这个式子中可以看到，方差的线性变换依赖于 a 而不依赖于 b，这是由于方差告诉我们分布的宽度，而不是绝对位置。因此 y 的标准偏差与 x 的标准差的关系为

$$\sigma_y=a\sigma_x \tag{1.5.32}$$

本章小结

在这章中首先以常见的热现象为例简要介绍了热力学的四个定律，它们构成了热力学理论体系的核心。接着从微观的角度介绍了物质组成的微观结构，根据宏观和微观两个不同角度，可以把热物理学分成三种理论，即热力学、气体动理论和统计力学。然后按照物理学研究自然现象和规律所遵循的步骤，给出了热学的研究对象、热力学系统的描述以及状态公理等概念，为后面章节的热力学理论的展开做好了铺垫。在本章的最后一小节，给出了学习热物理学所必备的部分数学基础——全微分和概率。

思考题

1. 为什么说经典热力学是最普适的理论？
2. 物质的微观结构是什么样的？
3. 分子间相互作用力有什么特点？
4. 热学的研究对象是什么？
5. 热学的系统如何描述？
6. 什么是状态公理？
7. 什么是全微分？
8. 如何求一个连续变量的平均值？

习题

1.1　强度量和广延量的区别是什么？

1.2　热力学系统的比重定义为单位体积的重量，比重是强度量还是广延量？

1.3　一个热力学系统摩尔数是强度量还是广延量？

1.4　孤立的房间中的空气的状态是否完全由温度和压强决定？试说明原因。

1.5　假设从高度为 h 的悬崖上丢下一块石头，让它竖直下落。当石头下落时，以随机的时间间隔，拍取了一百万张照片，在每一张照片上测量出石头已经落下的距离。问：

(1) 所有这些距离的平均值是多少？下降距离的时间平均是多少？

(2) 求出分布的标准方差。

(3) 随机拍摄一张照片其显示距离 x 比平均值差一个标准差以上的概率是多少？

第 2 章

热力学第零定律和温度

见瓶水之冰，而知天下之寒、鱼鳖之藏也。——吕氏春秋·慎大览·察今

从史料来看，国人很早就确立了寒、冷、温、热等类似“温度”的概念。而中国传统文学诗词歌赋中也不乏对冷热的描述。“是时三伏天，天气热如汤”出自唐代诗人白居易的《竹窗》，是描写“三伏天”的经典诗句之一，阳光炙热，高温难耐，进入“三伏天”标志着一年中气温最高且潮湿闷热的日子来临了。“汤”字，最初为热水，后来几乎成了热的代名词，如赴汤蹈火、如汤沃雪等。对于温度的测量，在中国古代则显得比较隐晦，“睹瓶水之冰释而识天下之寒暑，观炉火之纯青乃知金汁可铸”，当可看作客观测温方法的萌芽。

在第 1 章中，我们指出，热力学主要研究处于热力学平衡态的系统，当系统处于热力学平衡时要求系统满足热平衡条件、力学平衡条件、相平衡条件和化学平衡条件。而其中的热平衡条件要求系统内部没有温度差，那么温度到底是什么呢？尽管从某种意义上讲，温度这个术语很早就为我们所熟知，这与我们对热和冷的体验有关。但是我们对温度的理解与热力学中的定义还有很大的差距，我们对热和冷的感觉是高度主观的，对同一物体冷热程度的理解差别很大。比如说同时放在屋子外边的木棒和铁棒，假设都比我们的手冷，摸起来我们会觉得铁棒会更冷一些，原因是比起木头来金属吸收热量更快一些，当我们用手去测量温度时，依靠的是热流方向和热流的速率来进行判断。因此我们需要给温度赋予一个可以比较的数值，并且设计并制造出比手更灵敏的测温设备，以对物体的冷热程度进行精确的判断，这些都需要我们对温度有更进一步的理解。

对温度这个概念的理解并非一件容易的事情，要理解温度这个概念，我们得从热力学第零定律谈起。热力学第零定律是一个实验定律，它告诉我们处于热平衡的系统具有一个共同的属性即温度，它可以表示成描述系统状态的参量的函数，也就是状态方程。温度是热力学中具有代表性的特性函数之一。

本章中将讨论热平衡态的定义、热力学第零定律、温度以及温度的测量、理想气体状态方程、一般热力学系统的状态方程。

2.1 温度和热力学第零定律

生活中我们不乏对温度这个概念的应用。感冒发热到医院看病，医生首先要测试我们的体温，常常拿出一个水银温度计，让我们放在腋下，等上几分钟，然后读出温

度计显示的数值，这就是我们身体的温度。我们也经常在房间里放上一个温度计，来测试室内的温度。因此我们可以给出温度的一个生活化的定义：

用温度计测量得到的关于被测对象的冷热程度的数值表示就是温度。

但是怎么能够确定这种方法呢？可以这样来解释：温度计中的水银随着温度的升高或降低而膨胀或收缩，最终，水银的温度等于人体的温度，水银所占的体积告诉我们温度是多少。

值得注意的是，上述的测温过程能够给出温度依赖的基本事实：当两个物体相互接触并等待足够长的时间后，它们最终会达到一个共同的稳定的状态，如果保持外界条件不变，则这种稳定状态也将保持不变。为了准确地描述这个过程，可以引入热平衡的概念。

两个系统的热平衡：当两个孤立的系统 A 和 B 彼此进行热接触时，在足够长的时间内整个系统 $A+B$ 最终达到相互平衡的状态，称为 A 和 B 达到了热平衡。此时两个系统本身也各自处于平衡状态。当我们阻断两者之间的热接触并经过一段时间后重新让它们进行热接触，它们的状态仍然保持不变，即它们相互之间仍然处于热平衡的状态。

热平衡有一个重要的特性，就是热平衡具有可传递性。这个特性可以从热平衡定律中看出来。1939 年，英国物理学家拉尔夫·福勒（R. Fowler）在详细地研究了统计力学的平衡态理论和热力学之间的联系之后，在他的著作《统计热力学》中给出了一个基本实验定律，即**热平衡定律**：

如果两个热力学系统中的每一个都与第三个热力学系统处于热平衡，则它们彼此也处于热平衡。

尽管热平衡定律的提出是在热力学第一、第二定律建立完成之后，且此前温度的概念已被广泛使用，但从逻辑上讲，热平衡定律是热力学第一、第二定律的前提，因此把热平衡定律称为热力学第零定律，以凸显它重要的基础地位。热力学第零定律本质上表达了一种等量代换关系，可以用图 2.1 简单表示。

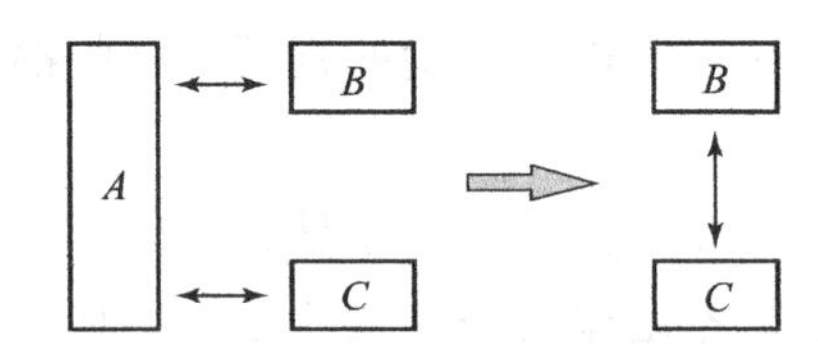

图 2.1 热力学第零定律示意图（双箭头代表热平衡）

从字面上看，热力学第零定律好像说的是一个理所当然、毋庸置疑的事实，把它称为一个定律似乎有点言过其实。事实上这个定律告诉我们热平衡具有传递性。生活中也不是所有两个物体间的关系都有传递性，比如两个铁块都能与一个磁铁相吸引，但是两个铁块之间则未必互相吸引；水和酒精能够互溶，酒精也能够与汽油互溶，但是水和汽油则不能互溶；两个男孩同时喜欢上一个女孩，这两个男孩未必会互相喜欢……其中的原因就是“互溶”“吸引”“喜欢”这些关系没有传递性。传递性在数学上对应于等量代换，是数学中的一个基本思想方法，也是代数思想方法的基础，等量代换思想用等式的性质来体现就是等式的传递性。在欧几里得几何学中有一个第一公理**“同与第三个量相等的两个量相等”**，有着同样的效用。

从物理上看，热平衡的这种传递性意味着互为热平衡的系统具有一个共同的属性，它决定系统之间是否处于热平衡，我们把这个属性称为温度。下面根据热力学第零定律证明存在一个状态参量——温度。

我们考虑简单的热力学系统 A、B 和 C，如图2.2所示，它们置于器壁为绝热壁的容器中，与外界隔离。由状态公理可知，可以用两个状态参量 X 和 Y 加上相应的下标来表示各自的状态，于是三个热力学系统的状态可分别写成（X_A，Y_A）、（X_B，Y_B）和（X_C，Y_C）。对于气体，状态参量可以选择压强 p 和体积 V。值得一提的是，下面的讨论适用于其他的情况。系统 A 和系统 C 处以热平衡的条件可以用下面的函数关系来确定：

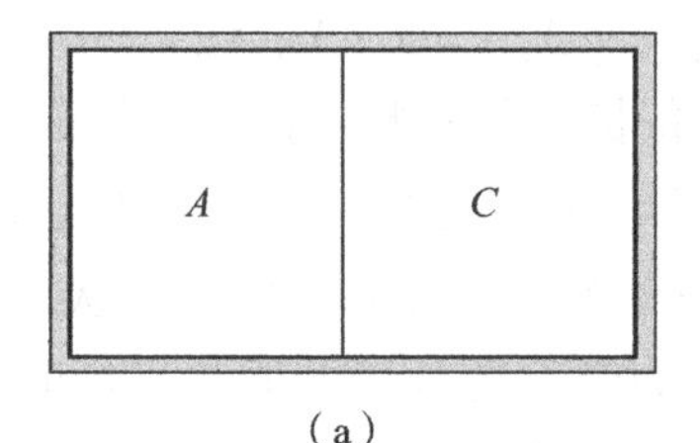

(a)

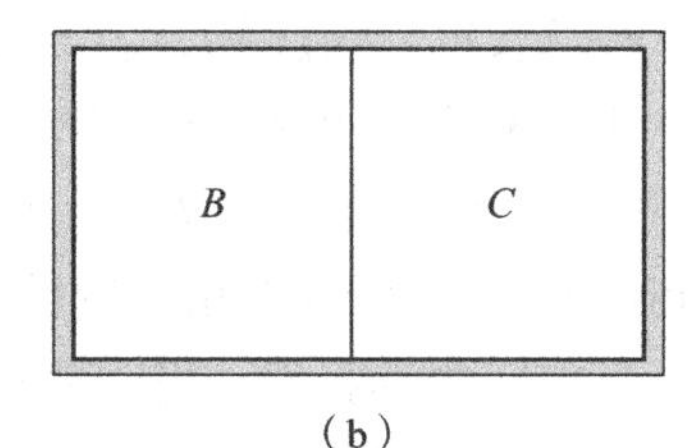

(b)

图2.2 热接触的热力学系统

(a) 系统 A 和系统 C 处于热平衡；(b) 系统 B 和系统 C 处于热平衡

$$f_{AC}(X_A,Y_A;X_C,Y_C)=0 \tag{2.1.1}$$

f_{AC}是四个状态参量的某个函数。从这个方程可以求解出系统 C 的状态参量 X_C，其形式为

$$X_C=F_{AC}(X_A,Y_A;Y_C) \tag{2.1.2}$$

然后让系统 B 和系统 C 进行热接触，如图2.2（b）所示，如果它们也处于平衡态，则有

$$f_{BC}(X_B,Y_B;X_C,Y_C)=0 \tag{2.1.3}$$

同样可以求解出系统 C 的状态参量 X_C：

$$X_C=F_{BC}(X_B,Y_B;Y_C) \tag{2.1.4}$$

由于 C 系统本身的状态没有改变，所以它的状态参量保持不变。由式（2.1.2）和式（2.1.4）可以得到

$$F_{AC}(X_A,Y_A;Y_C)=F_{BC}(X_B,Y_B;Y_C) \tag{2.1.5}$$

从式（2.1.5）可以看出，X_A 可以用 Y_A、X_B、Y_B 和 Y_C 四个量来表示，形式上可以写成：

$$X_A=h(Y_A;X_B,Y_B;Y_C) \tag{2.1.6}$$

强调一点，式（2.1.6）显示，X_A与系统 C 的参量 Y_C 有关。

另外，根据热力学第零定律，若 A 和 B 都与 C 达到热平衡，则 A、B 也达到热平衡，则有

$$f_{AB}(X_A,Y_A;X_B,Y_B)=0 \tag{2.1.7}$$

从中可以求解出系统 A 的状态参量 X_A，则有

$$X_A = F_{BC}(Y_A;X_B,Y_B) \tag{2.1.8}$$

可以看出系统 A 的状态参量 X_A 与系统 C 的参量 Y_C 无关，比较式（2.1.6）和式（2.1.8）两个式子，两个结果不一致，协调的方法是希望式（2.1.6）中 X_A 也变成与系统 C 的参量 Y_C 无关，这就要求式（2.1.5）两侧可以消去参量 Y_C，一个简单的思路是 F_{AC}和 F_{BC}具有这样的形式：

$$F_{AC} = \phi(Y_C)[\psi(Y_C) + g_A(X_A,Y_A)]$$
$$F_{BC} = \phi(Y_C)[\psi(Y_C) + g_B(X_B,Y_B)]$$

两边消去含有 Y_C 的项以后，可以得到

$$g_A(X_A,Y_A) = g_B(X_B,Y_B) \tag{2.1.9}$$

如果又有另外一些系统 D、E、…都处于同一热平衡，则可以得到

$$g_A(X_A,Y_A) = g_B(X_B,Y_B) = g_C(X_C,Y_C) = g_D(X_D,Y_D) = \cdots \tag{2.1.10}$$

在式（2.1.10）中，X 和 Y 构成了系统的完备状态参量组，能够完全确定系统的状态，而 $g(X,Y)$是这两个状态参量的函数，给定系统的状态后，X 和 Y 为定值，$g(X,Y)$也就确定了，换句话说 $g(X,Y)$完全由系统的状态确定，是系统的一个状态函数，是系统的属性。式（2.1.10）告诉我们，当一些热力学系统处于共同热平衡时，它们的一个状态函数相等，也就是说有一个共同的由其状态决定的属性，我们把这个属性叫作温度，通常用 T 来表示。温度可以表示成系统独立参量的函数，广义的形式为

$$T = g(X,Y) \tag{2.1.11}$$

式（2.1.11）又叫作系统的状态方程，其具体的表达式与具体的系统有关，其复杂程度决定于系统内部各分子或原子的相互作用形式，对于最简单的理想气体系统，我们经常用压强和体积来描述系统的状态，则状态方程的形式为 $T = g(p,V)$，具体的状态方程将在 2.3 节中给出。

由上面的分析可知，互为热平衡的系统具有相等的温度，温度是系统的一个属性，它决定系统之间是否处于热平衡。当两个系统具有相等的温度时，这两个系统处于热平衡。因此可以用温度的概念来重新描述热平衡过程：两个温度不相等的系统接触以后，温度高的物体温度会下降，温度低的物体温度会升高，如图 2.3（a）所示，最终它们会趋于相同的温度，达到热平衡状态，如图 2.3（b）所示。

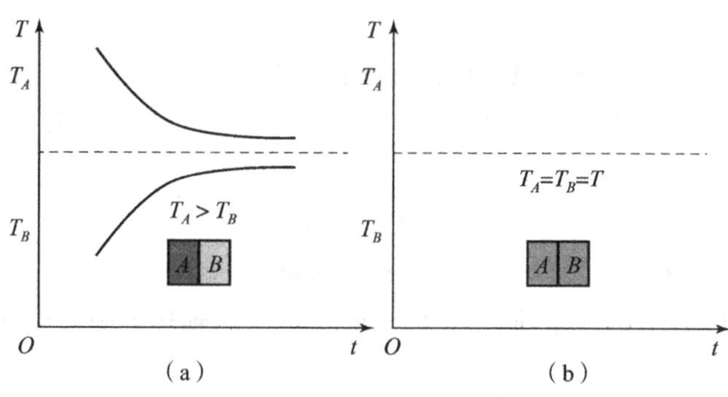

图 2.3 趋于热平衡示意图

（a）两个系统温度不相等的情况；（b）两个系统达到热平衡状态

所以热力学第零定律的物理本质是，用温度这样的一个状态参量给热力学系统的状态进行了分类。温度相同的物体的状态归为一类，这些物体处于热平衡状态，当它们热接触时，保持其初始状态不变；而热力学宏观状态不同类的物体相互热接触时，它们会自发趋于热平衡，在这个过程中物体之间会有热量的交换。经验告诉我们，热量会从高温物体转移到低温物体，这与后面讨论的热力学第二定律相一致。

热力学第零定律确保了温度测量的可能。假设我们在一个地方用温度计测量某个物体的温度，然后在另一个地方测量另一个物体的温度，温度计的读数相同，然后根据热力学第零定律，我们能推断出这两个从未直接相互接触过的物体有相同的温度，这意味着如果让这两个物体接触，它们将继续处于互为热平衡的状态。

总结上面关于热力学第零定律的叙述，可给出以下结论：

(1) 热力学第零定律为温度概念的科学定义提供了实验基础，并为温度的测量提供了理论根据。

(2) 可以将所有处于平衡态的系统按温度是否相同划分为不同的类，同一类中的任意两个系统互相热接触时仍处于平衡态，两者之间交换热量的绝对值等于零。

(3) 不同类的两个系统接触时，系统的热平衡被打破，系统之间发生热交换，足够长时间之后系统最终达到新的平衡态。

其中的结论（1）指出了热力学第零定律的重要意义；结论（2）指出了温度这个概念在热物理学中的重要地位；结论（3）显示出了温度和热力学第二定律的关系，从逻辑上看，温度应该跟热力学第二定律一起定义，正如开尔文所说的那样："如果一个事物没有办法以数表述出来，那么，我们对它就所知甚少。"温度在热力学理论中占据着核心的地位，用一个数值来精确表示温度的高低就显得尤其重要了。这正是下面小节中的温标部分所要讨论的问题。

在讨论温标之前，先给出温度的两个特点：

(1) 温度可以比较大小。即如果两个系统 A 和 B 处于各自的平衡状态，我们总是可以说：

$$T_A > T_B \quad 或者 \quad T_A < T_B \quad 或者 \quad T_A = T_B$$

(2) 温度大小的比较具有传递性。即设 A、B、C 为热力学系统，并且有 $T_A > T_B$ 和 $T_B > T_C$，则可以确定：$T_A > T_C$。

以上是从宏观角度对温度的认识，在气体动理论部分，我们将看到，从微观上来看，温度是构成系统的大量分子无规则运动强弱的表现，是分子平均平动动能的量度。我们将在第 5 章详细讨论这个问题。

2.2　温标的建立

由热力学第零定律，证明了处于热平衡态的热力学系统存在一个状态属性，称之为温度。温度给处于热平衡状态的热力学系统进行了分类，并且可以比较大小。为了比较的方便，也为了能够把热物理规律用精确的数学表示出来，首先需要给出温度的数值表示，即建立温标。这一节中我们将从日常生活中对温度的测量开始，逐步展开，给出温度常见测量和标度方式。

2.2.1 经验温标

那么该如何测量温度呢？千百年来人们发现，大部分物体的某些特性会随着温度的变化而变化。比如水银、酒精等液体的体积会随着温度的升高而变大，一定体积的气体的压强、金属导体的电阻、两种金属导体组成的热电偶的电动势等属性都会随着温度的变化而变化，这最终导致了这样一个想法：“找出物体随着温度而变化并且容易测量的某种属性，然后利用这种属性的测量值把温度数值化，于是就制作成了测量温度的装置。”下面我们把这个思路标准化，按照下面的三个步骤来设计温标。

（1）找到合适的测温物质，并确定它的测温属性。

由前面热力学第零定律的讨论可知，把温度数值化的一个目的就是方便根据温度将所有的系统类排序，因此要求这里用来标志温度的测温属性需要随温度的改变而发生单调、显著的变化。一般来说，任意一种物质的任意一种属性，只要满足这个要求都可以作为测温属性。因此前面提到的水银和酒精等液体的体积、定体气体的压强、金属导体的电阻、热电偶的电动势等都可以被选作测温属性。

值得一提的是，在早期利用液体体积作为测温属性的测温装置设计中，采用了一种技巧以便让作为测温属性的体积随温度的变化而显著变化，如图2.4所示，在一个大的球形容器内充满液体，容器顶部连着一个抽空的非常细的管，这样设计的聪明之处在于，即使液体膨胀百分之一的体积，它在狭小的细管内也会上升非常多，这个小技巧起到了很好的放大作用。

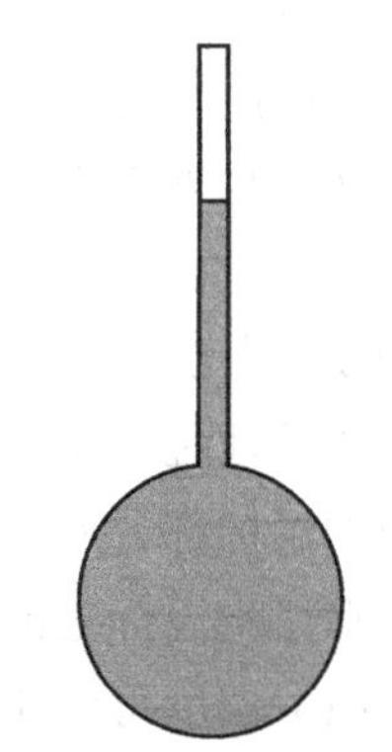
图2.4 早期的测温装置（上面的细管可以放大体积对温度的响应）

（2）确定测温属性随温度的变化关系。

前面已经指出，选择测温属性时要求这个属性随温度单调变化，而不同的测温物质的测温属性随温度变化的规律则需要人为地规定出来，这种人为规定的温度与测量参量的函数关系，称为定标方程。可以想象出最简单的一种函数关系是线性关系，即如果用 x 表示测温属性的值，则可以规定温度为

$$\Theta(x) = ax + b \tag{2.2.1}$$

式中，参数 a 和 b 需要通过选取合适的参考点温度的值来确定，这样给出的刻度就是等间距分布的。

（3）选择实验上容易实现的物质的状态作为固定点，以便标定温度的数值。

然而如果想要知道温度的确切数值，还需要选择固定的并且实验上容易重复的物质的一些特殊的热平衡态的温度作为参考点。在早期实验条件不佳的情况下，经常取在一个标准大气压下水的冰点和气点（沸点）作为固定点，给定这两个点的温度后，就可以定出 a 和 b 的值，从而建立起一个可以实际应用的测温装置。

按照这个思路设计的温标中最具代表性的一种叫摄氏温标，它是1742年由瑞典天文学家摄尔修斯（Celsius）制定的，通常用t来表示，单位是℃，读作摄氏度。相应的温度计叫摄氏温度计。在摄氏温标中，通常选取水银或酒精为测温物质，选取体积为测温属性，并取在一个标准大气压下水的冰点是0 ℃，沸点是100 ℃，然后把冰点和沸点分别对应的两个温度之间均分为100份，每一份代表1 ℃，就可以用来测量温度了。

例1 选定水银的体积为测温属性，将水银注入粗细均匀的玻璃管内，管中水银面高度h的变化就标志着它体积的变化，并规定h随温度呈线性关系。实验测得在冰点、沸点时水银柱的高度分别为h_i、h_s，求这样做出的温度计与水银柱高度变化的关系。

解： 由于温度与水银柱的高度是线性关系，设为$t = ah + b$，则有

$$\begin{cases} 0 = ah_i + b \\ 100 = ah_s + b \end{cases}$$

可以求得

$$a = \frac{100}{h_s - h_i},\ b = \frac{-100}{h_s - h_i} \cdot h_i$$

所以摄氏温度表示为

$$t(℃) = \frac{h - h_i}{h_s - h_i} \times 100(℃)$$

这样，只要知道在某温度下液柱的高h，便可由上式算出此时的温度值。

在某些说英语的国家，除了摄氏温标外，还流行一种温标叫华氏温标，单位为℉，读作华氏度，不同于摄氏温标的是，华氏温标规定冰点的温度为32.0 ℉，沸点的温度为212 ℉，这样两者之间的换算关系是

$$t_F(℉) = 32 + \frac{9}{5}t(℃) \tag{2.2.2}$$

式中，t_F表示华氏温标。

一个有趣的问题是根据不同测温属性制作的温度计或者不同种物质制作的温度计所测出来的温度一致吗？如果我们分别用液态汞和液态酒精各制作一个温度计，然后用它们分别来测量处于平衡态时物体的温度，结果会是一样的吗？可以确定的是，它们会在0 ℃和100 ℃处一致。这是因为对于两个温度计中的任意一个，水的冰点和沸点的温度的值都是一样的。然而中间的某一个温度，比如说50 ℃呢？如果汞柱上升到了冰点和沸点之间长度的中间位置，我们说此时是50 ℃。可是当我们再用酒精制作的温度计测量时，酒精柱的高度并没有达到中间的位置。

我们做了两种不同测温物质制成的温度计所测温度的比较，如图2.5所示。首先设计一系列物质（比如许多杯水）的平衡态，让它们的温度在0 ℃和100 ℃之间等间距地递增，然后同时用水银温度计和酒精温度计测量它们的温度，并记录其读数，x轴给出水银温度计测量的温度值，y轴则对应酒精温度计测出的温度值，把（x，y）坐标连起来会得到一条弧线，如图2.5所示。为了方便做比较，在图中也给出直线$y = x$，该线上y的读数和在水银温度计上的读数相同。从图2.5中可以发现，弧线和直线相交

于两点，对应的是冰点 0 ℃和沸点 100 ℃，这说明两个温度计所选择的固定点温度相同。但弧线上的点在中间部分，x 和 y 的值并不相同，当水银温度计读数为 75 ℃时，另一个温度计的读数可能是 63 ℃，为什么会这样呢？下面我们来分析其中的原因。

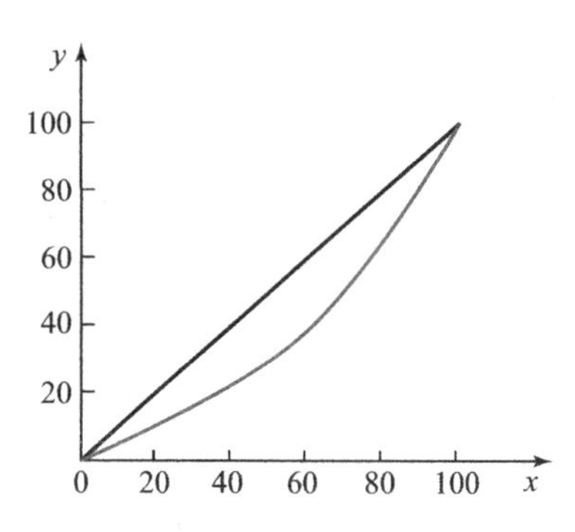

图 2.5 两种温度计所测温度的比较

回顾设计温度计的流程可以发现，为了简单起见，可定义温度与物质的测温属性是线性的。事实上不同物质的不同属性随温度的变化关系是非常复杂的，我们知道任何物质都是由大量的分子和原子组成的，这些分子之间有相互作用，分子之间的距离越近相互作用就越复杂，相应的宏观属性随温度的变化关系也就越复杂。因此一般情况下液体的体积随温度的变化比固体体积随温度变化关系简单，气体的体积随温度的变化比液体体积随温度变化关系简单。如果想要建立数百个彼此一直保持一致的温度计，可以考虑选择气体作为测温物质，相应的温度计称作气体温度计。下面将解释气体温度计是怎样工作的。

实验表明，在温度恒定的条件下，一定量的稀薄气体的压强 p 与其体积 V 的乘积是定值，即

$$pV \propto K = \text{定值} \tag{2.2.3}$$

式中，K 值取决于温度的高低。这一结果被称为**波义耳－马略特定律**（简称波义耳定律），该定律于1662 年由波义耳（R. Boyle）实验发现，于1676 年由马略特（E. Mariotte）独立发现。因此，我们可以选择利用稀薄气体的 pV 值作为测温属性来制作温度计。

首先在某个压强 p 下把少量气体比如氢气放进一个气缸内，维持气缸的容积 V 不变，气缸中的气体为测温物质，以它的定容压强为测温属性，构成一个温度计。然后把这个温度计放进标准大气压下沸腾的水里直到它达到平衡，并且记下压强 p_0 值，下标 0 表示这是作为参考的 0 号温度计；接着在标准大气压下的冰水混合物里重复上述步骤，再次记录下相应的 p_0 值；最后把这两个值标注在 x 轴上，如图 2.6 所示。

把 x 轴上的对应于冰点的这个位置定为 0 ℃，对应于沸点的这个位置定为 100 ℃，然后将 0 ℃和 100 ℃之间的区域分成相等的 100 份，当然还可以把相同间隔的刻度扩展到冰点的左边和沸点的右边的区域，这样测温的范围就扩大了，这就是根据气体温度计确定的摄氏温标。它可以用来测量一个物体的温度，比如将这个气体温度计与被测物体接触，等达到平衡时测量出 p_0 的值，然后根据比例可以计算出被测物体的温度。

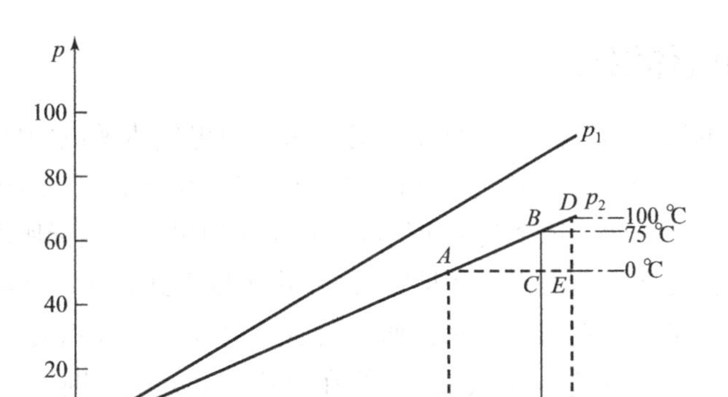

图 2.6　不同气体温度计（分别标注为 0、1 和 2）的比较

为了与其他气体温度计做比较，我们依然设计一系列物体的平衡态，让它们的温度等间距递增，然后用刚才制作的 0 号温度计测出相应的 p_0 值并标在 x 轴上，再用同样方法采用另一种气体，比如氧气，制作一个 1 号温度计，并测出相应的 p_1 值，在图 2.6 中把（p_0，p_1）对应的点标出来，最后把这些点连起来，发现它们构成一条直线，即图中 p_1 对应的直线。同样地，再用别的气体制作一个 2 号温度计并测出相应的 p_2 值，可以得到 p_2 对应的也是一条直线。这就意味着，如果用它们来测量温度，不仅冰点和沸点的温度一致，中间与延长线上其他所有点对应的温度也都一致。

下面来解释一下其中的原因。观察下方那条标注为 2 的线和直角三角形 ADE，三角形的水平直角边 AE 从 0 ℃延展到 100 ℃，p_2 值从冰点到沸点呈线性增长（如直角三角形斜边 AD 所示）。每个 p_2 值与一个特定的温度对应。按照惯例，我们将冰点标为 0 ℃，沸点标为 100 ℃，接着将 p_2 从 0 ℃到 100 ℃之间的差值等分为 100 份，每份为 1 ℃，如图中直角三角形竖直方向的直角边 ED 所示。这样看来，如果 p_2 上升的量是从 0 ℃到 100 ℃变化量的 75%，从 2 号的温度计读出的温度则为 75 ℃。这也正好是 x 轴上对应的温度，因为在 x 轴上，其变化量也是 75%，这可以从三角形 ABC 和三角形 ADE 相似得出。同样道理，使用 p_1 值来测温的 1 号温度计与其他两个温度计的测量结果也处处一致。事实上，对于任何种类气体温度计，都能用一条直线来表示其 p 值所标度的温度，并且与其他气体温度计所标度的温度处处吻合。

值得注意的是，在上面的实验中，当采用的气体的密度比较大时，所得的线将会稍微偏离直线。相反地，如果减小气体的密度，则所得的结果就会越接近直线，此时不同温度计所测得温度值的一致性就越高，而且不会因气体的种类不同而偏离。其中的原因是什么呢？这是因为非常稀薄气体的压强和体积的乘积与温度的关系是相同的，不会因气体的种类不同而有所改变，这个关系可以写为

$$pV = at + b \tag{2.2.4}$$

我们把压强趋于零的气体称为理想气体，关系式（2.2.4）也是所有理想气体共同遵守的普适规律。

2.2.2 理想气体温标

在上面讨论的用稀薄气体实现的温标仍然属于理想气体做成的经验温标，因为两个参考点选取的是水的冰点和沸点，同时式（2.2.4）中出现了两个待定参数 a 和 b。能否通过重新设计温标而将这个关系化简呢？这正是理想气体温标所能够做的。

从不同气体温度计测温的比较（见图2.6）中可以得到另外一个重要的信息，不但每个气体温度计都可以用直线来表示，而且所有这些线与 x 轴相交于同一点，而这个点对应的温度是 -273.15 ℃（事实上，p 线在没达到0处就中断了，但根据线性关系可以推算出在哪个地方达到0）。这一温度非常特别，因为所有气体都通过同一点，称这一温度为绝对零度。它与摄氏温标的0 ℃不同，0 ℃表示冰点的温度，而对于冰点温度可以很容易得到更低的温度，但是绝对零度是温度的下限，热力学第三定律告诉我们，不可能在有限的操作下达到这个温度，这是因为气体压强不可能降低到零点以下，那么在没有压强的情况下温度也不能再降低下去了。

但是现在，图2.6显示所有气体温度计给出的直线的延长线都经过了绝对零度这一点。因此我们可以考虑把它确定为零度而建立起一套新的温标，即**绝对温标**，用 T 来表示，单位为开尔文，简写为K。绝对温标选取绝对零度为一个参考点，并规定其值为0 K。因此相应的式（2.2.4）变为

$$pV = a_K T \tag{2.2.5}$$

从式（2.2.5）可以看出，还存在一个待定的常数 a_K，因此需要另选一个固定温度来确定一个温标。根据前面的讨论可知，固定点的选取原则是所选固定点温度要恒定，于是人们最终选择了水的三相点即冰、水和水蒸气三相共存达到平衡时的温度，并规定水的三相点的温度值为273.16 K。

如果以气体的体积和压强的乘积 pV 为测温属性来制作温度计，则可以把气体放在三相管中达到热平衡，即使其温度变为三相点温度273.16 K，然后测出气体温度在三相点温度时的体积和压强的乘积 $(pV)_3$，带入式（2.2.5），可以得到 a_K 的值，即

$$a_K = \frac{(pV)_3}{273.16} \tag{2.2.6}$$

因此可以得到

$$T(pV) = 273.16 \times \frac{pV}{(pV)_3} \tag{2.2.7}$$

利用上式就可以由测得的气体 (pV) 值来确定待测温度 $T(pV)$。

2.2.3 热力学温标

从前面的讨论可知，经验温标很强地依赖于测温物质和属性，理想气体温标也依赖于理想气体的特性。既然温度概念是热学理论中的基本量，那么能够建立一个完全不依赖于任何测温物质及其属性的温标吗？答案是肯定的，那就是开尔文曾在热力学第二定律的基础上引入的热力学温标，又叫绝对温标。用这种温标所确定的温度叫热力学温度，其具体内容将在第4章加以讨论。

由于热力学温标与任何特定物质及其性质无关，所以它是最理想的温标，但它只是一种理论温标，无法具体实现。不过可以从理论上证明，在理想气体温标适用（即气体温度计能精确测定）的温度范围内，理想气体温标与热力学温标完全一致，因此热力学温标可以通过理想气体温标来实现。

2.2.4　国际温标

尽管可以用理想气体温标来实现热力学温标，但是标准气体温度计的制作在技术上还存在很多困难，而且这种温度计测温操作也非常烦琐，要达到高精度相当不易，需要经过许多修正。再者，气体温度计在高温时常失去其使用价值。为了统一各国的温度计量，从 1927 年起，国际上多次制定协议性的国际温标，以便各国自己能够比较方便地进行精确的温度计量。现在国际上采用的是 1990 年国际温标（ITS－90）。

ITS－90 利用一系列固定的平衡点温度（见表 2.1）、一些基准仪器和几个相应的内插公式来保证各国之间的温度标准在相当精确的范围内一致。ITS－90 把热力学温标定为基本温标，用符号 T 来表示相应的温度，单位叫开尔文，简称开，符号为 K。1 K 的大小定义为水的三相点的热力学温度的 1/273.16。

表 2.1　1990 年国际实用温标（ITS－90）的温度定点

物质	状态	温度	
		T_{90}/K	t_{90}/℃
氦	蒸气压点	3.0～5.0	－270.15～－268.15
平衡氢	三相点	13.803 3	－259.346 7
平衡氢	3.3×10^4 Pa 下沸点	≈17.0	≈－256.15
平衡氢	$1.013\ 25\times10^5$ Pa 沸点	≈20.3	≈－252.85
氖	三相点	24.556 1	－248.593 9
氧	三相点	54.358 4	－218.791 6
氩	三相点	83.805 8	－189.344 2
汞	三相点	234.315 6	－38.834 4
水	三相点	273.16	0.01
镓	熔点	302.914 6	29.764 6
铟	凝固点	429.748 5	156.598 5
锡	凝固点	505.078	231.928
锌	凝固点	692.677	419.527
铝	凝固点	933.473	660.323
银	凝固点	1 234.93	961.78

续表

物质	状态	温度	
		T_{90}/K	t_{90}/℃
金	凝固点	1 337. 33	1 064. 18
铜	凝固点	1 357. 77	1 084. 62
注：平衡氢为在相应温度下具有正态和仲态平衡分布的氢，正常氢含正氢75%，含仲氢25%。			

在 ITS－90 中，温标被分成四个范围。在 0. 65 K 到 5 K 的范围内，温标是根据^{3}He 和^{4}He 的蒸气压－温度关系定义的；在 3 K 到 24. 556 1 K（氖的三相点）之间，温标则是通过一个正确校准的氦气温度计来定义的；从 13. 803 3 K（氢的三相点）到 1 234. 93 K（银的冰点），温标通过铂电阻温度计在规定的固定点上校准来确定的；在 1 234. 93 K 以上，是根据普朗克辐射定律和一个适当定义的固定点［如金的熔点（1 337. 33 K）］来定义的。

ITS－90 规定摄氏温度（符号为 t）由热力学温度导出，其定义为

$$t/℃ = T/\mathrm{K} - 273.15 \tag{2.2.8}$$

值得注意的是，在国际实用温标中，1 K 和 1 ℃的每个分度值是相同的，如图 2. 7 所示。因此，当我们处理温度的差值时，两个标度上的温度区间相同。比如当将一种物质的温度升高 10 ℃与将其升高 10 K 相同，即

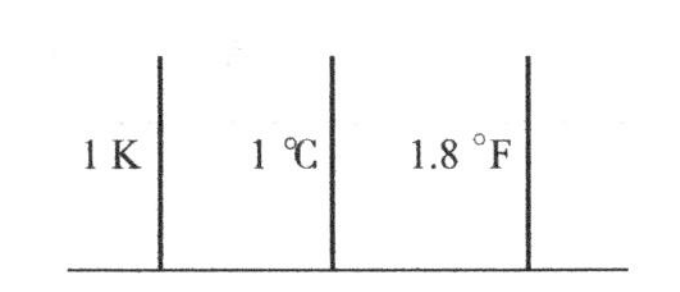

图 2. 7　不同温度单位的大小比较

$$\Delta T(\mathrm{K}) = \Delta t(℃) \tag{2.2.9}$$

在一些涉及温度的热力学关系中，通常会出现它是以 K 为单位还是以℃为单位的问题。如果这种关系仅涉及温差（例如 $a = b\Delta T$），两种单位就没有任何区别，而且两者都可以使用。但是，如果热力学关系涉及的是温度（如 $a = bT$），则必须使用 K。当有疑问时，建议选择使用 K，因为几乎没有任何情况下 K 的使用是错误的，但是如果使用℃，有许多热力学关系会产生错误的结果。

有了测温装置之后，就可以不用把两个热力学系统进行热接触便可知道它们是否处于热平衡状态了，并且可以用温度的数值表示把不同的状态进行排序，可以设计各种不同的热力学过程，来研究热量与功之间的转化及效率了。

2. 3　状态方程

根据状态公理，一个处于平衡态的热力学系统，其状态可以用 1 加上可能涉及的广义准静态功数目个独立的状态参量表示，这些状态参量可能涉及几何参量、力学参量、电磁参量和化学参量。换句话说，当系统处于平衡态时，这些参量具有固定的数值。另外，由热力学第零定律可知，在平衡态下，系统具有确定的温度。不同的温度对应不同的平衡态，因而对应不同的状态参量的数值。因此，温度一定可以表示成其

他状态参量的函数。

处于平衡态的热力学系统的热力学参量(如压强、体积、温度)之间所满足的函数关系称为该物质的状态方程。

如果用 $(x_1, x_2, \cdots, x_n)$ 表示一个处于平衡态的系统除了温度以外的状态参量，则系统温度一定是这些状态参量的函数，即

$$T = f(x_1, x_2, \cdots, x_n) \tag{2.3.1a}$$

或者把上式写成隐函数的形式，即

$$F(x_1, x_2, \cdots, x_n, T) = 0 \tag{2.3.1b}$$

以上两个式子被称为系统的状态方程，它给出了热力学系统处于平衡态时热力学参量之间的依赖关系。

值得指出的是，热力学的宏观理论肯定了状态方程的存在，但是它并不能告诉我们特定系统的状态方程的具体形式，因此一般情况下热力学系统的状态方程的具体函数形式是未知的。对于大部分的液体和固体而言，甚至连粗略的近似都没有；对于一些特殊的热力学系统，可以通过具体的实验数据结合理论分析给出其状态方程。一些简单的状态方程也可以在假设的微观模型基础上，应用统计物理的方法导出。下面简要介绍一下几个特殊的热力学系统的状态方程的具体形式。从某种意义上说，状态方程取决于热力学系统的具体特性。

2.3.1 理想气体的状态方程

在2.1节中提到，处于平衡态的系统，其温度可以表示成相应独立变量的函数。对于理想气体，其状态可以用其压强和温度来表示，相应的状态方程的形式为 $T = g(p, V)$。本节中将根据理想气体温标的定义和实验定律，来给出理想气体状态方程的具体形式。

由2.2节中理想气体温标的定义可知，一定量理想气体的压强与体积的乘积与理想气体温度成正比，即式（2.2.5）。在式（2.2.5）中，a_K 是一个与气体的总量有关的常数。如果用 R 来表示1 mol气体对应的常量 a_K，则式（2.2.5）可以写作

$$pV_m = RT \tag{2.3.2}$$

这里 V_m 表示1 mol理想气体的体积；常数 R 可以由阿伏伽德罗（Avogadro）定律给出。

根据阿伏伽德罗定律，当气体压强趋于零时，在相同温度和相同压强下，1 mol的任何气体所占的体积都相同，因此可以在标准状况($p = 1.013 \times 10^5\ \mathrm{N/m^2}$ 和 $T = 273.15\ \mathrm{K}$)下测出1 mol理想气体的体积，测得值为 $V_m = 22.4 \times 10^{-3}\ \mathrm{m^3}$，进而计算出常数 R。最后计算得到的值为

$$R = 8.31\ \mathrm{J \cdot mol^{-1} \cdot K^{-1}} \tag{2.3.3}$$

由于该常数对所有的理想气体都成立，因此称之为理想气体常量。当气体的量是 ν mol时，由体积的广延性可知 $V_m = V/\nu$，带入式（2.3.2）可得

$$pV = \nu RT = \frac{M}{\mu}RT \tag{2.3.4}$$

这就是理想气体所满足的状态方程，称为理想气体状态方程。式中，M 是气体的总质

量；μ 是气体的摩尔质量。我们知道气体是由大量分子或原子组成的，假定气体的分子是由 N 个分子组成，则物质的量 $\nu = N/N_A$，代入式（2.3.4）并令 $k_B = R/N_A$，则理想气体状态方程可以写为

$$pV = Nk_BT \tag{2.3.5}$$

式中，k_B 为玻尔兹曼常数，它的数值可以通过 R 和 N_A 给出：

$$k_B = R/N_A = 1.38 \times 10^{-23}\ \text{J/K} \tag{2.3.6}$$

例 2 在一次化学实验中，在压强 $p_0 = 8.0 \times 10^4$ Pa，温度 $T_0 = 300$ K 时，收集到氧气的体积为 $V_0 = 2 \times 10^{-3}\ \text{m}^3$，则在标准状态下这些氧气占有多大的体积？

解： 标准状况为 $p = 1.013 \times 10^5$ Pa，$T = 273.15$ K。如果把氧气当作理想气体来处理，则满足理想气体状态方程 $pV = \nu RT$，由于氧气的物质的量没有变化，设标准状态下氧气的体积为 V，则

$$\frac{p_0V_0}{T_0} = \frac{pV}{T}$$

于是得到

$$V = \frac{p_0V_0}{T_0}\frac{T}{p} = 1.44 \times 10^{-3}(\text{m}^3)$$

即标准状态下这些氧气占有 $1.44 \times 10^{-3}\ \text{m}^3$ 的体积。

2.3.2 混合理想气体的状态方程

上面讨论的是化学成分单一的理想气体，其状态方程形式非常简洁。然而在实际的很多问题中，往往包含多种不同化学成分的混合气体，那么在这种情况下，其状态方程又是什么形式呢？

对包含多种不同化学成分的混合气体，道尔顿（Dalton）基于实验总结出了一个定律，即道尔顿分压定律：

混合气体的压强等于各成分气体的分压强之和。

这里的分压强是指在与混合气体同体积、同温度的条件下，只有单种气体存在时的气体的压强。道尔顿分压定律的数学形式可以表示为

$$p = \sum_j p_j \tag{2.3.7}$$

式中，$p_j(j = 1, 2, \cdots, n)$ 为各种气体的分压强。道尔顿分压定律是一个实验定律，对于压强不大的混合气体近似成立。

下面根据道尔顿分压定律来导出混合气体的状态方程。我们用 T 和 V 来表示混合气体的温度和体积，由理想气体状态方程可知，在相同的温度和体积下，只有第 j 种组分的气体存在时，满足理想气体状态方程

$$p_jV = \nu_jRT \tag{2.3.8}$$

方程两边对所有组分气体求和，得

$$\sum_j p_jV = \sum_j \nu_jRT = \sum_j \frac{M_j}{\mu_j}RT \tag{2.3.9}$$

由道尔顿分压定律可知，混合气体的总压强 $p=\sum_j p_j$，如果用 $\nu=\sum_j \nu_j$ 表示混合气体的总的物质的量，则混合理想气体的状态方程可以表示为

$$pV=\nu RT \tag{2.3.10}$$

从式（2.3.10）可以看出，多种成分混合的理想气体的状态方程与单一成分理想气体的状态方程形式完全相同。

设混合气体的总质量为 M，则这个总质量可以表示成各组分气体的质量之和，即 $M=\sum_i M_i$，如果用 $\bar{\mu}$ 来表示混合气体的摩尔质量，即

$$\bar{\mu}=\frac{M}{\nu}=\frac{M}{\sum_i \nu_i}=\frac{\sum_i M_i}{\sum_i (M_i/\mu_i)} \tag{2.3.11}$$

则混合理想气体的状态方程又可表示为

$$pV=\frac{M}{\bar{\mu}}RT \tag{2.3.12}$$

混合理想气体的状态方程与单一成分气体的理想气体状态方程的形式相同的物理意义在于，当气体的压强趋于零时，一切不同化学组成的气体在热力学性质上的差异趋向消失。理想气体状态方程式（2.3.10）普遍适用，与各组分气体的个性无关。这与前面讨论理想气体温标时，采用不同气体所制备的温度计，当压强趋于零时，测得温度一致，其原理一致，即理想气体没有个性。

例3　已知空气中几种主要组分氮气、氧气、氩气的分子量分别是28.0、32.0、39.9，它们的体积百分比分别是78%、21%、1%，求在标准状况下空气中各组分的分压强、密度以及空气的密度。[混合气体中各组分的体积百分比是指，当每一组分单独处在与混合气体相同条件下（压强与温度相同）所占体积与混合气体的体积之比]

解：设氮气、氧气、氩气单独存在时在标准状况下的体积分别为 V_1、V_2、V_3，V 为空气的体积，则

$$V_1=0.78V,\ V_2=0.21V,\ V_3=0.01V$$

它们混合成标准状态下的空气，相应的状态变化为

氮气：$p,\ V_1,\ T\to p_1,\ V,\ T$

氧气：$p,\ V_2,\ T\to p_2,\ V,\ T$

氩气：$p,\ V_3,\ T\to p_3,\ V,\ T$

其中，$p=1.0$ atm，是标准状态下的压强；p_1、p_2、p_3 分别为三种组分的分压强，由于温度不变，有

$$pV_1=p_1V,\ pV_2=p_2V,\ pV_3=p_3V$$

可以求得

$$p_1=\frac{V_1}{V}p=0.78p=0.78(\text{atm})$$

$$p_2=\frac{V_2}{V}p=0.21p=0.21(\text{atm})$$

$$p_3=\frac{V_3}{V}p=0.01p=0.01(\text{atm})$$

又由理想气体状态方程可以得到

$$\rho=\frac{M}{V}=\frac{p\mu}{RT}$$

所以相应标准状况下氮气、氧气、氩气组分的密度分别为

$$\rho_1\approx0.97\times10^{-3}\ (\text{kg/L}),\ \rho_2\approx0.30\times10^{-3}\ (\text{kg/L}),\ \rho_3\approx0.02\times10^{-3}\ (\text{kg/L})$$

相应的，空气的密度为

$$\rho=\rho_1+\rho_2+\rho_3\approx1.29\times10^{-3}\ (\text{kg/L})$$

下面对理想气体状态方程做一些评论：

（1）这里仅仅在宏观上根据热力学温标的定义和阿伏伽德罗定律给出了这个状态方程，将在第5章中利用气体动力学理论，从微观的角度推导出理想气体状态方程来。

（2）为什么称之为“理想”？后面第5章中提出的微观论证是基于下面两种假设而给出的：①假设分子是没有体积的质点；②假设分子间没有作用力，这样分子就不会相互吸引。这些都是理想化的假设，因此可以不期望理想气体模型在任何情况下都能描述真实气体，但是它确实很好地描述了各种条件下气体的特性。如果把以上两个假设去掉，其状态方程也将随之改变，这个问题将在下一小节讨论。

（3）值得注意的是，热力学理论是对非气态的热力学系统同样适用的普适理论，理想气体并非它的全部内容。因此理想气体方程虽然有用，但并非可以用来处理所有的问题，对于固体或气体，应该有其自己的状态方程。

2.3.3 实际气体的状态方程

前面提到，在压强趋近于零的情况下任何气体的状态参量满足理想气体状态方程，在高温低压的条件下，理想气体状态方程也可以很好地刻画实际气体的行为。然而，当温度比较低、压强比较大，以至于气体接近凝聚的情况下，实际气体的行为就与理想气体状态方程所描述的规律出现了大的偏差。为了找到能够更好地符合气体实际行为的状态方程，人们从理论和实验上进行了大量的工作，提出了多种描述实际气体行为的状态方程。

1873年，荷兰物理学家范德瓦尔斯（J. van der Waals）在克劳修斯（R. Clausius）的论文启发下，对理想气体的基本假定进行了两个方面的修正，得到了适用于实际气体的范德瓦尔斯方程。

（1）实际气体的分子自身有一定的大小，即它们有自己的体积。

由理想气体状态方程可以看出，当气体 $V\to0$ 时，压强急剧上升。然而实验发现，当实际气体的体积被压缩到接近某个特定的值时，压强就会急剧上升。这是由于气体的分子有自身的体积，那个特定的值就是所有气体分子自身体积所占据的空间。因此当我们考虑实际气体时，可以用（V_m-b）代替理想气体状态方程中的体积 V_m，其中 V_m 是1 mol气体分子所占据的体积，b 是1 mol气体分子自身的体积。

（2）气体分子之间，除了短程斥力存在之外，还存在一个吸引力，称之为范德瓦

尔斯力，其大小随着粒子之间距离的增大而减小。在气体方程中，这种吸引力的作用是产生了一个内部压强，使气体对容器壁施加的压强减小了一些。范德瓦尔斯采用 a/V_m^2 来表示这个内部压强。

在理想气体状态方程中考虑这两个方面的影响之后，就可以得到范德瓦尔斯方程，即

$$\left(p+\frac{a}{V_m^2}\right)(V_m-b)=RT \tag{2.3.13}$$

式中，a 和 b 对于一定的气体来说都是常量，可以由实验来测定。

如果气体的密度非常低，范德瓦尔斯方程就还原成了理想气体的状态方程。如前所述，范德瓦尔斯仅使用两个参数 a 和 b 将理想气体状态方程修正成了实际气体的状态方程，所以我们不能期望这种简单的修正会让所有实际气体的理论和实验完全一致。尤其是在气体分子之间相互排斥力和相互吸引力都有的情况下，这两个参数无法描述相互作用的细节。

2.3.4 固体、液体的状态方程

在不考虑外场作用的情况下，一个处于平衡态的纯物质系统的状态可以由其压强 p 和体积 V 来表示，温度与压强和体积相关，相应的状态方程的形式为

$$F(p,V,T)=0 \tag{2.3.14}$$

方程中有三个变量，如果外界条件稍稍改变而使系统经历一个微小的变化，稍稍偏离初始态到达另一个平衡态，则系统的体积、压强和温度都会有相应的改变。由微分理论可知，如果选择压强 p 和体积 V 为独立变量，则温度 T 的改变量可以表示成

$$\mathrm{d}T=\left(\frac{\partial T}{\partial p}\right)_V\mathrm{d}p+\left(\frac{\partial T}{\partial V}\right)_p\mathrm{d}V \tag{2.3.15}$$

类似地，如果我们以 T 和 p 为独立变量，体积 V 的改变量则可以表示成

$$\mathrm{d}V=\left(\frac{\partial V}{\partial T}\right)_p\mathrm{d}T+\left(\frac{\partial V}{\partial p}\right)_T\mathrm{d}p \tag{2.3.16}$$

当以 T 和 V 为独立变量时，压强 p 的改变量可以表示成

$$\mathrm{d}p=\left(\frac{\partial p}{\partial T}\right)_V\mathrm{d}T+\left(\frac{\partial p}{\partial V}\right)_T\mathrm{d}V \tag{2.3.17}$$

如果我们能够对这三个微分方程进行积分求解，就可以找到状态方程的显性表达式。为了这个目的，定义三个参数：

$$\alpha\equiv\frac{1}{V}\left(\frac{\partial V}{\partial T}\right)_p,\ \beta\equiv\frac{1}{p}\left(\frac{\partial p}{\partial T}\right)_V,\ \chi\equiv-\frac{1}{V}\left(\frac{\partial V}{\partial p}\right)_T \tag{2.3.18}$$

式中，α 为等压膨胀系数，表示压强保持不变的情况下，单位温度的变化所引起系统体积变化与系统原体积的比值；β 为（相对）压强系数，它表示在体积不变的条件下，单位温度的变化所引起系统压强的相对变化；χ 为等温压缩系数，它表示在温度不变的条件下，单位压强的变化所引起系统体积的相对变化。

把 α、β、χ 三个系数带入式（2.3.16）和式（2.3.17），可得

$$\frac{dV}{V}=\alpha dT-\chi dp \quad 和 \quad \frac{dp}{p}=\beta dT-\frac{1}{\chi pV}dV \tag{2.3.19}$$

如果能够通过实验测定物体的体膨胀系数$\alpha(T,p)$和等温压缩系数$\chi(T,p)$，就可以确定该物体的状态方程为

$$\ln\frac{V}{V_0}=\int_{(T_0,p_0)}^{(T,p)}(\alpha dT-\chi dp) \tag{2.3.20}$$

对于固体和液体，当温度和压强改变时它们的体积变化相对小很多（$V-V_0\ll V_0$），可以作为一级近似，得到

$$V=V_0[1+\alpha(T-T_0)-\chi(p-p_0)] \tag{2.3.21}$$

这是关于液体和固体的近似状态方程，可以看到，体积随温度的增加而线性增加，随压强的增加而线性减小。

例4　假定一块铜的温度从127 ℃升高到137 ℃，如果想要保证其体积不变，则压强需要改变多少？在这个温度区间$\alpha=5.2\times10^{-5}\ K^{-1}$，$\chi=7.6\times10^{-12}\ Pa^{-1}$。

解：由式（2.3.21）可得

$$\Delta p=\frac{\alpha}{\chi}\Delta T=6.8\times10^{7}(Pa)\approx680(atm)$$

因此需要改变680个标准大气压。

小结

（1）热平衡态：当两个孤立的系统A和B彼此进行热接触时，在足够长的时间内整个系统$A+B$最终达到相互平衡的状态。

（2）热力学第零定律：如果两个热力学系统中的每一个都与第三个热力学系统处于热平衡，则它们彼此也处于热平衡。

（3）温度：温度是处于平衡态时的一个状态参量，由它可以判断两个热力学系统是否达到热平衡。

（4）理想气体状态方程：$pV=\nu RT=\frac{M}{\mu}RT$。

（5）道尔顿分压定律：混合气体的压强等于各成分气体的分压强之和，即$p=\sum_j p_j$。

（6）范德瓦尔斯方程：$\left(p+\frac{a}{V_m^{\ 2}}\right)(V_m-b)=RT$。

（7）$\alpha\equiv\frac{1}{V}\left(\frac{\partial V}{\partial T}\right)_p$，$\beta\equiv\frac{1}{p}\left(\frac{\partial p}{\partial T}\right)_V$，$\chi\equiv-\frac{1}{V}\left(\frac{\partial V}{\partial p}\right)_T$。

思考题

1. 把一根金属棒的一端放入沸水中，另一端伸到冰中，其余部分与外界隔绝，假定沸水和冰的温度维持不变，经过一段时间后棒内各区域达到稳定。问：此时金属棒

是否处于平衡态？为什么？此时的棒内，温度的概念是否适用？

2. 太阳表面温度约为6 000 K，由于太阳内部不断发生热核反应，所以太阳中心温度可高达10^7 K，所产生的热量以恒定不变热产生率从太阳表面向周围散发，试问太阳是否处于平衡态？

3. 什么是热力学第零定律？为什么说热力学第零定律是建立温标的基础？

4. 在建立经验温标时，必须规定标志温度的测温属性与温度呈线性关系吗？为什么？必须是升函数吗？

5. 在什么温度下，华氏温标与摄氏温标给出相同的读数？

6. 用医用温度计测量人的体温时，为什么要等几分钟才读数？

7. 日常温度计多用水银或酒精作测温物质，能否改用水来做测温物质？假定某人用水作为测温物质制作了一个温度计，并用它来测两盆凉水的温度时，若显示出水柱的高度一样，是否能够说两盆水的温度一定相等？这违反热力学第零定律吗？

8. 人坐在橡皮艇里，橡皮艇会浸入水中一定深度。晚间温度降低时，如果大气压强不变，问橡皮艇艇浸入水中的深度将怎样变化？

习题

2.1 定体气体温度计的测温泡浸在水的三相点槽内时，其中气体的压强为6.7×10^3 Pa。

（1）用温度计测量300 K的温度时，气体的压强是多少？

（2）当气体的压强为9.1×10^3 Pa时，待测温度是多少？

2.2 两种不同成分的材质导体组成闭合回路，当两端存在温度梯度时，回路中就会有电流通过，此时两端之间就存在热电动势，由这个原理制作的测温器件叫热电偶。当热电偶的两个触点处于不同的温度时，会产生热电动势ε。当热电偶的一个触点保持在冰点温度，另一个触点保持摄氏温度t时，测温函数由下式给出：$\varepsilon=at+bt^2$，其中ε的单位是mV。当热电偶在200 ℃时读数为60 mV，在400 ℃时读数为40 mV，试计算常数a和b。读数为30 mV时对应的温度是多少？

2.3 设某一物质在恒压下的物态方程由实验定为下列形式：$V=V_0(1+at+bt^2)$，其中t为摄氏温标。若以此物质为测温物质做成定压温度计，求它所定的温标ϑ与t的关系（假设冰点为$\vartheta=0$，汽点为$\vartheta=100$，而且在这两点之间采用线性关系）。

2.4 IST－90规定：用于13.803 K(平衡氢的三相点)到961.78 ℃（银在0.101 MPa下的凝固点）的标准测量仪器是铂电阻温度计。设铂电阻在0 ℃及温度为t时电阻值分别为R_0及$R(t)$，定义$W(t)=R(t)/R_0$，且在不同测温区内$W(t)$对t的函数关系是不同的，在上述测温范围内大致有$W(t)=1+At+Bt^2$；若在0.101 MPa下，对应于冰的熔点、水的沸点、硫的沸点（温度为444.67 ℃）时电阻值分别为11.000 Ω、15.247 Ω、28.887 Ω，试确定上式中的常量A和B。

2.5 在什么温度下，下列一对温标给出相同的读数（如果有读数的情况下）：

（1）华氏温标和摄氏温标；

（2）华氏温标和热力学温标；

（3）摄氏温标和热力学温标。

2.6 目前可获得的极限真空度为 1.00×10^{-18} atm，求在此真空度下 1 cm^3 空气内平均有多少个分子？（设温度为 20 ℃）。

2.7 试求氧气在压强为 0.1 MPa、温度为 27 ℃时的密度。

2.8 “火星探路者”航天器发回的 1997 年 7 月 26 日火星表面白天天气情况是：气压为 6.71 mbar（1 bar $=10^5$ Pa），温度为 -13.3 ℃，这时火星表面 1 cm^3 内平均有多少个分子？

2.9. 星际空间氢云内的氢原子数密度可达 10^{10} m^{-3}，温度可达 10^4 K，求这云内的压强。

2.10 （1）太阳内部距中心约 20% 半径处氢核和氦核的质量百分比分别约为 70% 和 30%，该处温度为 9×10^6 K，密度为 3.6×10^4 kg/m^3。求此处压强是多少 atm？（把氢核和氦核都构成理想气体而分别产生自身的压强）。

（2）由于聚变反应，氢核聚变为氦核，在太阳中心氢核和氦核的质量百分比变为 35% 和 65%，此处的温度为 1.5×10^7 K，密度为 1.5×10^5 kg/m^3，求压强是多少 atm？

2.11 证明理想气体的膨胀系数、压强系数及压缩系数各为 $\alpha=\beta=1/T$，$\chi=1/p$。

2.12 证明任何一种具有两个独立参量 T，p 的物质，其物态方程可由实验测量的体胀系数 α 和等温压缩系数 χ，根据下述积分求得：

$$\ln V=\int(\alpha \mathrm{d}T-\chi \mathrm{d}p)$$

如果 $\alpha=1/T$，$\chi=1/p$，试求物态方程。

2.13 设 V 是混合气体的体积，分体积 V_1、V_2、…、V_n 为各组分的体积，所谓某一组分的分体积是指混合气体中该组分单独存在于与混合气体具有相同温度和压强状态时所占有的体积。试证明道尔顿分压定律等效于道尔顿分体积定律：$V=V_1+V_2+\cdots+V_n$。

第3章

热力学第一定律和内能

"从18世纪下半叶开始，自然科学从收集材料阶段进入综合整理和理论概括阶段，自然科学的各个部门迅速发展，取得巨大成就，特别是能量守恒和转化定律、细胞学说和达尔文的生物进化论等的发现，揭示了自然界的普遍联系和发展的辩证过程，为辩证唯物主义自然观的确立奠定了自然科学基础。"

——恩格斯《自然辩证法》

恩格斯对能量守恒与转化定律给出了极高的评价，并从自然科学成就总结并阐明了自然科学基础及其基本特征："新的自然观就其基本点来说已经完备：一切僵硬的东西溶解了，一切固定的东西消散了，一切被当作永恒存在的特殊的东西变成了转瞬即逝的东西，整个自然界被证明是永恒流动的和在循环中运动着。"战国《荀子·儒效》中有一句话，"千举万变，其道一也"，其意思是"形式上变化很多，本质上还是没有改变。"这正好是守恒与转化的生动写照，热力学第一定律告诉我们，能量可以在不同的形式之间变化转换，但其本质都是能量，在转换变化过程中其总量不会改变。

本章讨论与热力学第一定律有关的概念。在力学部分已经讨论过，当只有保守力做功时系统的机械能守恒，然而当存在非保守力比如摩擦力做功时，机械能就不再守恒了。难道是能量守恒原理只能局限在只有保守力做功的范围内吗？分析一下其中的原因，会发现不守恒是由于诸如摩擦力等耗散力存在时，系统的部分能量通过**热量**的方式传到环境中去了。因此要想使能量守恒原理仍然成立，就需要把以热量的形式损耗掉的能量考虑进来。热力学第一定律本质上是能量守恒原理在有热现象发生的过程上的扩展。热力学第一定律的建立标志着人们对热的认识的提高，即最终认识到**热是热力学过程中传递的能量**。

热力学第一定律实质上是能量守恒原理在热力学系统上的应用，因此可以表述为：**系统在与环境之间的交互作用过程中，系统能量的增加量等于系统从其环境中得到的能量**。为了给这句话一个准确的含义，有必要确切理解"系统与环境的交互作用中得到的能量"和"系统能量"等概念。

因此本章中将首先介绍改变系统能量的两种交互作用，即做功和传热以及这些交互作用中所传递的能量；接着将通过绝热功引入热力学系统的自身能量——内能；然后把这些物理量之间的关系建立起来，即得到热力学第一定律；最后介绍热力学第一定律的一些应用。

3.1 准静态过程

前面曾经谈到，当热力学系统处在平衡态时，如果不受外界影响，系统处于平衡态，相应的各个状态参量保持不变。但是，如果外界条件发生改变，则系统与外界将发生交互作用，平衡态就会遭到破坏而发生状态的变化。一个热力学系统的状态发生变化时，我们说它经历了一个**热力学过程**。

由平衡态的性质可知，一旦热力学系统的状态随时间开始发生变化，就意味着系统平衡态的破坏，所以，在热力学过程进行的每一个瞬间，热力学系统严格地说都不处于平衡态。众所周知，热力学平衡态被破坏后经过一段时间后，系统会达到一个新的平衡态。我们称这个由非平衡态过渡到平衡态的过程为**弛豫过程**，称系统由非平衡态达到平衡态所需要的时间为**弛豫时间**。弛豫时间的长短依赖于弛豫过程的类别（如压强趋于均匀的弛豫时间就比温度趋于均匀的弛豫时间短）和系统的尺度（系统越大，弛豫时间越长）。

在实际的热力学过程中，系统在过程中的每一时刻都处于非平衡态，如膨胀和压缩过程中密度和压强不均匀，加热过程中温度不均匀等，这给研究工作带来了困难，因为对于非平衡状态，系统内部各处性质不均匀，无法用有确定数值的状态参量进行描述，不便于进行准确的定量研究。为了解决这个问题，根据物理学中常用的理想模型的研究方法，在热力学中提出一种叫作准静态过程的理想过程来进行研究。**准静态过程是这样一种过程，在过程进行之中的每一步，物体都处在近似平衡态**。这是一种理想的过程，在实际上是不可能做到的，因为在过程进行中系统的状态都在不停地变化，而状态的改变一定破坏系统的平衡。虽然如此，我们假想一个进行得非常缓慢的过程，当进行的速度趋近于零时，这个热力学过程就趋于准静态过程，这种极限情形在实际上虽然不能完全达到，但是可以无限趋近。

实际的热力学过程当然都在有限的时间内进行，不可能是无限缓慢的，但是，在许多情况下可近似地把实际过程当作准静态过程来处理。只要在过程进行中每一步，或者说系统的状态发生一个可被观测出的微小变化的时间 Δt 都比弛豫时间 τ 长，这种近似处理就能在一定程度上符合实际。例如，在内燃机内气体进行的循环过程中，气缸内活塞活动的距离在 0.1 ~ 1 m，其运动速度约 10 m/s，而气缸内气体的压强趋于均匀的过程的速度超过 300 m/s，其弛豫时间大约是活塞运动时间的百分之一，所以可以认为活塞的运动足够缓慢，气体经历的过程可以近似地当作准静态过程来处理。以后讨论的各种过程除非特别声明，一般都是指准静态过程。

对于简单的系统，其准静态过程中，系统所经历的每一个状态都可以看作平衡态，所以都可以用一组状态参量来描述系统的状态，因此可以用系统的状态图，如 $p-V$ 图（或 $p-T$ 图、$V-T$ 图）中的一条曲线表示系统所经历的一个准静态过程（见图 3.1）。在状态图中，任何一点都表示系统的一个平衡态，所以一条曲线就表示由一系列平衡态组成的准静态过程，这样的曲线叫过程曲线。在图 3.1 的 $p-V$ 图中画出了几种等值过程的曲线：1是等压过程曲线，2是等体过程曲线，3是等温过程曲线。非平衡态不能用确定的状态参量描述，非准静态过程也就不能用状态图上的一条线来表示。

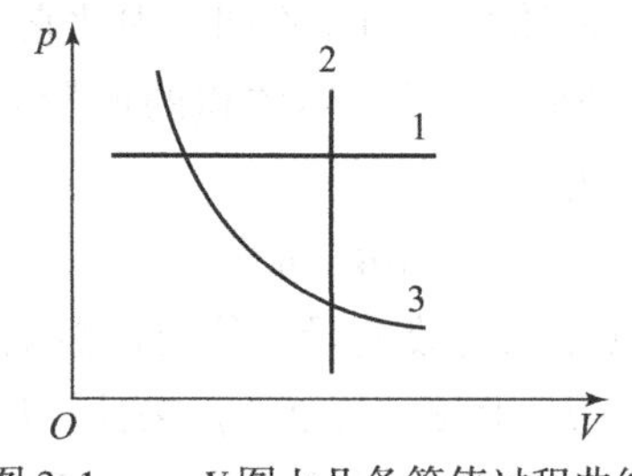

图3.1 $p-V$图上几条等值过程曲线

3.2 以功的形式传递能量

前面提到，热力学系统在状态转换过程中与环境之间有两种交互作用，即做功和传热。首先来讨论做功这种交互作用形式，对于“做功可以改变系统的状态”这一点我们早有认识。牛顿第二定律告诉我们，一个质点在不受外力作用的情况下将保持静止或者匀速直线运动状态，但是当有外力对它做功时，就会改变物体的运动状态，相应地会改变其动能。学习力学时我们知道，对一个物体做功，需要对物体施加一定的力，并在力的作用方向上产生一定的距离。因此做功的定义如下：

机械功等于力和在力的方向上走过距离的乘积。

而在牛顿力学理论中，所研究的对象是最简单的可以用质点表示的物体，当研究的对象变得复杂了以后，需把功的定义进行扩展，比如在讨论刚体的转动时，在力矩的作用下刚体转过一定的角位移，则力矩所做的功就是力矩与所转过的角位移的乘积。当考虑热力学系统时，需要把做功的定义再扩展一些，给出通过做功的方式改变热力学系统的状态的具体形式。下面将介绍在热力学中常见的几种形式的功。

3.2.1 位形功

在热力学中，做功是系统与外界交换能量的一种方式，位形功是在力学相互作用过程中产生的一种能量交互作用，其产生的条件是力学平衡条件破坏即产生了压强差。系统与外界交换能量的过程中，系统状态发生相应的变化。

1. 体积功

在热力学中，准静态过程的功具有重要意义，主要考虑气体的体积做准静态变化时的功，即气体准静态膨胀时对外部环境做的体积功。如图3.2所示，气缸的横截面积为S，开口端装有活塞，在气缸内封入一定量的气体，其压强为p，活塞和气缸壁之间没有摩擦，那么气体对活塞的作用力为pS，气体膨胀推动活塞向右移动了一小段距离$\mathrm{d}l$后，气体对外界环境所做的功为

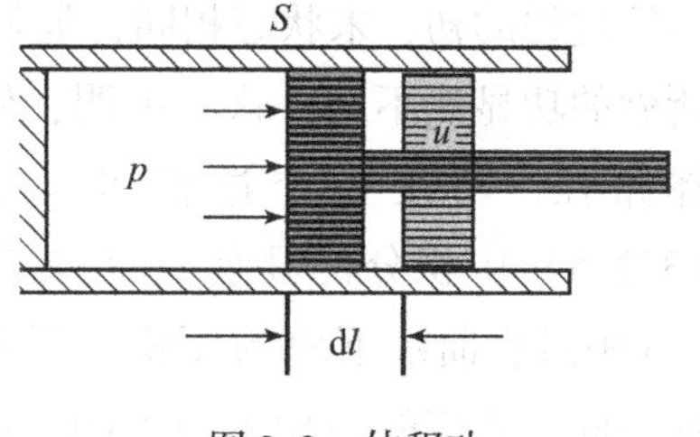

图3.2 体积功

$$\delta W = pS\mathrm{d}l \tag{3.2.1}$$

即功等于压强、活塞面积和位移的乘积。这里的 δW 是由于活塞的微小移动对应的“小量的”功，它的大小会因做功的路径不同而不同，因此它不是全微分的形式。如图 3.2 所示，活塞面积和位移的乘积刚好就是气体体积的增量 $\mathrm{d}V = S\mathrm{d}l$，所以在这个元过程中，气体对外部环境所做的功为

$$\delta W = p\mathrm{d}V \tag{3.2.2}$$

即气体所做的功等于压强乘以体积的改变量。值得注意的是，即使体积的变化过程并非简单的直线位移，但仍然可以采用式（3.2.2）来计算体积功。比如，想知道吹起一个气球所做的功是多少，只需要知道气球内气体压强乘以气球前后体积大小的差异，而不论其形状是什么样的。

当气体系统的体积增加量比较大，比如体积从 V_1 变化到 V_2 的过程中，气体系统的压强可能会随着体积的增加而变化，因此系统对环境所做的总功应该用积分来计算，即

$$W = \int_{V_1}^{V_2} p\mathrm{d}V \tag{3.2.3}$$

如前所述，功是过程量，所以在计算式（3.2.3）中的积分时，需要知道过程进行的具体路径，也就是需要知道过程进行的条件，这一点可以通过下面的例子加以说明。

例 1 ν mol 理想气体准静态膨胀，初态体积为 V_1，温度为 T，经过准静态过程变化到体积 V_2、温度仍然为 T 的末态，求下面两种情况下，气体对外界环境所做的功。

（1）温度 T 保持不变的等温过程；

（2）先等压强膨胀到 V_2，再等容降温到末态（V_2，T）。

解：（1）在准静态过程中，理想气体的状态参量满足理想气体状态方程 $pV = \nu RT$，在等温过程中，温度保持不变，气体对外界所做的功为

$$W = \int_{V_1}^{V_2} p\mathrm{d}V = \nu RT\int_{V_1}^{V_2} \frac{\mathrm{d}V}{V} = \nu RT\ln\frac{V_2}{V_1} \tag{3.2.4}$$

（2）等压过程中，气体的压强不变，由理想气体状态方程可以求得，$p = \nu RT/V_1$，代入式（3.2.3）可得等压过程的功为

$$W = \int_{V_1}^{V_2} p\mathrm{d}V = p\int_{V_1}^{V_2} \mathrm{d}V = \frac{\nu RT}{V_1}(V_2 - V_1) \tag{3.2.5}$$

而等容过程体积不变，体积功为 0。所以整个过程中系统的功为式（3.2.5）。

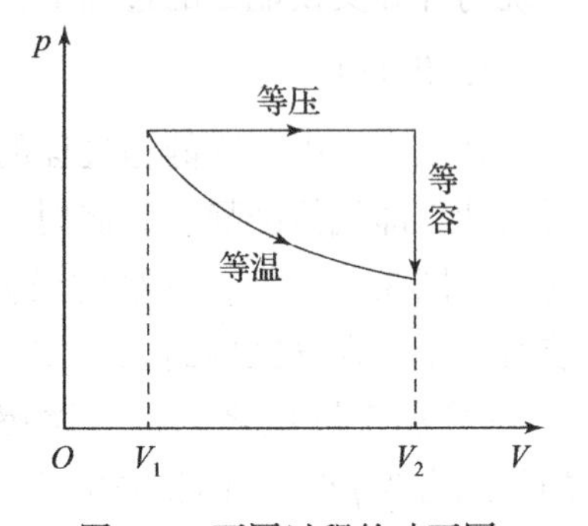

图 3.3 不同过程的功不同

比较式（3.2.4）和式（3.2.5）两个结果可知，尽管过程的初、末状态相同，但是经过了不同的路径，所做的功显然不同。这正说明，做功依赖于过程的具体路径，功是一个过程量。由式（3.2.4）和式（3.2.5）中积分的几何意义知道，功的大小等于图 3.3 中过程曲线下面的面积。不同的过程对应的过程线不同，相应的面积也会不同，这也是功依赖于具体

过程的直观表现。

2. 表面张力做功

经验告诉我们，把一枚硬币丢进水里，它会很快沉到水底，因为金属的密度大于水的密度。但是，如图3.4（a）所示，在一杯水的表面轻轻地放上一枚硬币，硬币可以“漂”在水的表面上，这似乎与我们生活经验刚好相反，这是为什么呢？细致分析一下，我们可以知道，硬币之所以能够“浮”在水的表面上，完全得益于水的表面存在表面张力，它们是水分子之间的相互作用力形成的。

由于表面张力的存在，当我们改变液膜的面积时，就需要对液面做功。如图3.4（b）所示，矩形框上附有一层液膜，矩形的右侧边可以移动，以 σ 表示单位长度的表面张力，其单位为 N/m。表面张力有使液面收缩的趋势，当把右侧的边移动距离 dx 时，外界克服表面张力所做的功为

$$\delta W = 2\sigma l dx \tag{3.2.6}$$

但是液膜面积的变化（考虑上下两个表面）$dS = 2l dx$ ，所以

$$\delta W = \sigma dS \tag{3.2.7}$$

上式给出的是在准静态过程中液膜面积改变 dS 时外界所做的功。

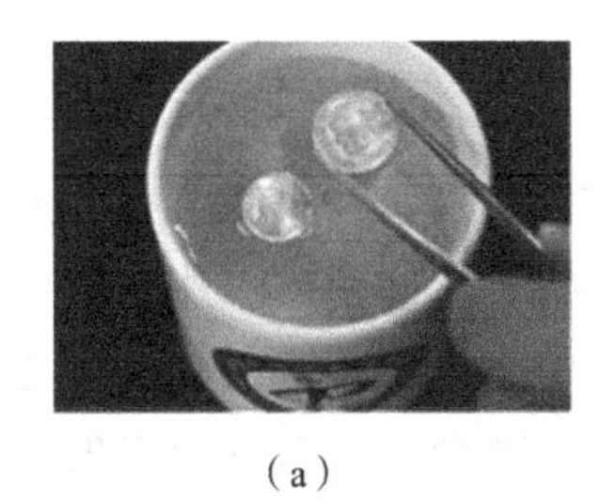

（a）

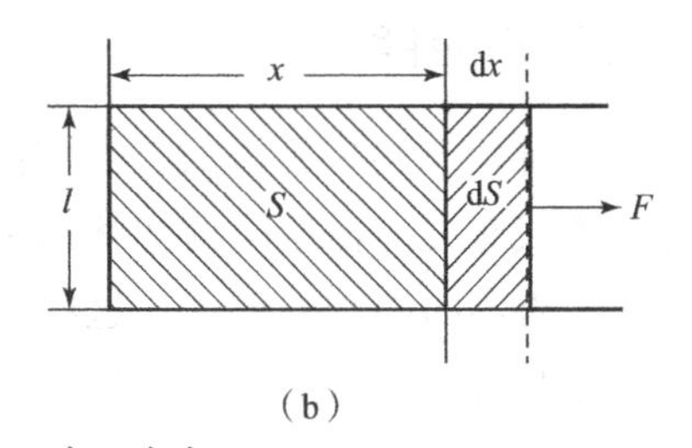

（b）

图3.4 表面张力

（a）表面张力的演示；（b）表面张力做功的计算

综合上面两种形式的功，它们有着共同的特点，即系统对环境所做的功，可以用系统的某些强度量（比如压强 p 或表面张力 σ）和对应的广延量（比如体积 V 或面积）的增量的乘积来表示。如果用 y 代表强度量，用 X 代表相应的广延量，则位形功的广义表达式可以表示为

$$\delta W = \sum_i y_i dX_i, i = 1,2,\cdots,n \tag{3.2.8}$$

变量 X_i 决定了系统的位形，因此 $\sum_i y_i dX_i$ 被称为位形功。

3. 电功

热力学理论是特定历史时期的产物，回忆一下热学理论建立时期的科学发展状况，就能更好地帮助我们了解热学发展历程。在很大程度上，由于法拉第在电磁学方面的发现，电磁理论和实验成了19世纪中叶物理学研究的潮流。因此，理所当然地，焦耳（J. P. Joule）这位热学发展史上的重要人物，所做的第一批实验，就是关于伏打电池中发生的化学反应与释放的电流，以及伴随的热效应。所以在他转向热学的研究时，自然而然会选择电能做功来提供热量。在早期关于电学的实验中，焦耳建立了一个如今

以他的名字命名的定律，该定律是：**假设有一个阻值为 R 的电阻，如果想要在其中维持 I 的电流，那么需要在电阻两端加上电源，dt 时间内外电源的电动势对电阻所做的功为**

$$\delta W = I^2 R\mathrm{d}t \tag{3.2.9}$$

这就是**电流热效应方面的焦耳定律**，得到这个关系式后，焦耳随后开始探索各种功与热的关系，这些内容将在后面讨论。

从现在的观点来看，力学、电学、磁学等理论有一个共同的特点，即在建立它们的基本概念和理论的过程中，为了突出物理本质，也为了理论形式的简洁，都考虑理想的情况，考虑保守力作用下系统的动力学行为，而对于耗散的情况则看作特例单独对待。因而不论是力学中的位形功，或是电学、磁学中的电磁力做功，都可以归为一类，即没有耗散参与的“纯净的”功。而在热学中，我们将引入热交互作用，把它与功交互作用提到同等重要的地位，所以在讨论热力学过程时，通常需要同时考虑热相互作用的影响。在众多形式的热力学过程中，绝热过程有着特殊的意义，绝热过程不存在热交互作用，此时只有功交互作用，我们称之为绝热功，它可以帮助我们深刻理解内能的概念。

3.2.2 绝热功和内能

做功是改变系统状态的一种方式，由前面讨论可知，功是过程量，其大小与热力学系统过程进行方式有关。在相同的初状态到末状态之间，可以用不同的热力学过程来实现，因而对应着不同的功的值。在这些过程中有一类特殊的过程即绝热过程，非常有意义。所谓绝热过程，是指不存在热量交换而完全由机械的或电的直接作用引起系统状态的改变的过程。值得注意的是，并不是所有的过程都可以通过绝热过程来实现，这个结论关系到热力学第二定律，我们将在后面讨论，现在只讨论绝热过程中功的特点。热力学中著名的焦耳实验，其过程就是一个绝热过程，下面将通过焦耳实验的讨论，得到一个新的状态函数，即内能 U。

焦耳从一开始就笃信精确测量对科学极端重要，他对定量测定的投入与执着，从一个关于他的故事中就可以看出：在去法国的阿尔卑斯山区度蜜月期间，焦耳都记得随身携带温度计，目的是要测量一个瀑布顶、底之间温度差！为什么他对这样的差别如此感兴趣？随后我们重温他的工作，自然就知道了其中的缘由。下面将讨论焦耳实验。

在 1840 年至 1849 年间，焦耳做了一系列细致的实验，通过实验结果建立了功与热之间的精确关系。实验是这样进行的，如图 3.5（a）所示，在一个绝热材料制成的容器中放入某种液体（焦耳尝试过水、汞和抹香鲸油等液体，这里我们以水为例来说明），并在容器内装一个可以旋转的叶轮，叶轮通过滑轮装置与一个重物相连，这样当重物下落时，可以带动叶轮旋转对容器中的水做功而使水由初始的平衡态 1 变化为末态的平衡态 2。由于储水容器的器壁是绝热的，因此系统状态的变化完全是由于叶片的转动做功而引起，在这种情况下重物带动叶轮所做的功称为绝热功。在实验中，焦耳通过精确测量水温的变化而算出水吸收的热量，并随后尝试了多种不同形式的做功过程，包括利用他熟知的电流做功来代替重物做功等，如图 3.5（b）所示。经过一系列非常细致精确的实验之后，焦耳发现了以下两点：

（1）将 1 kg 水的温度提高 1 ℃或 1 K 需要 4.154 kJ 的绝热功。这个结果与**热功当量**的值非常接近，现在经过改进后的热功当量为 4.185 5 J 的功，相当于 1 cal 的热量。在焦耳的实验之前，伦福德（B. Thompson）曾经给出了一个功与热的对应值，焦耳在得到这个结果之后，检查了伦福德之前给出的结果，发现两人的结果非常接近。

（2）无论任何形式的绝热功，使一定量的水从相同的平衡态 1 变化为同一个平衡态 2 时所需要的绝热功相同。焦耳通过改变重物的重量和操作的次数来改变其绝热功，也尝试通过电流通过电阻的方式来提供绝热功，发现所需的绝热功数量依然相同。

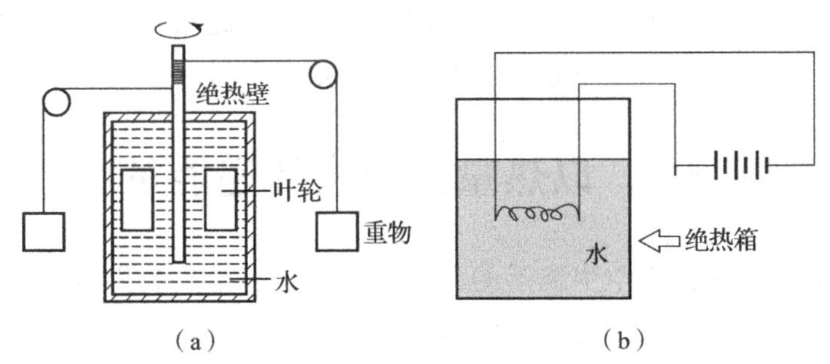

图 3.5　焦耳实验

从焦耳实验的结果可以总结出这样一个规律：如果想把一个绝热系统从一个平衡状态转变为另一个平衡状态，需要提供的绝热功的数量都相同，与做功的方式和做功的具体路径无关。用公式表示为

$$W_{绝热} = \int_{初}^{末} \delta W_{绝热} \tag{3.2.10}$$

上面的陈述相当于说，在一个热力学系统状态变化的过程中所消耗的绝热功与具体的路径无关，只取决于系统的初始状态和末状态；无论过程是否可逆，这都是正确的。因此，系统一定存在一个状态函数 U，它在末态的取值与初态的取值的差等于绝热功，我们称这个状态函数为内能，它在初态和末态之间的差值等于沿任意绝热过程外界对系统所做的功。即

$$\int_{初}^{末} dU = U_{末} - U_{初} = \int_{初}^{末} \delta W_{绝热} = W_{绝热} \tag{3.2.11}$$

内能的增量等于绝热过程中外界对系统所做的功。内能是系统的一个状态函数。所谓状态函数，是指其值由系统状态唯一确定而与系统如何达到这个状态的过程无关。在经典力学中，我们知道对系统做功可以增加系统的机械能，然而，内能则不同于这些系统整体运动的能量，它是系统具有的所有内部自由度相关的能量之和。在焦耳实验中，储水容器在重力场中整体的高度没有变化，因而重力势能没有改变；也没有在实验室地板上做定向移动，因而也没有整体的动能。从分子运动论的观点来看，外部对热力学系统所做的功实际上也会引起某些动能和势能的变化，这里的动能和势能是

系统内部各分子随机运动的动能和分子之间存在相互作用而产生的势能，正是这些分子的随机运动的动能和相对位置有关的分子间势能共同构成了热力学系统的内能 U。

从式（3.2.11）可以看出，根据系统从一个态过渡到另一个态时所消耗的绝热功，可以确定这两个态的内能差，实际中用到的也只是两态间的内能差。这个公式并不能把任一态的内能完全确定下来，内能函数中还包含了一个任意的相加常量，这个常量是某一被选定为标准态（或称参考态）的内能，其值可以任意选择或规定为零，这和力学中对参考点的重力势能值的选择情况一样。

从微观的结构来看，内能中包括分子无规则热运动动能，分子间的相互作用能，分子、原子内的能量，原子核内的能量等。当然，在系统经历一热力学过程时，并非所有能量都发生变化，比如原子核内的能量在一些过程中并不改变。

上面我们讨论了在绝热条件下绝热功的特点，并由此从宏观的角度定义了系统的内能。下面我们将考虑系统与环境的另外一种交互作用，即热交互作用。

3.3 以热量的形式传递能量

从经验中我们知道，天空中飘落的雪花落入手中，会给我们带来一丝凉意；放在桌上的一杯可乐中的冰块最终会融化成水；同样放在桌上的热汤面会逐渐凉下来。这些生活中常见的现象的背后隐含着一个普适的规律，即当温度不同的两个物体放在一起时（其中一个物体可能是其周围的环境），就会有能量从温度高的一方流向温度低的一方，直到它们达到热平衡，即达到相同的温度。如图 3.6 所示，能量传递的方向总是从高温物体到低温物体，当温度相同时，能量传递就停止下来。

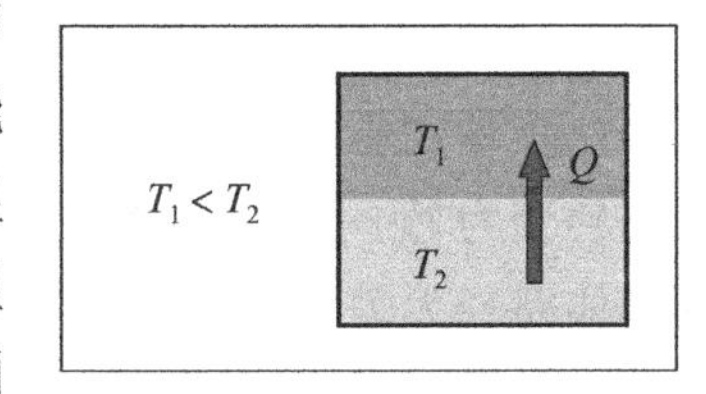

图 3.6 有温差时的热传递

我们把由于两个系统（或系统及其周围环境）温度不同而在它们之间传递的能量叫作热量，把系统和环境之间传递热量的交互方式叫作热传递。热传递只有在存在温差时才能发生，在相同温度下，宏观上不再有热传递。

在此强调一点，在热力学中热量只有在传递的过程中才有意义。再考虑一下前面提到的那杯冰可乐的问题，外界环境中含有能量，比如空气的内能，但我们不能把这些能量叫作热量，只有当这些能量通过杯子的壁进入冰可乐的瞬间，这种能量才可以被称为热量，一旦进入可乐内部，所传递的热量就成为可乐的内能的一部分。热量作为传递的能量，具有能量单位，国际单位制中为 J，读作焦耳。

有了热传递的准确定义之后我们就可以给出前面提到的直观的绝热过程的定义了。我们把没有热传递的过程称为绝热过程，有两种方法可以实现过程的绝热：要么系统的边界绝热性能良好，使得热不能通过或者只有少量可忽略不计热量可以通过边界；要么系统过程进行得非常快，致使系统与周围环境来不及交换热量。特别提醒，不要把绝热过程与等温过程混淆在一起，即使在绝热过程中没有热传递，仍然可以通过做功的方式改变系统的能量和系统的温度。

3.3.1　热容量

把一壶冷水放在火炉上，水的温度会随着热量的输入而升高，直至沸腾，而不同的物质升高相同的温度，所需要的热量也往往不同，如何量化这个过程呢？为了表明物体在一定过程中的这种特点，物理学中引入热容量的概念。考虑这样的过程，如图3.7所示，给一个热力学系统输入 Q 的热量，该系统将从一个平衡态变化到另一个平衡态，同时伴随着温度变化 ΔT 的量，可以定义热容 C 为当温度增量趋于零时吸收的热量与温度增量的比率，即

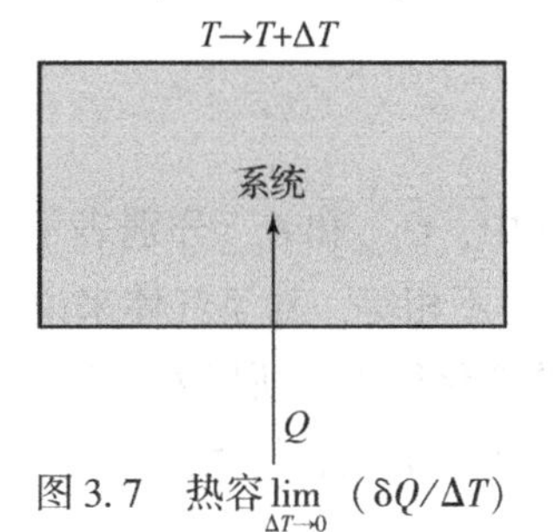

图3.7　热容 $\lim\limits_{\Delta T\to 0}$（$\delta Q/\Delta T$）

$$C=\lim_{\Delta T\to 0}\left(\frac{Q}{\Delta T}\right)=\frac{\delta Q}{\mathrm{d}T} \tag{3.3.1}$$

由定义式可知，**热容即一定条件下，系统每升高单位温度所吸收的热量**。在国际单位制中热容的单位是焦耳每开尔文（J/K）。尽管式（3.3.1）与导数的定义一样，但是由于 Q 不是系统的状态参量，因此上式也不是一个真正意义上的导数，这里的 δQ 可以理解为无限小热流，$\mathrm{d}T$ 可理解为相应温度的增量。值得注意的是，“热容”这个叫法是历史的传承，存在一定歧义，从字面上来理解，好像热力学系统能够容纳的热量，事实上“热容”这种称谓只有在热交换的那个瞬间才有意义，而系统能够拥有的只能是内能。

我们都有这样的经验，烧开一小壶水所需要的热量与烧开同温度的一大锅水所需要的热量一定不同，因为一个热力学系统升高一定温度所需要吸收的热量的多少与系统的质量成正比。因此，热容是一个广延量。我们可以用热容除以质量而得到一个强度量，即定义**单位质量物质的热容为比热容**，通常简称为比热。其表达式为

$$c=\frac{1}{m}\left(\frac{\delta Q}{\mathrm{d}T}\right)=\frac{\delta q}{\mathrm{d}T} \tag{3.3.2}$$

式中，δq 为单位质量物质吸收的热量。在国际单位制中，比热的单位是 $\mathrm{J\cdot kg^{-1}\cdot K^{-1}}$。

在另一些情况下，定义1 mol物质的热容，为摩尔热容，用 C_m 表示。即

$$C_m=\frac{\delta Q_m}{\mathrm{d}T} \tag{3.3.3}$$

式中，δQ_m 表示1 mol物质吸收的热量。在国际单位制中摩尔热容的单位是 $\mathrm{J\cdot mol^{-1}\cdot K^{-1}}$。

由于热量是过程量，对同一个系统相同的初末态之间，经历不同的过程，所传递的热量也不相同，因此热容的大小与加热的具体过程有关。在等体过程中气体与外界之间没有以做功的方式交换能量，所以吸收的热量全部用来增加系统的内能；在等压过程中吸收的热量除了用来增加内能以外，还需要使气体膨胀对外做功，因此吸收的热量比等体过程要多。我们常用下标来表示保持不变的量，相应的热容、比热容和摩尔热容可以表示为

$$C_V = \left(\frac{\delta Q}{\mathrm{d}T}\right)_V \text{ 和 } C_p = \left(\frac{\delta Q}{\mathrm{d}T}\right)_p \tag{3.3.4}$$

$$c_V = \left(\frac{\delta q}{\mathrm{d}T}\right)_V \text{ 和 } c_p = \left(\frac{\delta q}{\mathrm{d}T}\right)_p \tag{3.3.5}$$

$$C_{V,m} = \left(\frac{\delta Q_m}{\mathrm{d}T}\right)_V \text{ 和 } C_{p,m} = \left(\frac{\delta Q_m}{\mathrm{d}T}\right)_p \tag{3.3.6}$$

式中，$C_{V,m}$和$C_{p,m}$分别表示摩尔定容热容和摩尔定压热容。一般来说，物质的$C_{V,m}$和$C_{p,m}$不相等，对于气体来说，两者相差较大；对于液体和固体，由于它们的体积随温度的变化很小，所以$C_{V,m}$和$C_{p,m}$相差很小，一般可以忽略它们之间的差值。后面我们会进一步给出理想气体的热容，下面先回顾一下热的本质的讨论。

3.3.2 热的简史

我们从宏观上定义了热传递和热量，但是它们的微观本质又是什么呢？人们对热传递改变物体状态的本质尤其是热的本质的认识过程却相当曲折。很长一段时期，关于热的本性就有热质说和热动说两种对立的理论。热质说认为，热量是一种不可破坏的流质，名叫热质，可透入一切物体之中，不生不灭；一个物体是热是冷，取决于它所含的热质的多少。热质说在 19 世纪中期之前非常流行，利用热质的守恒规律曾经定量地说明了许多关于热传递、热平衡的现象，甚至还可以用来解释热机的工作原理。

然而，热质说也伴随着一些矛盾重重的问题。1761 年，布莱克（J. Black）研究冰的融化时注意到，放在温暖的房间里的一桶处于冰点的水的温度上升得很快，而如果桶中有冰存在，则在冰融化的几个小时中，其温度将保持不变。如果在第一种情况下，热质从周围环境中流入处于冰点的水中，那么在桶中有冰的情况下热质同样会从环境流入冰水混合物中；由于后者温度升高得慢，因此布莱克推断，处于冰点的水应该比冰含有更多的热质。可是到了 1799 年，戴维（H. Davy）展示了将两块蜡或者两块冰在一起摩擦可以使它们液化的实验。热质说认为，摩擦可以将固态物质中的热质挤出，因此摩擦产生的液态物质所含热质应小于固态时物质所含的热质，也就是说，水的热质应该比固态冰的热质少，这就与布莱克的结论产生了矛盾。那么到底是液态物质的热质多还是固态时物质含有的热质多呢？对于这个矛盾，热质说无法自圆其说，因此戴维倾向于热是某种形式的运动。

大约在 1789 年，伦福德（B. Thompson）发现，在用钻头给加农炮钻孔时，只要持续不断地钻下去，加农炮就会持续放热，所产生的热的量似乎是没有穷尽的。产生的热的量只取决于做功的持续性，而与炮筒在钻孔开始之前所受的影响无关。这个实验无法用热质说解释，因此他认为，物体不可能无限制地提供热质，所以热应该是钻孔过程中产生的某种形式的运动。由于热质说无法解释摩擦生热现象，因此当时热质说虽然很流行，但是并没有得到科学界的普遍承认。

与热质说相对的另外一种理论是热动说，热动说认为热并不是一种流质，而是一种组成物质的分子的无规则运动的表现，戴维和伦福德就是支持热动说的代表人物，然而两人的工作在当时并未在物理学界引起很大的影响，主要的原因是他们没有找到热量与功之间的数量关系。

最初提出热量与功相当的说法，并且定出热的功当量的是一个德国医生、科学家迈耶（R. Mayer），他在1842年发表了一篇论文，提出能量守恒的理论，认为热是能量的一种形式，可以与机械能互相转化。他从空气的定压比热与定体比热之差，算出了热的功当量。但当时热功当量还缺乏直接的实验数据，因此迈耶的理论也没有被物理学界所普遍接受。

实验是检验真理的标准，历史上用实验的方法求热功当量，同时也就是用实验来证明热是一种能量，可与机械能和电能互相转化，换句话说，就是用实验来证明能量守恒定律，主要是我们前面提到的焦耳的功绩。如前所述，从1840年起，焦耳通过各种方式对绝热系统做功来改变系统的状态，并利用水的温度升高来比较不同绝热功的大小。焦耳知道，单位质量的水的温度升高对应的是水吸收的热量，比较了产生一定热量所需功的量值，他定量地给出了热功当量，并指出作为能量的两种形式，热和功是直接等价的。焦耳前后用了二十多年的时间，使用了多种多样的不同方法，所得的结果都一致。焦耳的工作为热动理论建立了一个可靠的基础，热动理论开始为人们所接受，从此以后，热质说在物理学中就没有任何地位了，焦耳的热功等价的思想将在随后的热力学第一定律的论述中更为准确地表达出来。

3.3.3 热还是功？

做功与传热是系统与环境的两种交互方式，它们有着本质的不同。在某些情况下，传热和做功的区别是显而易见的。例如，如果图3.2中的气体是通过活塞的运动压缩或膨胀的例子，则由活塞运动引起的内能的任何变化都是由于功 W 引起的。

然而，也有一些实际问题，两者的区分则不是很明显。考虑图3.8所示的具有刚性传热壁的容器中的气体，电流 I 流过包裹在容器周围的电阻为 R 的加热线圈，在图3.8（a）中，如果以虚线框中的整体即气体、容器和加热线圈的整体作为系统，则由电学的焦耳定律知，电流 I 进入系统，以 I^2R 的功率对系统做功，因此穿过系统边界的能量是功的形式。但是如果只把气体和容器即图3.8（b）虚线围成的框内部分作为系统，把加热线圈看作外部环境的一部分，此时，能量则是由于线圈的温度高于气体的温度而以热量的形式传入系统的。这个简单的例子表明，在区分热和功时，很重要的一点是要弄清楚我们所研究的系统包括哪些部分。

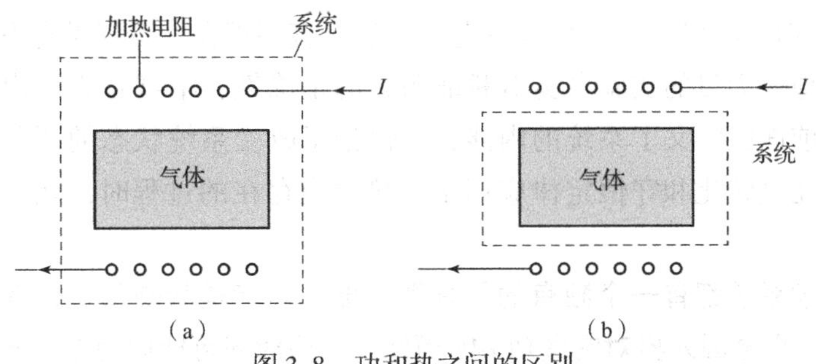

图3.8 功和热之间的区别

（a）以功的形式输入能量；（b）以热的形式输入能量

再举一个生活中比较容易混淆的例子。考虑我们用微波炉把处于室温的馒头变成热气腾腾的馒头的过程，这是加热？还是做功？要想准确做出判断，我们首先得明确热量的意义，它是指从较热的物体到较冷的物体的自发能量流。由于在本例中没有出现这种情况，因此可以断定这是一个做功的过程。从热力学的观点来看，“热”这个词的一些日常用法严格来说是不正确的，比如“用微波炉加热一下”！

如前所述，能量可以以热或功的形式透过系统的边界在系统和环境之间传递，从物理意义来看，两者有着本质的不同。传热的重要判断依据是它的驱动力是系统与其周围环境之间的温差；做功则与系统受广义力作用相联系。因此，我们可以简单地说，除了由系统与其周围环境之间的温差引起的能量传递外，其余的都是以做功的形式传递能量，即**如果穿越系统边界的能量不是热，那么它一定是功**。

3.4 热力学第一定律

在讨论了做功和传热两种交互作用之后，我们来讨论热力学系统与外界交换能量的过程中满足的守恒定律。

狼吞虎咽地吃下五根香蕉，你就会有足够的能量在泳池中游上一个小时。人的身体可以看作一个复杂的机器，能够将一种形式的能量（食物的化学能）转化为另一种形式的能量（运动的动能），汽车也遵守同样的规律，给电动汽车充满电，你就可以预测它能够行驶多少千米的路程。这两个例子中的两个主体，人体和汽车都遵守最重要的一个物理规律即能量守恒原理。

能量守恒原理叙述如下：

能量有各种不同形式，它能从一种形式转化为另一种形式，从一个物体传递给另一个物体，但在转化和传递过程中能量的总量不变。

能量转化和守恒定理是自然界的普适规律，自然界中存在的所有过程都遵循这个规律，在能量守恒定律的建立过程中，除了前面提到的迈耶和焦耳，德国科学家亥姆霍兹（H. Helmholtz）也作出了杰出的贡献。1847 年亥姆霍兹出版了《论力的守恒》一书，发展了迈耶、焦耳等人的工作，讨论了已知的力学的、热学的、电学的、化学的各种科学成果，严谨地论证了各种运动中“活力和张力的总和守恒原则”。1853 年汤姆逊重新提出能量的概念，并给予了它一个精确的定义，人们才把“力的守恒定律”改称为“能量守恒定律”。自从它建立起来以后，直到现在，不仅没有发现任何违反它的事实，相反地，大量的实验事实不断证明它的正确性，丰富着它的内涵。对于热力学系统来说，前面已定义了系统的内能，并讨论了改变系统状态的两种方式即做功和热传递。当把能量转化和守恒定律应用于有热效应存在的过程时，就得到了热力学第一定律，即：

每个热力学系统都有一个独有的属性即内能，内能是状态函数，其随系统吸收热量 δQ 而增加，也会因外界对它做功 δW 而增加，同时还可能因为系统与外界交换物质而改变。

下面我们分三种情况来讨论考虑热量后的能量守恒即热力学第一定律。

1. 孤立系统

对于孤立系统来说，系统与外界没有交互作用，也就是是**做功**和**传热**两种改变系统状态的方式都不存在，因此系统的状态不会改变，系统的内能恒定不变。即

$$dU = 0 \tag{3.4.1}$$

2. 封闭系统

封闭系统允许系统以做功和传热两种方式与外界进行能量的交换。根据能量转化和守恒原理可以得到：**系统内能的增量等于系统从外界吸收的热量和外界对系统所做的功之和**。即

$$dU = \delta Q + \delta W \tag{3.4.2}$$

式中，δQ 为系统从外界吸收的热量；δW 为外界对系统所做的功。

3. 开放系统

开放系统不仅允许系统与外界有能量的交互作用，还允许系统与外界有物质的交换，能量守恒原理还要计入因为交换物质而改变的能量，即

$$dU = \delta Q + \delta W + \delta E_C \tag{3.4.3}$$

式中，δE_C 为由于交换粒子而改变的能量，其表达式为

$$\delta E_C = \sum_{i=1}^{\alpha} \mu_i dN_i \tag{3.4.4}$$

式中，$N_i(i = 1, \cdots, \alpha)$ 为第 i 种粒子的个数；μ_i 为化学势，它表示没有做功和热传递时，在系统中增加一个第 i 种粒子需要的能量。对于开放系统，其情况比较复杂，本书不予讨论。

热力学第一定律要点：

（1）能量是守恒的，热量是热传递过程中传递给热力学系统的能量，它等于封闭系统内能的增量减去过程中系统对外界所做的功。

（2）内能是热力学系统所存储的能量，它是系统的状态函数。只要向系统输入能量或系统向外输出能量，不论什么形式，都会影响到系统内能的变化。内能是广延量。

（3）对于理想的只存在体积功的情况下，外界对系统所做的功为 $\delta W = -pdV$，于是有

$$\delta Q = dU + pdV \tag{3.4.5}$$

当热力学系统经历一个非无限小的过程时，热力学第一定律可表示为

$$U_2 - U_1 = Q + W \tag{3.4.6}$$

不管系统经历怎样的过程，只要初、终两态固定为1和2，那么所有这些过程中 $Q + W$ 必定是相同的，这是因为内能的差 $U_2 - U_1$ 只由初、终两态1和2唯一地确定。我们指出，在应用式（3.4.6）时，只需要初态和终态是平衡态，而并不要求过程中所经历的各态一定是平衡状态。

在历史上，人们曾经幻想制造一种机器，它不需要任何动力和燃料，却能不断对外做功，这种机器称为第一类永动机，根据能量转化和守恒定律，做功必须由能量转

化而来，不能无中生有地创造能量，所以这种永动机是不可能实现的。因此，**热力学第一定律还有另一种表述：第一种永动机是不可能造成的**。

3.5 理想气体内能和焓

由状态公理知道，我们可以选择两个状态参量来描述简单的热力学系统的状态，因此可以把热力学系统的内能看作是两个状态参量的函数，如 $U(T,V)$。热力学第一定律告诉我们，系统吸收的热量，一部分用来对外做功，另一部分用来增加系统的内能。对于简单系统，当体积不变时，做功为零，则吸收的热量可以用内能这个状态参量的增量来表示。对于另外一种比较普遍的过程即等压过程，吸收的热量则该如何表示呢？

3.5.1 焓的定义

等压过程是系统压强始终不变的过程，在热力学中经常遇到，比如在化学热力学与工程热力学中，许多反应过程都是直接在大气压下或限定在一定的压强条件下进行的。在等压过程中吸收的热量除了用来增加内能以外，还需要使气体膨胀对外做功，因此吸收的热量比等体过程吸收的热量要多。为了便于计算等压过程中传递的热量，下面引进一个重要的热力学函数——焓。

在等压过程中，系统对外界所做的功为

$$W = \int_{V_1}^{V_2} p\mathrm{d}V = p(V_2 - V_1) \tag{3.5.1}$$

式中，V_1 和 V_2 分别为初始状态和末状态的体积，根据热力学第一定律式（3.4.6），系统从外界吸收的热量为

$$Q_p = (U_2 - U_1) + p(V_2 - V_1) \tag{3.5.2}$$

定义

$$H = U + pV \tag{3.5.3}$$

则式（3.5.2）可以表示成

$$Q_p = (U_2 + pV_2) - (U_1 + pV_1) = H_2 - H_1 \tag{3.5.4}$$

因为 U 和 p、V 都是状态函数，所以式（3.5.3）所定义的 H 也是状态函数，称为焓，**即焓等于系统的内能加上压强和体积的乘积**。又由于内能 U 和体积 V 都是广延量，所以焓是个广延量，即一个系统的焓等于系统各部分焓之和。上式说明，在等压过程中系统吸收的热量，完全由系统终态的焓值和初态的焓值之差决定。

对于一个微元过程，有

$$(\delta Q)_p = \mathrm{d}H \tag{3.5.5}$$

此式表明，**在等压过程中，系统所吸收的热量，等于系统状态函数焓的增量**。这是状态函数的最重要的特性。下面利用热力学第一定律来分析两个重要的状态函数内能与焓的性质。

3.5.2 理想气体的内能

1843年，焦耳设计了如图3.9所示的装置来研究气体的内能是否与体积有关。焦耳的实验装置是这样的，容积相等的两个容器中间连通并用活塞隔开，浸入一个由绝热材料包裹着的盛水容器中，初始时左侧室内有状态为（p，V）的气体（可视为理想气体），右侧室为真空，在某一时刻打开活塞，让气体膨胀后充满两个容器，体积变为$2V$，最后稳定到一个新的平衡状态。在这个过程中，气体不受外界阻力，膨胀时完全自由，因此这个过程称为理想气体的自由膨胀过程。两个容器用导热材料做成，因此气体可以与水交换热量。为了测量气体自由膨胀时的温度变化，在水中插入高灵敏度的温度计。焦耳通过实验发现，气体自由膨胀的前后，水的温度T没有发生变化，也就是说，气体在绝热自由膨胀过程中温度不变。

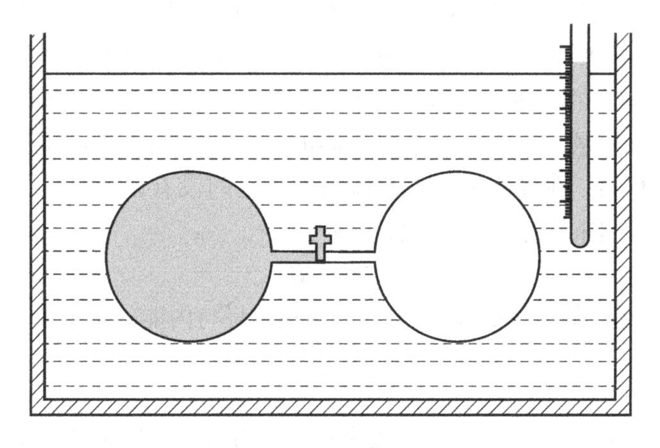

图3.9 焦耳实验装置

前面我们在讨论做功时指出，气体的体积增加时，会对外部环境做功，那么在气体自由膨胀过程中，气体对外做了多少功？由于气体向真空自由膨胀过程中不受外界阻力，气体对外界做功为零。也许你会说，后面的气体对前面的气体不是有推力而做功了吗？细想之后你会发现这是气体内部各部分之间的相互作用，并未与外界产生交互作用。又由于膨胀过程进行得非常迅速，气体来不及和外界交换热量，可以近似看作过程是绝热的，因此也没有热的交换。

把热力学第一定律式（3.4.6）应用到自由膨胀的过程，因为$Q=0$和$W=0$，可以得到

$$U_2=U_1 \tag{3.5.6}$$

也就是说绝热自由膨胀过程是一个内能不变的过程。

从气体动理论的观点来看，内能就是给定热力学系统的微观粒子的热运动动能和粒子之间的相互作用势能之和。热运动与温度T有关，而势能与粒子之间相对距离有关，因而与系统的体积有关，因此一般情况下内能是温度和体积的函数，即

$$U=U(V,T) \tag{3.5.7}$$

则

$$dU=\left(\frac{\partial U}{\partial T}\right)_V dT+\left(\frac{\partial U}{\partial V}\right)_T dV \tag{3.5.8}$$

式中下标表示保持不变的量。在实验中温度没有变化，$dT=0$，又因为 $dU=0$，所以

$$\left(\frac{\partial U}{\partial V}\right)_T dV=0 \tag{3.5.9}$$

因为在理想气体自由膨胀过程中，体积发生了变化，$dV\neq 0$，则

$$\left(\frac{\partial U}{\partial V}\right)_T=0 \tag{3.5.10}$$

这说明理想气体的内能仅是温度的函数，而与体积无关。即

$$U=U(T) \tag{3.5.11}$$

这一规律叫作理想气体的**焦耳定律**。这个结果与理想气体的模型相一致。对于理想气体我们设想它的分子之间除了碰撞之外，不存在相互作用，所以其内能只与热运动有关，而与体积无关。焦耳定律可以作为理想气体的定义：严格遵守焦耳定律和理想气体状态方程 $pV=\nu RT$ 的气体叫作理想气体。

由于热量是过程量，对同一个系统相同的初末态之间，经历不同的过程，因此所传递的热量也不相同。在等体过程中气体与外界之间没有以做功的方式交换能量，所以吸收的热量全部用来增加系统的内能，即

$$Q_V=\Delta U \tag{3.5.12}$$

把式（3.5.12）带入式（3.3.1）可得到定容热容量与内能的关系

$$C_V=\left(\frac{\partial U}{\partial T}\right)_V \tag{3.5.13}$$

一般情况下，定容热容量 C_V 与温度和体积都有关系，即是 T 和 V 的函数。但是对于理想气体来说，内能只是温度的函数，由式（3.5.13）可得到

$$dU=C_V dT \tag{3.5.14}$$

如果一个热力学系统从温度为 T_0 的初态准静态变化到温度为 T 的末态，则有

$$U=U_0+\int_{T_0}^{T} C_V dT \tag{3.5.15}$$

如果在温度区间（T_0，T）内 C_V 是常量，则可以得到理想气体的内能表达式

$$\Delta U=C_V\Delta T \tag{3.5.16}$$

该式在相当大的温度范围内都成立。式（3.5.14）和式（3.5.16）虽然是由等体过程推出来的，但是由于理想气体的内能是状态函数，而且仅仅是温度的函数，其增量只取决于温度的增量而与过程无关，故它们对理想气体的任意过程都适用。

3.5.3 理想气体的焓

理想气体满足状态方程 $pV=\nu RT$，所以理想气体的压强与体积的乘积 pV 也只是温度的函数，因此理想气体的焓 $H=U(T)+pV$ 也只是温度 T 的函数，即

$$H=H(T) \tag{3.5.17}$$

由式（3.5.5）和式（3.3.1）可得，理想气体的定压热容可以表示为

$$C_p = \frac{\mathrm{d}H}{\mathrm{d}T} \tag{3.5.18}$$

由此可以得到理想气体焓的表达式为

$$H = H_0 + \int_{T_0}^{T} C_p \mathrm{d}T \tag{3.5.19}$$

一般来说 C_p 是温度的函数，但在某些情况下 C_p 可以近似看作一个常量，则式（3.5.19）变为

$$\Delta H = C_p \Delta T \tag{3.5.20}$$

许多化学反应过程是在大气压或一定压强条件下进行的，这时就可以很方便地用焓的差值来计算传递的热量。另外，状态函数焓在相变、低温制冷上也非常有用。应该注意，由于系统的内能 U 可以加上一个任意的相加常量，所以焓也包含了一个任意的相加常量，必须在选定某一参考状态的值 H_0后，才能确定其他状态的焓值。在实际应用中，重要的只是焓的变化。

内能和焓是热力学系统的两个重要状态函数，在表3.1中总结了与它们相关的一些公式。

表3.1　内能与焓的比较

	内能	焓
一般情况	$\mathrm{d}U = \delta Q - p\mathrm{d}V$	$\mathrm{d}H = \delta Q + V\mathrm{d}p$
	$C_V = \left(\frac{\partial U}{\partial T}\right)_V$	$C_p = \left(\frac{\partial H}{\partial T}\right)_p$
理想气体	$\delta Q = C_V \mathrm{d}T + p\mathrm{d}V$	$\delta Q = C_p \mathrm{d}T - V\mathrm{d}p$
	$\left(\frac{\partial U}{\partial V}\right)_T = 0$	$\left(\frac{\partial H}{\partial p}\right)_T = 0$
	$U = U_0 + \int_{T_0}^{T} C_V \mathrm{d}T$	$H = H_0 + \int_{T_0}^{T} C_p \mathrm{d}T$

3.5.4　迈耶公式

下面我们讨论理想气体的定压比热容和定容比热容之间的关系。

把理想气体公式 $pV = \nu RT$ 带入焓的定义式（3.5.3），得

$$H = U + pV = U + \nu RT \tag{3.5.21}$$

两边对温度求导，可以得到

$$\frac{\mathrm{d}H}{\mathrm{d}T} = \frac{\mathrm{d}U}{\mathrm{d}T} + \nu R \tag{3.5.22}$$

由式（3.5.14）和式（3.5.18）可得

$$C_p = C_V + \nu R \tag{3.5.23}$$

对于 $\nu = 1$ 的情况，式（3.5.23）可以写成

$$C_{p,m} = C_{V,m} + R \tag{3.5.24}$$

式中，$C_{p,m}$和 $C_{V,m}$分别是气体的等压摩尔热容和等容摩尔热容。式（3.5.24）是适用于气体的**迈耶公式，即理想气体的定压摩尔热容和定容摩尔热容相差一个常数 $\boldsymbol{R}$**。其中 R 为普适气体常量，其值为 $R = 8.31\ \mathrm{J \cdot mol^{-1} \cdot K^{-1}}$。从式（3.5.24）可以看出，由于普适气体常量恒为正值，所以 $C_{p,m} > C_{V,m}$。

如果用 γ 表示气体的**比热容比或比热比**，则

$$\gamma = \frac{c_p}{c_V} = \frac{C_{p,m}}{C_{V,m}} = \frac{C_{V,m} + R}{C_{V,m}} = 1 + \frac{R}{C_{V,m}} \tag{3.5.25}$$

由于热胀冷缩的原因，加热过程中很难保持系统的体积 V 不变，因此很难精确测量摩尔定容热容 C_V。但定容热容可以用定压热容和比热容比 γ 表示出来，即 $C_V = C_p/\gamma$，稍后我们将会看到，比热比可以通过实验测出来，所以我们可以通过 C_p和 γ 来推算 C_V。

3.6 理想气体的绝热过程

绝热过程就是在不与外界交换热量的情况下进行的过程。在工程上有许多绝热过程的实例，如蒸汽机、内燃机气缸中气体进行的压缩过程或者膨胀过程，声波传播时引起空气的爆炸过程、弹药在炮膛中的爆炸过程等。下面具体讨论理想气体绝热过程。

对焓的定义式 $H = U + pV$ 两端微分并整理可得

$$\mathrm{d}H - V\mathrm{d}p = \mathrm{d}U + p\mathrm{d}V \tag{3.6.1}$$

由热力学第一定律 $\delta Q = \mathrm{d}U + p\mathrm{d}V$ 以及定压热容和定容热容的定义可以得到

$$\delta Q = C_p\mathrm{d}T - V\mathrm{d}p \tag{3.6.2}$$

$$\delta Q = C_V\mathrm{d}T + p\mathrm{d}V \tag{3.6.3}$$

对于绝热过程，$\delta Q = 0$，于是可以得到

$$V\mathrm{d}p = C_p\mathrm{d}T \tag{3.6.4}$$

$$p\mathrm{d}V = -C_V\mathrm{d}T \tag{3.6.5}$$

式（3.6.4）与式（3.6.5）相除可以得到

$$\frac{V\mathrm{d}p}{p\mathrm{d}V} = -\frac{C_p}{C_V} = -\gamma \tag{3.6.6}$$

或者

$$\frac{\mathrm{d}p}{p} = -\gamma\frac{\mathrm{d}V}{V} \tag{3.6.7}$$

积分可以得到绝热过程的过程方程

$$pV^{\gamma} = \text{常量} \tag{3.6.8}$$

式（3.6.8）给出了理想气体在绝热过程系统的压强和体积所满足的条件，称为绝热过程方程，又称**泊松方程**。由于 γ 是大于 1 的数，因此在绝热过程中，理想气体的压强随体积的增大而下降的速度比等温过程中压强随体积的增大而下降的速度快。

利用式（3.6.8）和理想气体状态方程，我们可以求得绝热过程中 V 与 T 及 p 与 T 之间的关系如下：

$$TV^{\gamma-1}=\text{常量} \tag{3.6.9}$$

和

$$\frac{p^{\gamma-1}}{T^{\gamma}}=\text{常量} \tag{3.6.10}$$

值得注意的一点是，式（3.6.8）、式（3.6.9）和式（3.6.10）中的常量各不相同，三个式子都可以叫作绝热过程方程，只是三式中所取的独立变量各不相同，在运用时可以按问题的需要，选择比较方便的一个。

需要注意，在推导绝热过程的过程方程时，已经假设了过程是准静态的，否则不能运用物态方程并对状态参量求微分，因此绝热过程方程只能描述准静态绝热过程，对于非准静态绝热过程则不适用。

有了绝热过程方程，我们可以用准静态过程中功的计算公式直接求出绝热过程中系统对外界做功，因为

$$pV^{\gamma}=p_1V_1^{\gamma}=\text{常量}$$

式中，p_1和V_1分别表示初态的压强和体积。设末态时系统的状态为（p_2，V_2），则初态、末态满足$p_1V_1^{\gamma}=p_2V_2^{\gamma}$，所以

$$W=\int p\mathrm{d}V=p_1V_1^{\gamma}\int_{V_1}^{V_2}V^{-\gamma}\mathrm{d}V=\frac{p_1V_1^{\gamma}}{1-\gamma}(V^{1-\gamma})\Big|_{V_1}^{V_2} \tag{3.6.11}$$

可以得到

$$W=\frac{1}{1-\gamma}(p_2V_2-p_1V_1) \tag{3.6.12}$$

利用理想气体物态方程结合式（3.5.25）可以得到

$$W=\nu C_{V,m}(T_1-T_2) \tag{3.6.13}$$

在绝热过程中，物质与外部环境没有热交换，理想气体对外所做的功等于其内能的减少，满足热力学第一定律。

在$p-V$图上画出理想气体绝热过程所对应的曲线，称为绝热线，如图3.10所示，由$p-V$图可以看出，绝热线比等温线更陡，即斜率更大。这是由于，绝热线和等温线的斜率分别为

$$\left(\frac{\mathrm{d}p}{\mathrm{d}V}\right)_Q=-\gamma\frac{p}{V}\text{和}\left(\frac{\mathrm{d}p}{\mathrm{d}V}\right)_T=-\frac{p}{V}$$

γ大于1，所以绝热线更陡。

比热比γ是绝热过程的重要参数，又称为绝热系数，由于它与气体的热容定义有关，因此它的值与气体的特性有关，给定气体之后，我们可以通过实验来测出相应的γ值。

例2 在图3.11所示的测量γ的洛夏德（E. Rüchhardt）实验中，质量为m的小球被紧密地置于连接气体容器的管内，平衡时容器内气体体积为V，管的截面积为A，球与管的摩擦忽略不计。如果使球稍微偏离平衡位置后放开，小球将做简谐运动。设外部大气压为p_0，求出小球的振动周期τ与γ的关系。

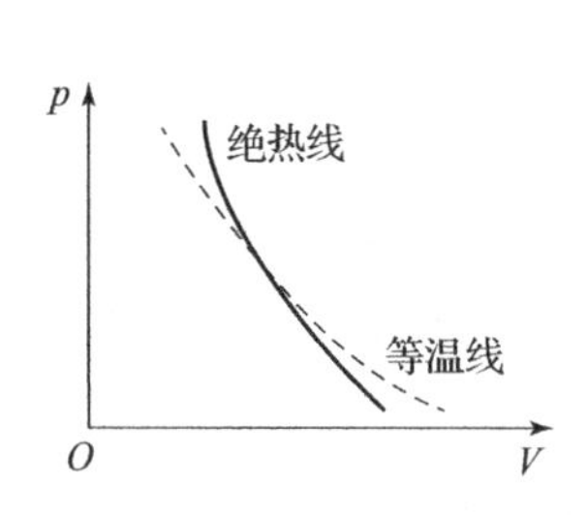

图 3.10　$p-V$ 曲线（绝热线比等温线更陡）

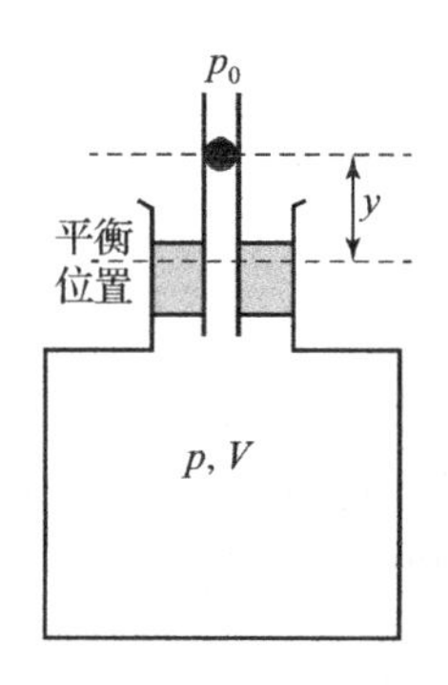

图 3.11　测量 γ 的实验示意图

解：在平衡位置时，容器内气体的压强 p 稍大于大气压强 p_0，这是因为球有自身的重力，p 与 p_0 的关系为

$$p=p_0+\frac{mg}{A} \tag{3.6.14}$$

式中，g 是重力加速度。

设小球向上偏移了一个小的位移 y，则气体的体积变化量为 $\mathrm{d}V=yA$，压强变化设为 $\mathrm{d}p$。因为振动相当快，所以瓶内气体来不及与外界交换热量，可以按绝热过程处理，则由式（3.6.7）可得

$$\mathrm{d}p=-\gamma\frac{p\mathrm{d}V}{V} \tag{3.6.15}$$

所以小球将受到一个不为零的合力，其大小为

$$f=A\mathrm{d}p=-\gamma\frac{pA^2}{V}y \tag{3.6.16}$$

小球受到一个与位移 y 成正比，方向与位移方向相反的准弹性力，小球将做简谐运动，运动的周期为

$$\tau=2\pi\sqrt{\frac{mV}{\gamma pA^2}} \tag{3.6.17}$$

这就是小球的振动周期 τ 与 γ 的关系。

由式（3.6.16）可以把绝热系数 γ 用其他的参数表示出来，即

$$\gamma=\frac{4\pi^2 mV}{\tau^2 pA^2} \tag{3.6.18}$$

由于已知小气的质量 m、小球在平衡位置时容器内气体的体积 V 和截面积 A，再由式（3.6.14）求出压强 p。因此只要测出小球振动的周期，就可以求出 γ。

例 3　用过程方程 $pV^n=C$（C 为常量）表示的理想气体的准静态过程为多方过程，常数 n 叫作多方指数。求：

（1）理想气体经多方过程从 (p_1,V_1,T_1) 变化到 (p_2,V_2,T_2) 时系统对外界所做的功；

（2）证明多方过程中理想气体的摩尔热容为 $C_m=C_{V,m}\dfrac{\gamma-n}{1-n}$。

解：（1）由过程方程可得

$$pV^n = p_1V_1^n = p_2V_2^n \tag{3.6.19}$$

多方过程中系统对外界做的功为：

$$W = \int_{V_1}^{V_2} p\mathrm{d}V = \int_{V_1}^{V_2} \frac{p_1V_1^n}{V^n}\mathrm{d}V = \frac{p_1V_1^n}{n-1}(V_1^{1-n} - V_2^{1-n})$$

$$= \frac{1}{n-1}(p_1V_1 - p_2V_2) \tag{3.6.20}$$

（2）由热力学第一定律，1 mol 气体由 T_1 升高到 T_2 吸收的热量为

$$Q = \Delta U + W = C_{V,m}(T_2 - T_1) + \frac{1}{n-1}(p_1V_1 - p_2V_2)$$

$$= C_{V,m}(T_2 - T_1) - \frac{R}{n-1}(T_2 - T_1) \tag{3.6.21}$$

多方过程的摩尔热容为

$$C_m = \frac{Q}{T_2 - T_1} = C_{V,m} - \frac{R}{n-1} = C_{V,m} - \frac{\gamma C_{V,m} - C_{V,m}}{n-1}$$

$$= C_{V,m}\left(1 - \frac{\gamma - 1}{n-1}\right) = C_{V,m}\frac{\gamma - n}{1-n} \tag{3.6.22}$$

凡是满足 $pV^n = C$ 的过程都是理想气体**多方过程**，与绝热过程的情形类似，多方过程方程有三种形式

$$p \cdot V^n = C_1 \tag{3.6.23}$$

$$T \cdot V^{n-1} = C_2 \tag{3.6.24}$$

$$p^{n-1} \cdot T^{-n} = C_3 \tag{3.6.25}$$

过程方程中的 n 可取任意实数。当 $n = 1$ 时，$p \cdot V = C_1$，这正是等温过程的过程方程，因此等温过程是多方过程的一个特例；当 $n = \gamma$ 时，上面三个式子是绝热过程的过程方程，因此多方过程变为绝热过程；而当 n 的数值在 1 与 γ 之间时，多方过程可以近似地代表在气体内部进行的实际过程；当 $n = 0$ 时，$p = C$，为等压过程；当 $n = \infty$ 时，为等体过程。图 3.12 给出了对应于不同 n 值时的曲线。

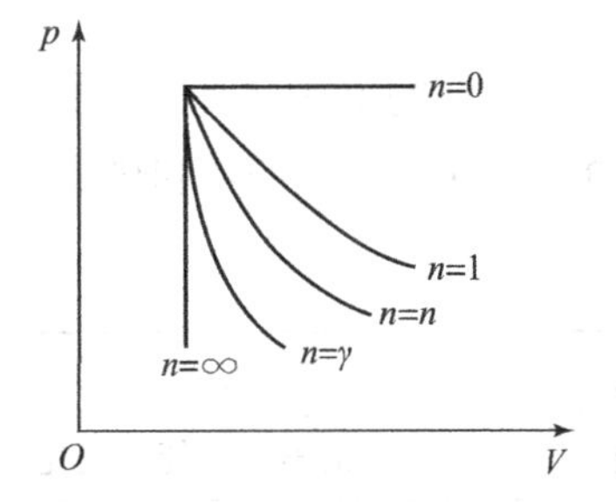

图 3.12 $p-V$ 图上的多方过程

3.7 稳流过程

热力学第一定律是一个普适的原理，不仅适用于准静态过程，也适用于中间过程不是平衡态的过程，比如在工程中特别重要的**稳流过程**。稳流过程是指流体以恒定速率流过一个装置，使流体的部分内能转化为外部能量（如势能）或机械功的过程。一般的稳流过程如图 3.13 显示。

我们以流过装置的单位质量流体作为研究对象，表 3.2 列出了出口处和入口处的相关参数，这些参数是指单位质量时对应的值。

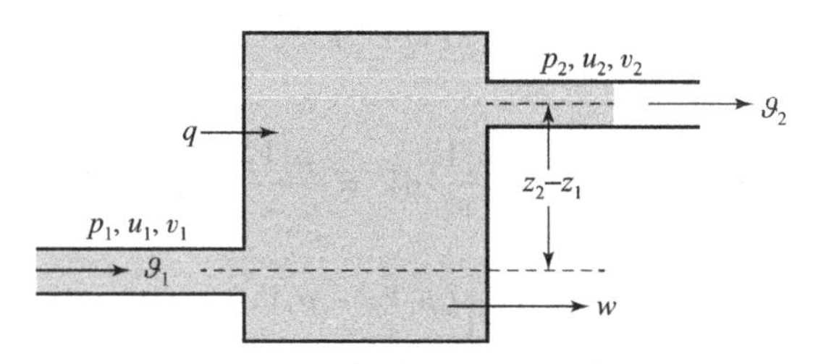

图 3.13　一般稳流过程的示意图

表 3.2　稳流过程的相关参数

项目	流入时	流出时
压强	p_1	p_2
单位质量体积	v_1	v_2
高度	z_1	z_2
流速	ϑ_1	ϑ_2
单位质量内能	u_1	u_2

假定单位质量流体对外所做的功（即流体对周围环境做功，比如涡轮机对外所做的功）为 w，从外界吸收热量 q，想象设备中单位质量的流体在恒定压强 p_1 下被压入装置，如果单位质量流体的体积为 v_1，则外部对流体所做的功为

$$w_1 = \int_0^{v_1} p_1 \mathrm{d}V = p_1 v_1 \tag{3.7.1}$$

同样的道理，液体从设备中流出时流体对外界所做的功是 p_2v_2。表 3.3 总结了所有能量变化、所做的功和热流。

表 3.3　稳流过程能量变化

内能的改变量	$u_2 - u_1$
流体的整体动能的变化量	$(\vartheta_2^2 - \vartheta_1^2)/2$
流体的整体势能的变化量	$g(z_2 - z_1)$
外界对流体所做的净功	$p_1v_1 - p_2v_2 - w$
进入系统的热量	q

由于在进出设备过程中流体的整体势能和动能发生变化，因此需在热力学第一定律中考虑这部分的能量，即

$$\Delta(E_{\mathrm{K}} + E_{\mathrm{P}})_{整体} + \Delta U = Q + W \tag{3.7.2}$$

考虑单位质量流体对应的值，把相应的表达式代入可得

$$\frac{1}{2}\vartheta_2^2 - \frac{1}{2}\vartheta_1^2 + g(z_2 - z_1) + u_2 - u_1 = p_1v_1 - p_2v_2 - w + q \tag{3.7.3}$$

用 h 表示单位质量的焓值，即 $h = u + pv$，则对外所做的功为

$$w = h_1 - h_2 + \frac{1}{2}(\vartheta_1^2 - \vartheta_2^2) + g(z_1 - z_2) + q \tag{3.7.4}$$

这就是适用于稳流过程的热力学第一定律的普适形式。值得注意的是，到目前为止，我们还没有对装置中发生的过程的性质做出任何假设。特别是，我们不要求这些过程是准静态过程，因此式（3.7.4）可以广泛地应用于多种过程，并且在理论方面和应用方面的许多分支中具有相当重要的意义。这个原理多用在空气压缩机、冰箱或涡轮等设备上。

3.7.1 涡轮机

涡轮机是使用蒸汽或气体的动力机械，比如燃气轮机就是利用燃气驱动涡轮向外输出功的涡轮机。在涡轮机内的流体流动时，流体与涡轮叶片之间进行动量交换的结果是克服发电机的阻力转矩使轴转动起来，从而实现涡轮机做功。虽然燃气轮机的温度比周围环境的温度要高得多，但由于气流速度很快，所以每单位质量的气体损失的热量很少，因此我们可以用绝热过程来处理，即近似假设 $q=0$，而且通常情况下涡轮机的出口和入口的高度没有太大的差别，可以设 $z_1 - z_2 = 0$。因此，式（3.7.4）变成

$$w = h_1 - h_2 + \frac{1}{2}(\vartheta_1^2 - \vartheta_2^2) \tag{3.7.5}$$

这个结果表明，利用进出涡轮机的焓和气体的速度可以计算出所获得的功。

3.7.2 节流阀

节流阀有时也称减压阀，是一种阻碍流体流动的部件，有如调压阀、毛细管、多孔塞等多种形式，其作用是在不做功的情况下减小流体的压强。流体通过节流阀时，绝热且对外界不做功，因此式（3.7.4）可以简化为

$$h_1 - h_2 = \frac{1}{2}(\vartheta_2^2 - \vartheta_1^2) \tag{3.7.6}$$

在许多情况下，膨胀前的流体动能（即在高压侧）也可以忽略不计，因此只需

$$h_1 - h_2 = \frac{1}{2}\vartheta_2^2 \tag{3.7.7}$$

流体的压强下降很大而产生的动能极小，在极限情况下，摩擦效应大到使得所有动能项都可以忽略不计，于是上式可以简化为

$$h_1 = h_2 \tag{3.7.8}$$

这个结果适用于焦耳－汤姆逊实验的条件，我们将在下一节讨论。

3.7.3 焦耳－汤姆逊实验

在焦耳的实验中，采用了水的温度变化来显示气体温度的变化，但是由于水的热容比气体的热容大得多，所以在焦耳实验中气体的温度变化不容易测出来，这样焦耳实验的结果就不可能很精确，因而很难确定实际气体的性质。1852 年，焦耳和汤姆逊（即开尔文）又设计了另一个实验来研究一般气体的内能，这就是多孔塞实验。

多孔塞实验如图 3.14 所示。在一个绝热良好的管道内，让气体以恒定的压强和稳定的速率通过一个多孔塞，进入压强恒定的右侧空间。多孔塞通常是由棉、毛或类似材料制成，是节流阀的一种，它对气流有较大阻滞作用，使气体不容易很快通过它，从而能够在两边维持一定的压强差，这种在绝热条件下高压气体经过多孔塞流到低压一边的过程叫**节流过程**。为了研究气体在节流过程中的温度变化，在两侧空间中各放入一个温度计来测量两边的温度值。

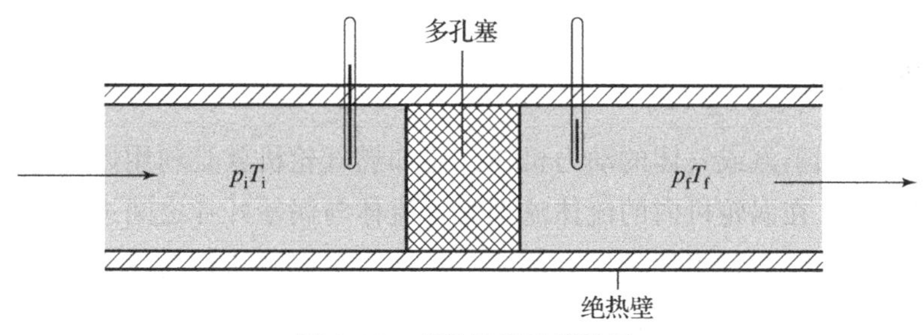

图 3.14 多孔塞实验示意图

在节流过程中，由于压强差的存在，节流过程是非准静态过程。由式（3.7.8）可知，气体在节流前后，焓值不变，即

$$H_i = H_f \tag{3.7.9}$$

也就是说，**气体在节流前后，末态的焓与初态的焓相等。**

对于理想气体来说，焓只是温度的函数，即 $H=H(T)$。而在焦耳－汤姆逊实验节流前后焓值不变，因而节流前后温度应该也不变。

然而当我们拿实际气体进行节流实验时，发现节流过程前后温度发生了变化。实验结果表明，在室温附近大多数实际气体（如空气、氧气、氮气和二氧化碳等）通过多孔塞后温度降低，但氢气和氦气在通过多孔塞后温度却升高。**气体在一定压强下经过绝热节流膨胀而发生温度变化的现象，称为焦耳－汤姆逊**效应。若气体温度降低（$\Delta T<0$），叫作焦耳－汤姆逊正效应，即制冷效应；若气体温度升高（$\Delta T>0$），则叫作焦耳－汤姆逊负效应。例如：在室温下，当多孔塞一边压强为两个标准大气压，另一边压强为一个标准大气压的情况下，空气的温度将降低 0.25 ℃，而换成二氧化碳则温度降低 1.3 ℃；在同样的情况下，氢气的温度却升高 0.3 ℃，但当温度低于 −68 ℃时，氢气经过节流膨胀后温度会降低。

在工程上，常常用**焦汤系数**来表示此温度效应的大小和正负。焦汤系数严格定义为

$$\mu = \frac{T_1 - T_2}{p_1 - p_2}\ \mathrm{K/atm} \tag{3.7.10}$$

它表示每降落一个大气压能获得的温度效应。式（3.7.10）说明，通过实验确定焦汤系数重要的是确定节流过程后的温度 T_2 和压强 p_2，正如前面提到过的，节流过程是非静态过程，除初终态是平衡态外，中间过程系统处于非平衡态，因此，要从理论上计算焦汤系数，需要解决如何在有限温度差 $\Delta T=T_1-T_2$ 的情况下计算 μ 的问题。目前常用的一种做法是，在相同的始态（T_1，p_1）和终态（T_2，p_2）之间，用一个准静态的等

焓过程代替非静态的节流过程，对于准静态的等焓过程，通常的热力学方法仍然有效，故可定义任一状态的焦汤系数为

$$\mu = \left(\frac{\partial T}{\partial p}\right)_H \tag{3.7.11}$$

当沿着等焓线时 $\mathrm{d}H(T,\ p)=0$。由偏微分理论中的互反定理可得

$$\mu = \left(\frac{\partial T}{\partial p}\right)_H = -\left(\frac{\partial T}{\partial H}\right)_p\left(\frac{\partial H}{\partial p}\right)_T = -\frac{1}{C_p}\left(\frac{\partial H}{\partial p}\right)_T \tag{3.7.12}$$

在求得焦汤系数 μ 以后，可以通过积分求得有限压强差下的节流温度效应

$$\Delta T = T_1 - T_2 = \int_{p_2}^{p_1} \mu(T,p)\,\mathrm{d}p \tag{3.7.13}$$

由于初态和终态都是平衡态，它们之间发生的状态参量改变与连接它们的路径无关，因此按式（3.7.13）计算得到的温度效应将与非静态的节流过程中的温度效应一致。

为什么实际气体会出现不同的焦耳－汤姆逊效应呢？其原因可以做如下解释：由气体动理论的知识可知，热力学系统的内能主要由分子热运动的动能和分子间的势能组成，为了讨论的方便，我们把气体的内能的增量分成分子热运动动能的增量 ΔE_{K} 和分子间相互作用势能的增量 ΔE_{P}，即令

$$\Delta U = \Delta E_{\mathrm{K}} + \Delta E_{\mathrm{P}} \tag{3.7.14}$$

由式（3.7.8）知，节流过程前后气体的焓值不变，即 $U_{\mathrm{i}} + p_{\mathrm{i}}V_{\mathrm{i}} = U_{\mathrm{f}} + p_{\mathrm{f}}V_{\mathrm{f}}$，结合式（3.7.14）可得

$$-\Delta E_{\mathrm{K}} = \Delta E_{\mathrm{P}} - (p_{\mathrm{i}}V_{\mathrm{i}} - p_{\mathrm{f}}V_{\mathrm{f}}) \tag{3.7.15}$$

式中，$-(p_{\mathrm{i}}V_{\mathrm{i}} - p_{\mathrm{f}}V_{\mathrm{f}})$ 表示通过多孔塞的一定量的气体对外所做的净功。式（3.7.15）的意义是，分子热运动动能的减少导致分子间势能增加及气体对外做功。由气体动理论的知识可知，温度代表分子平均热运动动能，因此，若希望气体节流后降温（即要求分子平均热运动动能增量 $\Delta E_{\mathrm{K}} < 0$），那就要求式（3.7.15）右边两项之和大于零。先看右边第一项，在节流膨胀时，体积增大（$V_{\mathrm{f}} > V_{\mathrm{i}}$），分子间平均距离加大；考虑气体分子间处于相互吸引情况，分子间平均距离的加大将导致分子间势能的增加，这就是说，节流膨胀后由于分子间势能增加这一因素，将导致降温（ΔE_{K} 减少）。再看对外做功这项，若 $-(p_{\mathrm{i}}V_{\mathrm{i}} - p_{\mathrm{f}}V_{\mathrm{f}}) > 0$，则做节流膨胀的这部分气体对外做正功（能量传出），这将使这部分气体的内能减少，再考虑到上面讲到分子间势能还要增加，所以分子平均热运动能一定减少，即节流后降温。若 $-(p_{\mathrm{i}}V_{\mathrm{i}} - p_{\mathrm{f}}V_{\mathrm{f}}) < 0$，即气体对外做负功（能量传入），则这一项使内能增加。这时如果传入的能量恰好补偿分子间势能增加所需要的能量，则节流后温度不变；如果传入的能量较多，除补偿分子间势能增加外还有余，则使分子平均热运动的动能增加，即节流后温度升高；如果传入能量不足，还可以是制冷效应。

从焦耳－汤姆逊实验可以得到一些有用的结论。首先，虽然该实验不能直接给出证据证明实际气体的内能与温度和压强或体积都有关系，但是要去解释实际气体的焦耳－汤姆逊效应，必须承认实际气体的内能同时与温度和体积（或压强）都有关。这

从一个侧面说明了实际气体的内能应是温度和体积（或压强）的函数。再者，讨论焦耳－汤姆逊效应的另外一个重要原因是，节流制冷效应可用来使气体降温和液化，这是目前低温工程中的重要手段之一。1895 年，林德（Linde）首先利用这种方法使空气降温液化。

小结

（1）准静态过程：准静态过程是这样一种过程，在过程进行之中的每一步，物体都处在近似平衡态。

（2）焦耳实验与绝热功。如果想把一个绝热系统从一个平衡状态转变为另一个平衡状态，需要提供的绝热功的数量都相同，与做功的方式和做功的具体路径无关。用公式表示为

$$W_{绝热} = \int_{初}^{末} \delta W_{绝热}$$

（3）把由于两个系统（或系统及其周围环境）温度不同而在它们之间传递的能量叫作热量，把系统和环境之间传递热量的交互方式叫作热传递。热传递只有在存在温差时才能发生，在相同温度下，宏观上不再有热传递。热量是“转移的热能”。

（4）热容表示在一定条件下，系统每升高单位温度所吸收的热量：$C=\delta Q/\mathrm{d}T$。一个物体的热容也可以用每单位体积或每单位质量的热容表示（后者称为比热容）。

$$C_V = \left(\frac{\partial Q}{\partial T}\right)_V = \left(\frac{\partial U}{\partial T}\right)_V \quad C_p = \left(\frac{\partial Q}{\partial T}\right)_p = \left(\frac{\partial H}{\partial T}\right)_p$$

（5）每个热力学系统都有一个独有的属性即内能，内能是状态函数，其随系统吸收热量 δQ 而增加，也会因外界对它做功 δW 而增加，同时还可能因为系统与外界交换物质而改变。

$$\mathrm{d}U = \delta Q + \delta W$$

热力学第一定律指出“能量是守恒的并且热量是能量的一种形式”。

（6）焓等于系统的内能加上压强和体积的乘积：

$$H = U + pV$$

（7）理想气体的内能和焓都仅是温度的函数，而与体积无关：

$$U = U(T) \text{ 和 } H = H(T)$$

（8）迈耶公式：理想气体的定压摩尔热容和定容摩尔热容相差一个常数 R。即

$$C_{p,m} = C_{V,m} + R$$

（9）理想气体的绝热过程：

$$pV^{\gamma} = 常量$$

（10）稳流过程的能量关系

$$w = h_1 - h_2 + \frac{1}{2}(\vartheta_1^2 - \vartheta_2^2) + g(z_1 - z_2) + q$$

（11）气体在节流前后，末态的焓与初态的焓相等。

思考题

1. 有人说："任何没有体积变化的过程就一定不对外做功"。对吗？

2. 能否说"系统含有热量"？能否说"系统含有功"？

3. 什么是广义功？什么是广义力？什么是广义位移？它们之间存在何种关系？为何将压强看作广义力时要加个负号？

4. 功是过程改变量，它与所进行的过程有关，但为什么绝热功却仅与初末态有关，与中间过程无关？热量与进行过程有关，但为什么在等体条件下吸收的热量与中间过程无关？

5. 试比较内能、热量和温度三概念的异同与联系。

"焓"一词英文旧称 heat content，即物体中"含有的热量"，这名词恰当吗？冰吸收热而融化为水，我们能说"水比冰含有更多的热量"吗？正确的说法应如何？

6. 给自行车打气时气筒变热，主要是活塞与筒壁摩擦的结果吗？试给此现象以正确的解释。

7. 在暖水瓶内灌满开水后塞上瓶塞，瓶塞不会跳起来。当你倒些水出来以后再塞上瓶塞，瓶塞过一会儿往往会跳起来。试解释之。

8. 说明焦耳热功当量实验在建立热力学第一定律过程中所起的作用。

9. 判断下列说法是否正确？为什么？

（1）只要系统与外界没有功、热量及粒子数交换，在任何过程中系统的内能和焓都是不变的；

（2）在等压下搅拌绝热容器中的液体，使其温度上升，此时未从外界吸热，因而是等焓的；

（3）若要计算系统从状态1变为状态2的热量可如此进行：$\Delta Q = \int_{Q_1}^{Q_2} \mathrm{d}Q = Q_2 - Q_1$。

10. 设居室的四壁基本上是绝热的，但漏气，室内空气的压强与外界的气压平衡。冬季到了，室内开始生火。某甲不懂物理，某乙学过一点物理，某丙比较熟悉热力学的概念。下面是他们的对话：

丙：你们说，屋子里为什么要生火？

甲：为了要暖和呗！

丙：你是说生火使室内空气的温度升高？

甲：是的。

乙：生火使室内空气的能量增加。

甲：用状态函数的术语来表达，你说的"能量"指什么？

乙：内能。

丙：不对！这是等压过程，应指的是"焓"。

你觉得他们三个谁说得有道理？

11. 通常在 $p-V$ 图上等温线和绝热线的斜率是负的。

（1）等温线可能是水平的吗？绝热线呢？

（2）绝热线的斜率可以是正的吗？等温线呢？

12. 为什么任何气体向真空自由膨胀的过程都是等内能的？若一隔板把容器分隔为两部分，左边压强为 p_0，右边压强为 $p_0/2$，试问将隔板抽除后所发生的过程是否是等内能的？

13. 理想气体的准静态绝热膨胀、向真空自由膨胀及节流膨胀都是绝热的。试问：同样是绝热膨胀，怎么会出现三种截然不同的过程？它们对外做功的情况分别是怎样的？

14. 有人说，焦耳－汤姆逊膨胀是一个可逆过程，其理由是，节流过程是在 $T-p$ 图上画的等焓线，既然等焓线是平衡态点的集合，节流过程当然是一个可逆过程了。试问这种说法正确吗？为什么？

习题

3.1 绝热容器内存有体积恒定的液体，对液体进行搅拌。如果我们把液体和容器整体视为系统，试问：

（1）是否有热量传递到系统中？

（2）外界对系统做功了吗？

（3）系统内能变化是正是负？

3.2 刚性圆柱形绝热容器内存储着水，开始时容器以一定的速度旋转，然后在粘滞力的作用下逐渐静止下来（忽略空气的摩擦）。把容器和水看成一个系统，则：

（1）当水静止时，系统是否对外做了功？

（2）是否有热量流入或流出系统？

（3）系统的内能有什么变化吗？

3.3 在固定容积的容器内对燃料和氧气的混合物进行燃烧的实验中，将容器置于水浴槽中，在实验中观察到了水温的升高，如果将容器内的物质看作系统，试问：

（1）外界对系统做功了吗？

（2）系统和周围环境之间是否有热传递？

（3）系统内能变化是正是负？

3.4 气体存储在装有活塞的气缸中，活塞与气缸之间无摩擦，如图 3.15 所示，气体从状态 a 沿路径 acb 变化到状态 b，流入系统 80 J 的热量，系统对外做 30 J 的功。试问：

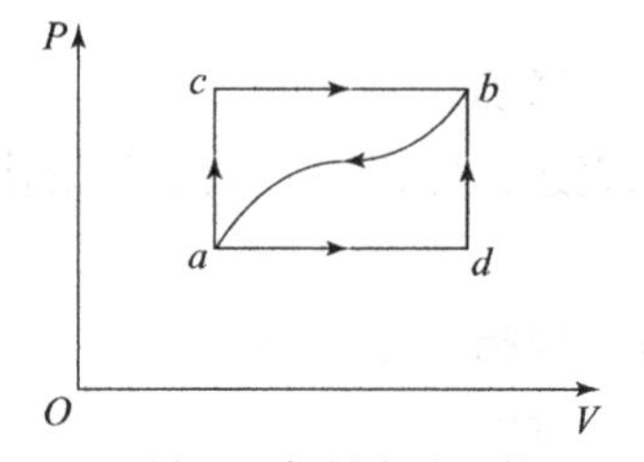

图 3.15 题 3.4 中所述过程的 $p-V$ 图

（1）如果沿 adb 路径气体系统对外做功只有 10 J，那么系统吸收多少热量？

（2）当系统沿弯曲路径从 b 返回到 a 时，外界对系统所做的功是 20 J，这个过程传递多少热量？

（3）如果 $U_a=0$ 且 $U_d=40$ J，adb 路径气体系统对外做功 10 J，求 ad 过程和 db 过程中吸收的热量。

3.5　电阻线圈与周围环境相连，放置在带有活塞的气缸内，气缸内装有理想气体，气缸壁和活塞是绝热的，且它们之间无摩擦，有 5.0 A 电流通过电阻，电阻两端的电压降为 100 V，活塞受到 5 000 N 的恒定外力的作用。试问：

（1）活塞必须以什么速度向外移动才能使气体温度不发生变化？

（2）电能是以热的形式还是以功的形式传递给气体的？

（3）假设壁是透热的，电阻线圈缠绕在圆筒的外部，将气缸和气体作为系统（不包括加热线圈），现在能量转移是以热的形式还是以功的形式？

3.6　分别通过下列过程把标准状态下 0.014 kg 氮气压缩为原来体积的一半：①等温过程；②绝热过程；③等压过程。试分别求出在这些过程中气体内能的改变，传递的热量和外界对气体所做的功。设氮气可看作理想气体，且 $C_{V,m}=\dfrac{5}{2}R$。

3.7　气缸中存有理想气体，压强为 p，体积为 V，活塞与气缸壁之间没有摩擦，以恒定体积准静态加热，使其温度变成原来的 2 倍，然后在恒定压强下冷却，直到其恢复到原来的温度。证明：外界对气体所做的功是 pV。

3.8　设氧气可看作理想气体，且 $C_{V,m}=\dfrac{5}{2}R$。一定量的氧气在标准状态下的体积为 10.0 L，求下列过程中气体体积所吸收的热量：

（1）等温膨胀到 20.0 L；

（2）先等体冷却再等压膨胀到（1）中所达到的终态。

3.9　已知水的比热 $c=4.2\times10^3$ J/(kg℃)，冰的融化热为 $L=333$ kJ/kg，设咖啡的热力学特性与水相同。现有一杯 200 g 咖啡，温度为 95 ℃。

（1）假设你想通过加入 20 ℃的水来冷却咖啡，则需要添加多少水才能使混合物在平衡时温度是 75 ℃？

（2）如果用 0 ℃的冰代替水来冷却咖啡，则要添加多少冰才能使混合物在平衡时温度是 75 ℃？

3.10　已知铅的比热为 $c_{铅}=0.13$ kJ/(kg℃)，现将一块质量为 2.5 kg 温度为 95 ℃的热铅从 35 m 的塔顶滴入 20 ℃的 10 L 水中（水的比热 $c_{水}=4.2$ kJ/(kg℃)）。

（1）计算由于铅的热性质而使水升高的温度；

（2）计算由于铅的重力势能而使水升高的温度；

（3）比较和评估（1）和（2）中的结果。

3.11　2.5 mol 单原子理想气体（$C_{Vm}=3R/2$）的初始温度为 $T=300$ K，压强为 $p=1.0$ atm，然后将气体进行三步循环：①压强 p 和体积 V 成比例地增加，直到 $p=2.0$ atm；②在恒定体积下压强降低至 1.0 atm；③在恒定压强下体积减小，直到达到初始状态。

（1）求出气体在初始时的内能和所占据的体积；

（2）计算其过程中每个步骤的 ΔU、W 和 Q；

（3）求出整个循环的 ΔU、W 和 Q 的净值；

（4）解释为什么（3）的答案中的符号是有意义的。

3.12 求出 1 mol 单原子理想气体在 1 atm 下等压膨胀时从 5 m^3体积到 10 m^3体积的内能变化。（已知单原子理想气体的 γ 为 5/3）

3.13 证明在 $p-V$ 图上，通过某点的理想气体的绝热曲线比通过同一点的等温线陡峭 γ 倍。

3.14 证明对于理想气体的可逆绝热膨胀，以下关系式成立：

$$TV^{\gamma-1} = \text{常量} 1 \qquad \frac{T}{p^{1-1/\gamma}} = \text{常量} 2$$

铀原子弹爆炸后不久会形成一个半径为 15 m 的大火球，它是由温度为 300 000 K 的气体组成的。假设膨胀是绝热的并且火球保持球形，当温度为 3 000 K 时，估计球的半径是多少？（空气取 $\gamma = 1.4$）

3.15 绝热指数为 γ 的气体从初始状态（p_i，V_i）绝热准静态压缩到末状态（p_f，V_f）。

（1）表明在这个过程中所做的功是

$$W = \frac{p_i V_i}{\gamma - 1}\left[\left(\frac{V_i}{V_f}\right)^{\gamma-1} - 1\right]$$

（2）计算 1 mol 氦气初始状态为 $p = 1.0$ atm 和 $T = 300$ K，绝热准静态压缩到其初始体积的一半时所做的功；

（3）计算从同一初始点到初始体积一半的等温压缩所做的功。解释绝热压缩和等温压缩的数值结果之间的差异。

3.16 一个由理想气体组成的星际云，其半径按照下式减小：

$$R = 10^{13}\left(\frac{-t}{216}\right)^{2/3} \text{ m}$$

式中，时间 t 的单位为年，半径取 0 时 t 也取 0，因此 t 总是负的。云层在 10 K 时等温崩塌，直到半径达到 10^{13} m，然后变得不透明，因此，从那时起，坍缩以可逆绝热（$\gamma = 5/3$）方式发生。试求：从云的半径达到 10^{13} m 时开始，温度上升 800 K 需要多少年？

3.17 厚壁绝热室内存有 ν_1 mol 氦气，压强为 p_1，温度为 T_1。气体通过一个小阀门缓慢地泄漏到压强为 p_0 的大气中。证明留在腔室中的氦气的温度和摩尔数分别为

$$T_2 = T_1\left(\frac{p_0}{p_1}\right)^{1-(1/\gamma)} \text{ 和 } \nu_2 = \nu_1\left(\frac{p_0}{p_1}\right)^{1/\gamma}$$

（提示：将最终留在室内的气体视为一个系统）

3.18 已知范德瓦尔斯气体的状态方程为 $(p + a\nu^2/V^2)(V - \nu b) = \nu RT$，计算范德瓦尔斯气体从体积 V_1膨胀到体积 V_2时所做的功：

（1）在恒压 p 的条件下；

（2）在恒温 T 的条件下。

3.19　磁性盐遵守居里定律：

$$\frac{\mu_0 M}{B_0}=\frac{C}{T}$$

式中，M 为磁化强度；B_0为无试样时施加的磁场；C 为常数；μ_0 为真空磁导率。盐从磁化强度 M_1 等温磁化到 M_2。假设磁化强度在盐的体积 V 上是均匀的。说明磁化功是

$$W=\frac{V\mu_0 T}{2C}(M_2^2-M_1^2)$$

3.20　电池充电时所做的无穷小功为 $\mathrm{d}W=\varepsilon\mathrm{d}Z$，因此做功速率为 $\varepsilon\mathrm{d}Z/\mathrm{d}t=\varepsilon I$，其中，$Z$ 是电量，I 为供电电流。通过在 12 V 下施加 40 A 的电流持续 30 min 对蓄电池进行充电。在此充电过程中，蓄电池向周围环境损失 200 kJ 的热量。假设除了电能外，没有其他形式的功，电池的内能变化了多少？

3.21　一台汽轮机以 6 000 kg/h 的速率吸入蒸汽，其功率输出为 800 kW。忽略涡轮机的任何热量损失。在下列两个条件下求出蒸汽通过涡轮机时的比焓变化：

（1）入口和出口在同一高度，且入口和出口速度可忽略不计；

（2）入口速度为 50 m/s，出口速度为 200 m/s，出口管高于入口 2.0 m。

第 4 章

热力学第二定律和熵

君不见，黄河之水天上来，奔流到海不复回。

君不见，高堂明镜悲白发，朝如青丝暮成雪。

——唐　李白《将进酒》

《将进酒》这首诗是李白长安放还以后所作，思想内容深沉，艺术表现成熟。全诗气势豪迈，感情奔放。江河奔流，向东流入大海一去无回；人生苦短，看朝暮间青丝白雪。这是文学作品中对自然现象的描述，从科学的角度来看，这首诗则是从空间和时间两个视角揭示了自然过程的发生具有方向性，河水从源头流向大海是一个正常的现象，而它的反向过程，即淡水从海水中自行分离出来并流回处于高山之巅的源头，则不可能发生；一个人从出生到童年、青年、壮年、老年直到最终逝去，也是一个自然发生的过程，而已经逝去的人活过来再经历老年、壮年、青年、儿童……则是不可能发生的过程。科学告诉我们，生命是一个有方向的过程，是自然界的一个自发过程，因此不必寄希望于金樽美酒，坦然接受这个过程，积极努力向前可能是更好人生态度。

在前面一章中，我们看到将能量守恒原理推广到有热能参与的过程后得到了热力学第一定律。它包括了物体内分子热运动的能量即内能在内的各种能量形式的转换与守恒的规律；它从能量守恒的角度给热力学状态的转变过程加上了一个限制，即所有的热力学过程都必须满足能量守恒原理。那么是不是所有满足能量守恒的过程都可以自然地发生呢？答案是否定的，比如李白的《将进酒》中所描述的两种自然过程，它们的逆向过程尽管也满足热力学第一定律，但不能自发地发生，自发过程还需同时满足热力学第二定律的要求。

热力学第二定律研究的是自然界一切自发过程进行的方向和限度，它是本章讨论的重要内容。本章将按照热力学第二定律的发展历史顺序展开，首先介绍循环效率、卡诺循环等问题，然后给出可逆过程和不可逆过程的概念，在此基础之上总结出热力学第二定律的两种经典表述，揭示热力学第二定律的普遍意义。然后再介绍卡诺定理，并应用热力学第二定律证明这个定理，从而找出提高热机效率的途径，并由热力学第二定律建立热力学温标。最后引入状态函数熵，找出热力学第二定律的数学表述，并运用熵的概念讨论自发过程进行的方向和限度。

4.1　循环过程和热机

不断追求美好生活是人类的天性，在追求美好生活的不懈努力下，人们最终发明了一种从热能产生功的机器来代替人们劳动，可以说发现热能可以用来做功是人类科技发展的第一步。关于热机的早期记录，可以追溯到公元前150年间，古希腊的科学家与数学家希罗（Hero）发明了第一部蒸汽机——汽轮，可以看作涡轮机和火箭的前身。而真正把蒸汽机用于做功则是在1689年，这一年煤矿的老板萨弗里（T. Savery）发明了蒸汽泵的专利；1712年，纽卡门（T. Newcomen）发明了让蒸汽推动气缸中活塞的蒸汽机并开始广泛应用于生产。在理论上如何描述蒸汽机的工作过程，这个过程又隐含着什么样的普适原理，将是本节要详细讨论的内容。

4.1.1　循环和效率

我们把蒸汽机这类从热产生功的机器统称为**热机**。在18世纪，尽管对热的本质存在争议，但从热产生功的实际应用却实实在在地进行着。长期对蒸汽机的研究让人们认识到：在热机中必须有被用来吸收热量并对外做功的物质，称为工作物质；在热机做功的过程中，工作物质在完成一系列过程之后，应该回到其初始状态，以便能够持续不断地运行。通常把**热机完成一系列小过程之后回到初始状态的整个过程叫作一个循环**。完成一个循环后工作物质回到初始的状态，因而其自身状态不发生变化。如果循环的过程是由一系列准静态过程组成的，则循环过程可以在$p-V$图上表示出来，例如图4.1和图4.2给出的就是两个任意的循环。如果循环过程沿顺时针方向进行，称为正循环，如图4.1所示；如果沿逆时针方向进行，则称为逆循环，如图4.2所示。

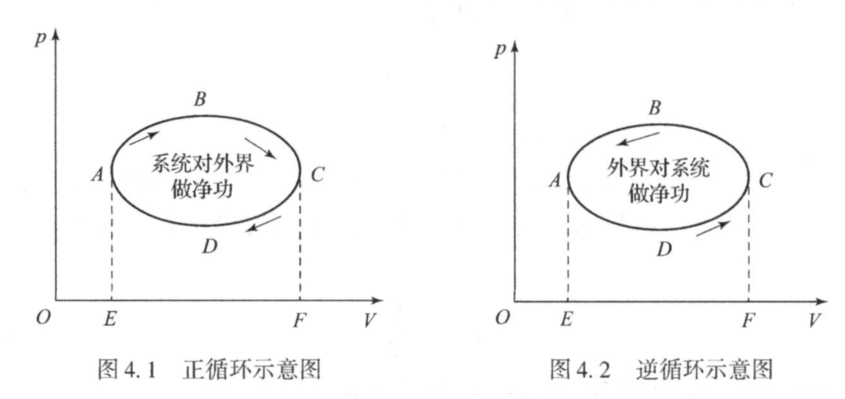

图4.1　正循环示意图　　图4.2　逆循环示意图

正循环对应工程上的热机。如图4.1所示，在过程ABC中，系统对外界做正功，其数值等于闭合曲线$ABCFEA$所围成区域的面积；在CDA过程中，系统体积减小，对外界做负功，即外界对系统做正功，数值等于$CFEADC$所围成区域的面积。因此，在正循环中，系统对外界所做的总功W为正，且等于$ABCDA$所围成区域的面积，因为一个完整循环后系统最后回到原来状态，所以其内能不变。由热力学第一定律可知，在整个循环过程中系统从外界吸收的热量的总和Q_1一定会大于放出的热量总和Q_2，并且有$W=Q_1-Q_2$。这表明，在一个正循环过程中，系统从高温热源处吸收的热量中的一部分转变成了对外所做的功，另外一部分则被释放到了低温热源，系统自身回到原来状态，这是热机中所实现的能量转化的基本过程。

我们期盼着提供尽量少的热能来得到尽可能多的功。当我们能够提供的热能确定以后，到底能够得到多少功呢？可以用热机**效率**来定量描述热机从热得到功的能力。效率是表征热机性能的重要概念，它是“你想要得到的”和“你为得到所必须付出的”两者之比。对于热机来说，我们将其效率 η 定义为**对外所做的有用功占吸收热量的比例**，即

$$\eta = \frac{W}{Q_1} \tag{4.1.1}$$

式中，Q_1 和 W 分别是在一个循环过程中吸收的热量和热机对外做的有用功。不同的热机因为其循环过程不同，因而有不同的效率。

逆循环过程则反映了制冷机或热泵的工作过程。如图 4.2 所示，当循环沿着逆时针方向进行时，分过程 ADC 为膨胀过程，系统对外界做正功，其数值等于闭合曲线 $ADCFEA$ 所围成区域的面积；CBA 过程为压缩过程，外界对系统做功，数值等于 $CBAEFC$ 所围成区域的面积。因此经历一个逆循环后，外界对系统做的净功 W 等于 $CBADC$ 所围成区域的面积。假设在整个循环过程中，系统从低温区吸收 Q_2 的热量，向高温区放出 Q_1 的总热量，由热力学第一定律可知 $Q_1 = W + Q_2$。这表明，在一个逆循环过程中，在外部做功的帮助下，系统从低温区吸收热量，并把这部分热量连同外部所做的功一起释放给了高温区，总的效果是使得低温区的温度降低，高温区的温度升高。因此，逆循环可以有制冷机和热泵两种应用。

所谓制冷机，其功能是从温度低于周围环境的区域中提取热量，使该区域温度进一步降低。因此，定义制冷机的制冷系数为

$$\varepsilon^{\text{制冷机}} = \frac{Q_2}{W} \tag{4.1.2}$$

式中，W 是输入的功；Q_2 是从低温热源吸收的热量。

所谓的热泵，其功能是将低温环境的热量“泵”入温度较高的室内，以进一步提高室内的温度。因此，制热系数应由释放到高温热源的热量和向其提供的功来定义。即

$$\varepsilon^{\text{热泵}} = \frac{Q_1}{W} \tag{4.1.3}$$

式中，W 是输入的功；Q_1 是释放到高温热源的热量。

值得一提的是，在所定义的三种系数中，热机的效率 η 永远不能大于1；而热泵的制热系数 $\varepsilon^{\text{热泵}}$ 永远不小于1；制冷机的制冷系数 $\varepsilon^{\text{制冷机}}$ 则可以大于1，也可以小于1，这个可由效率、制冷系数和制热系数的定义以及热力学第一定律看出来，其原因是在三种机械中，“付出的”和“想得到的”不同。

例1 如图 4.3 所示，由两条等压线和两条绝热线组成的循环叫焦耳循环。设 $T_1 = 400\ \text{K}$，$T_2 = 300\ \text{K}$，已知汽油的燃烧值为 $4.69 \times 10^7\ \text{J/kg}$，问燃烧 50.0 kg 汽油可得到多少功？气体可看作理想气体。

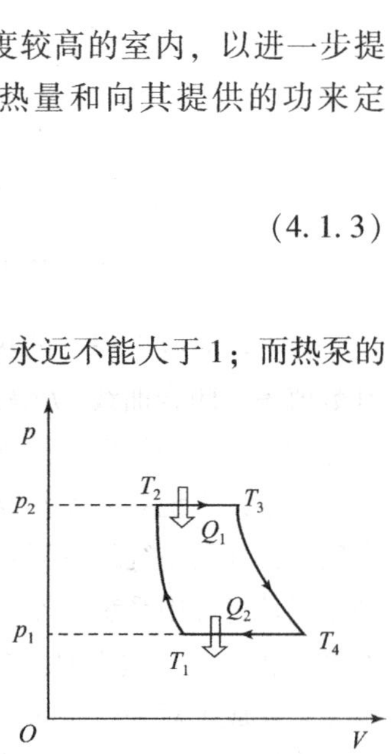

图4.3 焦耳循环

解：设汽油的摩尔质量为μ，由图4.3可知，此循环中吸热与放热的值为

$$Q_1 = \frac{m}{\mu}C_{p,m}(T_3 - T_2)$$

$$Q_2 = \frac{m}{\mu}C_{p,m}(T_4 - T_1)$$

因效率公式中Q_2为正值，故ΔT取（$T_4 - T_1$）以便使ΔT为正。于是

$$\eta = \frac{W}{Q_1} = 1 - \frac{Q_2}{Q_1} = 1 - \frac{T_4 - T_1}{T_3 - T_2}$$

又由绝热过程方程知，对于两条绝热线，有

$$\frac{T_3}{T_4} = \left(\frac{p_2}{p_1}\right)^{(\gamma-1)/\gamma} \text{和} \quad \frac{T_2}{T_1} = \left(\frac{p_2}{p_1}\right)^{(\gamma-1)/\gamma}$$

因此

$$\frac{T_3}{T_4} = \frac{T_2}{T_1} \text{或者} \frac{T_3}{T_2} = \frac{T_4}{T_1}$$

于是

$$\eta = 1 - \frac{T_4 - T_1}{T_3 - T_2} = 1 - \frac{T_1\left(\frac{T_4}{T_1} - 1\right)}{T_2\left(\frac{T_3}{T_2} - 1\right)} = 1 - \frac{T_1}{T_2} = 1 - \frac{300}{400} = 0.25$$

所求的功为

$$W = \eta Q_1 = 0.25 \times 50 \times 4.69 \times 10^7 = 5.86 \times 10^8 (\mathrm{J})$$

4.1.2　热力学发展简史

尽管纽卡门发明的蒸汽机在当时有着广泛的使用，但是它有一个非常大的缺陷，当向气缸内喷射冷水使蒸汽冷凝时，气缸壁也一起被冷却，于是在下一个循环运行时，需要消耗一部分能量用于加热气缸壁，从而造成了能量的浪费，所以纽卡门蒸汽机的效率非常低。首先注意到这个问题的人是苏格兰的仪器制造商瓦特（J. Watt）。瓦特是一个具有科学思维和技术直觉的人，他认为要想制造出效率更高的蒸汽机，就必须尽量减少因气缸壁冷却而损失的能量，为了这个目的，瓦特开始进行各种基础实验，最终于1765年发明了冷凝器，大大提高了蒸汽机的效率，降低了燃料的消耗，这标志着蒸汽时代的真正开始。瓦特之所以能够成功，是因为他将科学研究中使用的严谨的推理和实验方法运用到了技术改良中。

第一个真正从科学的角度抓住问题核心的，是另一个年轻的法国工程师萨迪·卡诺（S. Carnot），他是热力学研究领域的一位巨人。他指出，尽管蒸汽机已经十分普及，而且一直在不断改良，但其相关理论却非常缺乏，已有的这些改良工作也几乎都是十分地随意。卡诺于1824年发表了一篇影响深远的论文《关于火的动力的思考》，该论文主要论述了如何利用热来产生功，首先独立于具体的机械和具体的工作物质以普遍理论的形式研究了“由热能得到动力的原理”，从而阐明了热机的工作原理。尽管在思考这个理论时卡诺已经接触到了“热动理论”，但在做这部分工作的时候他采用了“热

质说”，他认为热机的工作过程总要伴随着热质的流动和重新分布，这与推动水车而对外做功的流水非常像，对应于水车靠水从高处流向低处而做功，热机则是靠热质从高温热源流向低温热源（冷凝器）而做功，这个类比使卡诺得到一个结论，即热从高温区域向低温区域的转移是由热产生动力的必要条件，换句话说我们需要制造一种热的不平衡态才能从热产生动力。“温差的存在，使热平衡的重建得以表现出来，同时就产生了动力”，而工作物质（水蒸气）“只是传递热质的工具”。因此，只有一个热源是不足以产生驱动力的，还需要低温热源，这样才能有温差，才有热平衡重建的可能。进一步的推论是：“热动力的产生与所用的工作物质无关，它的量完全决定于最后能相互传递热质的那些物质的温度”。这最后一句话即是说热机的效率与热机所用的工作物质无关，只与热源的温度有关。

此外，卡诺还指出，当工作物质的体积和形状发生变化时，即使没有温差，热质也能够进行转移，而物质体积的变化能克服阻力从而对外做功，如果我们想尽量提高热机的效率，就要尽力避免一切不产生体积变化的热平衡重建，因为“任何不产生驱动力的热平衡的重建都是一种实在的浪费”。

在上述这些铺垫性理论的基础上，卡诺提出了一种理想的热机。卡诺的设想以气体作为工作物质，密闭在装有活塞的气缸内，利用相应的高温热源和冷却器（低温热源）对气缸内的气体进行加热和冷却，从而推动活塞进行往复运动。所谓理想的，就是能够完全不存在损耗地利用热从高温热库向低温热库的转移来做功，也就是除了与两个热源交换热量外，其他过程是绝热的，即这个热机必然是由两个等温过程（当工质与两个热源分别接触时）和两个绝热过程（当工质与热源脱离时）所组成的一个循环，这就是所谓“卡诺热机”。恩格斯对此有着很好的评价：“他撇开了这些对主要过程无关紧要的次要情况，而构造了一部理想的蒸汽机（或煤气机），这样一部机器就像几何学上的线和面一样是绝不能制造出来的。但是它按照自己的方式起了像这些数学抽象所起的同样的作用，它表现纯粹的、独立的、真正的过程。”——马克思、恩格斯全集。

以现在的观点看，卡诺工作的一个不足之处是采用了热质说的观点来证明他的理论，然而他所得到的结果却是正确的，可以说卡诺的这篇论文标志着热力学这门学科的诞生。然而这篇原理性的论文，并没有立刻得到学术界的重视，直到1834年，法国工程师克拉珀龙（B. Clapeyron）经过进一步研究发展了卡诺的理论，并把卡诺的理想循环用更加明白易懂的 $p-V$ 图描绘了出来，同时证明了卡诺热机在一次循环中所做的功，其数值正好等于循环曲线所围成的面积，这使得卡诺的理论变得非常直观和易于理解，卡诺的理论才得到了科学界的广泛了解。

在卡诺构建《关于火的动力的思考》时，热力学第一定律还没确立。在能量守恒定律确立之后，卡诺关于热质在两个热源之间传递进而产生动力而热质本身守恒的说法就不成立了，英国物理学家开尔文（ Kelvin，即 W. Thomson）和德国物理学家克劳修斯（R. E. Clausius）都注意到了这个矛盾，各自独立地对卡诺理论做了修正，并得到了热力学第二定律。我们将在后面讨论，下面将结合热力学第一定律来给出卡诺循环的效率。

4.1.3　卡诺循环

卡诺循环在热力学的发展中起着重要的作用。卡诺热机的构建过程，也是物理模型建立的极好范例。下面我们来讨论卡诺循环过程及其效率。

热力学第一定律告诉我们，能量是守恒的。由于一个循环过程中工作物质的状态不变，因而内能也不变，所以其对外所做的功等于净吸收的热量，即 $W = Q_1 - Q_2$，其中 Q_2 是在一个循环中放出的热量，把 $W = Q_1 - Q_2$ 代入式（4.1.1）可以得到

$$\eta = 1 - \frac{Q_2}{Q_1} \tag{4.1.4}$$

这就是热机效率的另一种形式。图4.4给出了循环过程的能流图，热机从高温热源吸收 Q_1 的热量，对外做功 W，并在低温热源放出 Q_2 的热量，整个过程中能量守恒，满足热力学第一定律。

考虑热力学第一定律后，按照克拉珀龙的思想，可以把卡诺循环在 $p-V$ 图上给出来，如图4.5所示，这个循环由四个不同的过程组成。

（1）等温膨胀：工作物质与温度为 T_1 的高温热源接触进行可逆等温膨胀，吸收 Q_1 的热量；

（2）绝热膨胀：工作物质进行可逆绝热膨胀，温度从 T_1 变化到 T_2；

（3）等温压缩：工作物质在温度为 T_2 的低温热源处被可逆等温压缩，放出 Q_2 热量；

（4）绝热压缩：工作物质从 T_2 可逆绝热压缩至 T_1 的初始状态。

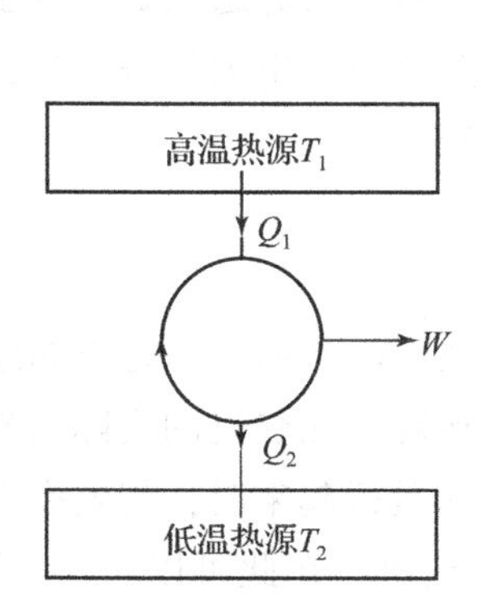

图4.4　热机的能量转换满足热力学第一定律

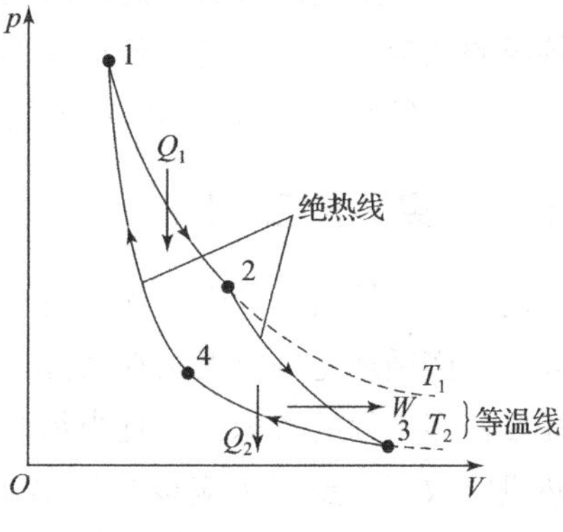

图4.5　$p-V$ 图上的卡诺循环

下面我们以理想气体为工作物质，来求卡诺循环的效率。

由于只有两个热源，在等温膨胀过程中，理想气体温度不变，因而内能不变，所吸收的能量等于对外所做的功，即

$$Q_1 = \nu R T_1 \ln \frac{V_2}{V_1} \tag{4.1.5}$$

同样的道理，在等温压缩过程，放出的热量为

$$Q_2 = \nu R T_2 \ln \frac{V_3}{V_4} \tag{4.1.6}$$

另外两个过程为绝热过程，没有热量的交换。所以理想气体对外所做的功为

$$W = Q_1 - Q_2 = \nu R T_1 \ln \frac{V_2}{V_1} - \nu R T_2 \ln \frac{V_3}{V_4} \tag{4.1.7}$$

可以得到卡诺热机的效率为

$$\eta = \frac{W}{Q_1} = \frac{T_1 \ln \frac{V_2}{V_1} - T_2 \ln \frac{V_3}{V_4}}{T_1 \ln \frac{V_2}{V_1}} \tag{4.1.8}$$

在两个绝热过程中，体积和温度满足过程方程，可以得到

$$\left(\frac{V_3}{V_2}\right)^{\gamma-1} = \frac{T_1}{T_2} \text{ 和 } \left(\frac{V_4}{V_1}\right)^{\gamma-1} = \frac{T_1}{T_2} \tag{4.1.9}$$

两个关系，两式相比得到

$$\frac{V_2}{V_1} = \frac{V_3}{V_4} \tag{4.1.10}$$

代入式（4.1.8）可得到

$$\eta = \frac{T_1 - T_2}{T_1} = 1 - \frac{T_2}{T_1} \tag{4.1.11}$$

可以看出，以理想气体为工作物质的卡诺循环的效率，只决定于两个热源的温度。我们在后面会证明，在同样两个热源之间工作的各种工作物质的卡诺热机，其效率都由上式给出，而且是实际热机的可能效率的最大值。这是卡诺循环的一个基本特征，而这个结果也给我们指明了**提高热机效率的方向，即提高高温热源的温度或者降低低温热源的温度**。而实际经验告诉我们，提高高温热源温度更加经济实惠，因此沿着这个方向人们发明了让高温热源温度显著增加的内燃机。

4.1.4 实际的热机

前面我们给出了卡诺循环并讨论了提高热机效率的方向。但是正如恩格斯指出的那样，卡诺循环是一个无法在实际中真正实现的循环。在热机的实际实现过程中，我们需要许多工程的考虑，并且当组装成的热机实际运行起来时，其效率也远达不到卡诺热机的效率。蒸汽机应该是最早实验上实现的热机，在此可以估算一下它的效率：蒸汽可以在气压略高于大气压的情况下，在温度为 390 K 时获得，并在略低于正常沸点约 350 K 的温度下冷凝，如果在上述两个温度的热源之间运行一个卡诺热机，则其工作的效率仅为 10%，而对于真实的蒸汽机来说，其效率要小得多。在现代蒸汽机中，常采用高压蒸汽来提高其温度，使得蒸汽机效率有所提高，但由于实际能够实现的温度范围相对有限，蒸汽机的效率还是非常低。既然蒸汽作为高温热源已经到了温度的最高限，能否舍弃蒸汽而选择其他的能够得到更高高温的工作物质或者工作方式呢？克拉珀龙比较早地提出了这个想法，沿着这个思路，人们发明了把热源放在气缸中燃烧的内燃机，因为爆炸所产生的温度远高于高压蒸汽的温度。

为了详细讨论一个真实的热机，我们也把相应的循环理想化后作为真实热机循环

的合理表示。这里的理想化包括两个基本的近似：第一，假定工作物质是单一的纯物质。就内燃机而言，实际上工作物质是气体和雾状汽油的混合物，其成分的比例也会在循环过程中发生变化，但是为了简便起见，通常把工作物质简单当成空气来处理。第二，忽略一切摩擦损耗并假定其过程为准静态过程。同样，这显然与事实相去甚远，所以使得计算结果与实际效率之间产生了较大的误差，因为大多数真实的循环进行得很快，因而远离准静态过程；热量也通过非无限小温度梯度传递；存在摩擦和湍流。尽管如此，基于这种理想循环的计算至少能给实际热机的效率提供一个上限。

下面我们就来利用几个例子讨论一下实际热机的效率。

例2 求奥托循环（Otto cycle）的效率。

德国工程师奥托（N. A. Otto）于1876年设计出了使用气体燃料的火花式四冲程内燃机，其工作物质为空气和雾状汽油的混合气体，其过程可以简化为四个步骤，被称为奥托循环，如图4.6所示，它由两条绝热线和两条等容线组成。

AB 段：将空气和汽油的混合气体进行绝热压缩；

BC 段：压缩到体积 V_2 时点火，混合气体急速升温，吸收 Q_1（等体吸热）的热量；

CD 段：混合气体绝热膨胀，推动活塞做功 W；

DA 段：等体放热（实际上是将废气从气缸中排出去，把热量带走，最后进入大气，下一循环吸入同样体积的冷空气）。

状态 A：T_1，V_1；B：T_2，V_2；C：T_3，V_2；D：T_4，V_1。

求奥托循环的效率。

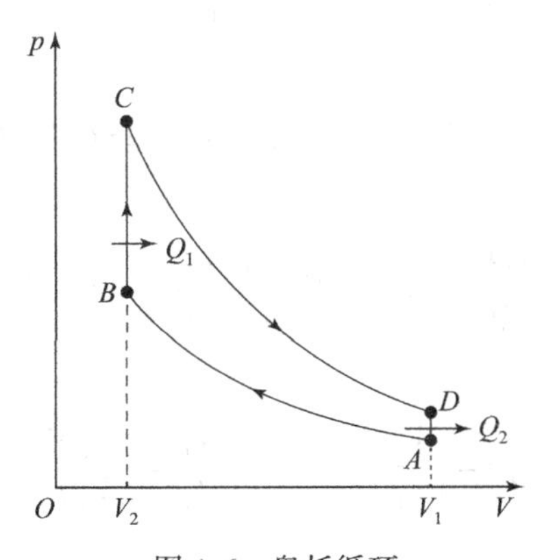

图4.6 奥托循环

解：循环的过程如图4.6所示。对于两个绝热过程，有

$$\frac{T_2}{T_1}=\left(\frac{V_1}{V_2}\right)^{\gamma-1},\ \frac{T_3}{T_4}=\left(\frac{V_1}{V_2}\right)^{\gamma-1}$$

由此可得

$$\frac{T_2}{T_1}=\frac{T_3}{T_4}=\frac{T_3-T_2}{T_4-T_1}$$

对于两个等体过程，有

$$Q_1=\nu C_{V,m}(T_3-T_2) \quad 和 \quad |Q_2|=\nu C_{V,m}(T_4-T_1)$$

于是有

$$\eta = 1 - \frac{|Q_2|}{Q_1} = 1 - \frac{T_4 - T_1}{T_3 - T_2}$$
$$= 1 - \frac{T_1}{T_2} = 1 - \left(\frac{V_2}{V_1}\right)^{\gamma - 1}$$

定义压缩比 $r = V_1/V_2$，则可得：$\eta = 1 - \frac{1}{r^{\gamma-1}}$，奥托循环的效率决定于压缩比 r，压缩比越大，效率越高。

例 3 求狄赛尔循环（Diesel cycle）的效率。

德国工程师狄赛尔于 1892 年提出了压缩点火式内燃机的原始设计，四冲程柴油内燃机进行的循环过程叫狄赛尔循环，它由四个准静态循环过程组成，如图 4.7 所示。

AB 段：由状态 V_1、T_A 绝热压缩到状态 V_2、T_B；

BC 段：由状态 V_2、T_B 经等压吸热过程达到状态 V_3、T_C；

CD 段：由状态 V_3、T_C 绝热膨胀到状态 V_1、T_D；

DA 段：由状态 V_1、T_D 经等体放热过程达到状态 V_1、T_A。

求此循环的效率。

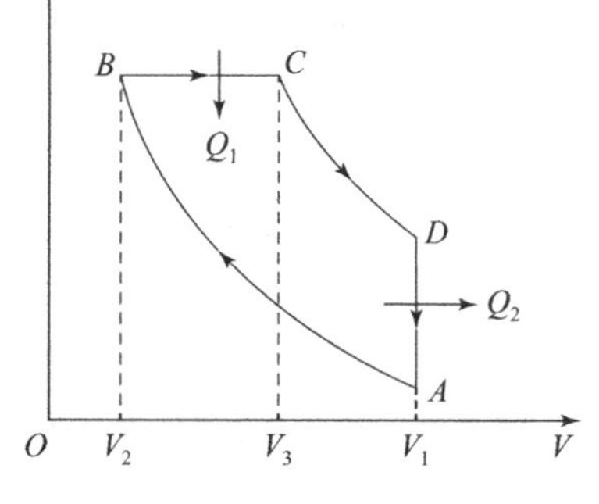

图 4.7 狄赛尔循环

解：循环过程的 $p-V$ 图如图 4.7 所示，对于等体过程和等压过程，有

$$Q_1 = \nu C_{p,m}(T_C - T_B) \quad 和 \quad |Q_2| = \nu C_{V,m}(T_D - T_A)$$

于是

$$\eta = 1 - \frac{|Q_2|}{Q_1} = 1 - \frac{C_{V,m}(T_D - T_A)}{C_{p,m}(T_C - T_B)} = 1 - \frac{1}{\gamma}\frac{T_D - T_A}{T_C - T_B}$$

对于两绝热过程，有

$$\frac{T_A}{T_B} = \left(\frac{V_2}{V_1}\right)^{\gamma-1} \quad 和 \quad \frac{T_C}{T_D} = \left(\frac{V_1}{V_3}\right)^{\gamma-1}$$

对于等压过程，有

$$\frac{T_C}{T_B} = \frac{V_3}{V_2}$$

于是

$$\eta = 1 - \frac{1}{\gamma}\frac{T_A}{T_B}\frac{T_D/T_A - 1}{T_C/T_B - 1} = 1 - \frac{1}{\gamma}\left(\frac{V_2}{V_1}\right)^{\gamma-1}\frac{(V_3/V_2)^{\gamma} - 1}{V_3/V_2 - 1}$$

定义压缩比 $r = V_1/V_2$，定压膨胀比 $\rho = V_3/V_2$，最后得到

$$\eta = 1 - \frac{1}{\gamma} \cdot \frac{1}{r^{\gamma-1}} \cdot \frac{\rho^{\gamma} - 1}{\rho - 1}$$

狄赛尔循环又叫定压加热循环。由以上结果可见，柴油机的绝热压缩比 r 越大，效

率就越高。

例4　求斯特林热机的效率。

1816年伦敦牧师斯特林提出了一种活塞式热气发动机——斯特林热机的构想，这是一种外部加热的闭式循环发动机。该循环由两个等温过程和两个等容过程组成，如图4.8所示，属于广义卡诺循环的一种。循环的四个过程如下：

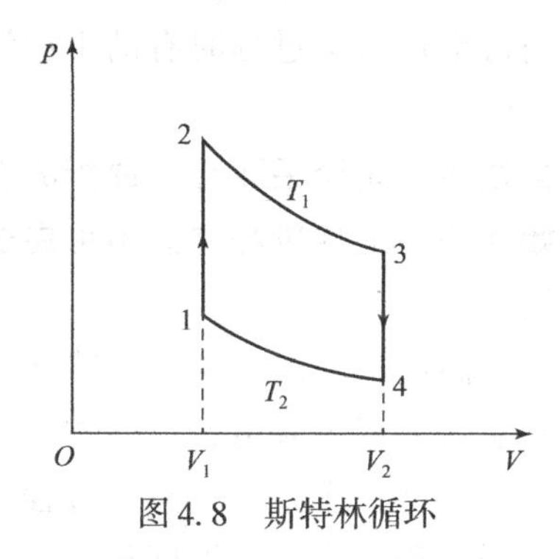

图4.8　斯特林循环

1→2过程为等容升温过程；　　2→3过程为等温膨胀过程；

3→4过程为等容降温过程；　　4→1过程为等温压缩过程。

求斯特林热机的效率。

解：在1→2和3→4两个等体过程中，吸、放热是发生在系统内部的回热器之中的，不对外界有任何影响，所以在计算热机的效率时不用考虑在内。

2→3等温膨胀过程吸收热量，为

$$Q_1 = RT_1 \ln\left(\frac{V_2}{V_1}\right)$$

4→1等温压缩过程放出热量，为

$$|Q_2| = RT_2 \ln\left(\frac{V_2}{V_1}\right)$$

所以热机的效率为：

$$\eta = 1 - \frac{|Q_2|}{Q_1} = 1 - \frac{T_2}{T_1}$$

这个结果表明，斯特林循环的效率与卡诺循环的效率一致。

4.2　可逆过程和不可逆过程

孤立的热力学系统经过足够长时间以后会达到其平衡态，之后系统的宏观状态将不再发生变化。而实际过程中热力学系统总是会受到外界环境的影响而不是孤立的，因此总会在外界的影响下发生状态变化。如果一个热力学系统处于初始状态为A的平衡态，在外界环境的影响下，它由初始状态A变化为末状态B，而在这个过程中环境也发生了相应的变化，我们称这个过程对环境产生了影响。如果系统从末态B经过了一个过程又回到了状态A，同时环境也恢复到了初始的状态，也即环境的影响全部消除，则我们称系统从初态 A 变化到末态 B 的过程为可逆过程。用一句简单的话来说，**如果一个过程发生后，可以沿原过程的反向进行，并使系统和环境都恢复到初始状态，这种过程叫作可逆过程**。那么如何判断一个过程是可逆过程呢？我们在第 3 章讨论过准静态过程，即进行得很慢，过程的每一瞬间都无限接近平衡态的过程，如果这样的过程又不存在摩擦，则是可逆过程，即**无摩擦的准静态过程就是可逆过程**。可逆过程是一个假想的理想过程，在我们讨论热力学过程时有助于加深对物理内涵的理解，但它也并非自然界中实际发生的过程。

如果一个热力学过程一旦发生，无论采取什么曲折的途径和办法，都不能使系统与外界同时再回到它们的初始状态，这种过程称为不可逆过程。不可逆过程是自然界中每时每刻都发生的实际过程。

经验告诉我们，如果把两个温度不同的物体进行热接触，热量就会自发地从高温物体传导到低温物体，使得高温物体温度降低，低温物体温度升高，直至两者达到相同的温度，我们用图 4.9 来表示这样一个过程，整个过程能量守恒，即满足热力学第一定律。设想一下这个过程的逆过程：我们把温度相同的两个物体进行热接触，经过一段时间后，热量从一个物体传到另一个物体，进而使一个物体温度升高，而另一个物体温度降低。这个过程不违反热力学第一定律，但是事实告诉我们，这个过程是不会自发发生的。当然我们可以通过空调等设备把热量从低温区域搬运到高温的环境中去，然而为了实现这个过程，我们必须给空调输入电能，这也是家庭用电中，夏天的电费比春秋季多得多的缘故。所以**热传导过程是不可逆过程**。

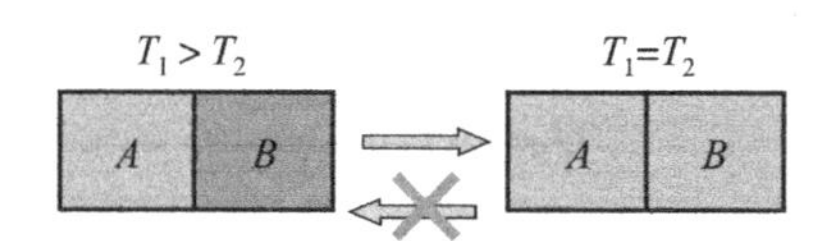

图 4.9 热量由高温物体向低温物体传递不可逆

另外，在自然过程中，功变热是一个常见的过程。设想你骑着新买的自行车在一个水平路面上前行，用力地踩几下脚蹬，你对自行车做的功转化成了自行车和你自身的动能，自行车飞快地向前冲去。然后你停止踩脚蹬，自行车仍然会前进一段距离，只是速度会越来越慢，越来越慢，最终停下来。自行车和你的动能最终减为了零，这是为什么呢？经过分析可知，这是由于自行车与地面之间的摩擦以及自行车各部件之间的摩擦使得你所做的功变成了热耗散掉了。如果把所有的能量都考虑进来则能量是守恒的，这样的过程在生活中经常发生。再回想一下焦耳热功当量实验中，物体下落做功，带动叶片转动，与水摩擦转换成热能进而提高了水的温度；而功变热的逆过程，如静止物体内能以热量的形式释放出来，全部转化成功，利用此功使物体运动起来的过程，是不可能自发地产生的。当然，热机可以把热能转换成功来推动汽车向前跑，但是，热量转换成功的代价是需要向低温热源放出部分废热，表面看来放出的热量是一种浪费，但理论和实践都表明，低温热源是热机工作过程中必不可少的组成部分，即使是使用理想的热机也无法获得 100% 的效率！所以**功变热是一个不可逆过程**。

在第 3 章中我们讨论过理想气体的绝热自由膨胀，即气体自动地由一个较小的空间膨胀到一个较大的空间中，即由非平衡态变为平衡态，这个过程可以自发地发生。但是其相反的过程，即充满容器的气体收缩到一侧，则不能自动发生。体积缩小的过程能够发生，例如可以用活塞把气体推回到一侧，但是需要外界做功——改变了环境，所以**绝热自由膨胀过程是一个不可逆过程**。

经验还告诉我们，一个容器用隔板将其分成两部分，将两种性质不同的气体分别装在两部分空间里，当把隔板抽开后，两种气体将自发地相互扩散混合，直至两种气体完全均匀混合为止，我们把这种过程叫作扩散过程。这种过程是自发地进行的，但是这个过程的逆过程，即已经混合均匀的两种性质不同气体，自发地相互分离而回到扩散前的彼此分开状态，是不可能发生的。**扩散过程是一个不可逆过程**。

归纳以上的分析，我们可得到一个普遍的结论：**自然界的一切实际热力学过程都是按一定方向进行的，反向过程不可能自动地进行**。其本质是自然界中存在着一种本质的不可逆性，所有的过程的演化都有一个自发的方向，前面提到的热传导过程、功变热过程、气体自由膨胀过程以及扩散过程正是这样的不可逆过程的不同表现形式。热力学第一定律强调了热量和功作为能量形式的等价性，但它没有告诉我们从一种形式到另一种形式的转换时的方向性问题，热力学第二定律正是要指出自然界所发生的过程的方向性问题，它将告诉我们热转化为功的效率的内在限制，告诉我们热传导过程中的方向性等。

4.3　热力学第二定律的两种表述

关于热力学第二定律，有两种经典的表述，是开尔文和克劳修斯各自独立地对卡诺理论做了修正之后得到的。克劳修斯的表述重点强调自然界中的热传导的不可逆现象，而开尔文的表述重点强调热功转换的不可逆。

1850 年，克劳修斯在《论热的动力》的论文中，从热运动论的观点重新对热机的工作过程进行了新的分析，他把迈耶、焦耳关于热功当量的结论和卡诺关于热机效率的结论看作热力学的两个基本原理。克劳修斯深刻地指出，为了在理论上证明和保留卡诺关于热机效率的结论，只需依据热的一个普遍特性就可以了，这个特性就是："热总是表现出这样的趋势：它总要从较热的物体转移到较冷的物体，使存在的温度差消失而趋于平衡。"用现在的语言来重新叙述这个表述即是热力学第二定律的克劳修斯表述：

不能把热量从低温物体传到高温物体而不引起其他变化。

这个表述实际上是说，使热量从低温物体传到高温物体时，一定会引起系统或外界的变化，也就是说热传导过程是一个不可逆的过程，图 4.10（a）给出了该表述的图示。

开尔文早在 1849 年就认识到，卡诺关于热只在机器中重新分布而并不消耗的观点是不正确的；但是他又深信卡诺关于热转化为功的条件的结论是正确的。1851 年，他以《论热的动力理论》为总题目发表了三篇论文，提出了下述公理："借助于非生物机构的作用，使物质的任何部分冷却到比周围物质的最低温度还要低的温度的方法而得到机械效应，是不可能的。”用现在的语言来重新叙述这个表述即是热力学第二定律的开尔文表述：

不能从单一热源吸取热量，使之全部转为功而不引起其他变化。

这里所说的“单一热源”是指温度均匀恒定的热源。如果热源温度不均匀，有温度不同的温区，则可以把高、低温不同的温区作为热机的高温热源和低温热源，是可以利用热机使这个温度不均匀的热源中的热量变成有用功的，图4.10（b）给出了该表述的图示。开尔文表述的本质是说功变热的过程是不可逆的。如果开尔文表述不正确，也就是说单一热源的热机可以建成，则它从单一热源吸收热量全部用来做功，其效率可以达到100%，我们把这种效率为百分之百的热机称为第二类永动机。如果这种机械能够被造出来，人类的能源危机将不会出现，因为海洋中存在着巨大的热能，如果第二类永动机能够建成，则以海水为热源开动第二类永动机，人类就有了用之不尽的能源了，因此热力学第二定律的开尔文表述又可以说成是**第二类永动机是不可能造成的**；或者说热不可能以100%的效率转化为功。

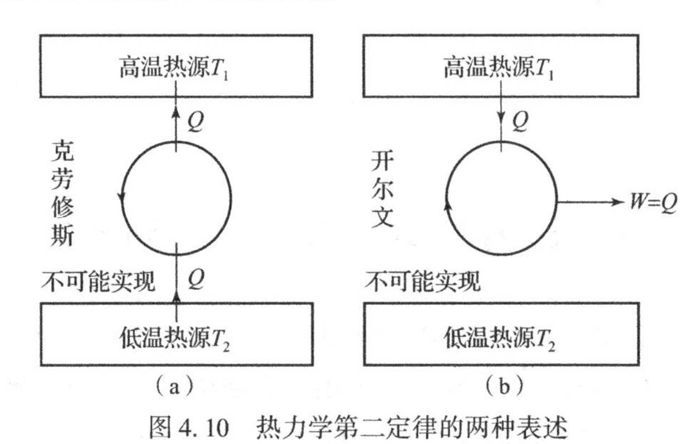

图4.10 热力学第二定律的两种表述

（a）克劳修斯表述；（b）开尔文表述

表面看来，热力学第二定律的两种表述好像分别说了两个具体的不可逆过程，然而它们的本质是相同的。本质上热力学第二定律的两种表述，是从两个不同的角度来阐述了**实际的与热相关的过程都是不可逆过程**这一规律。这两种表述实际上是等价的，我们可以通过反证法来证明这一点。

首先证明，如果克劳修斯表述错误，那么开尔文表述也一定不正确。证明的步骤如下：

设想有一台违反克劳修斯表述的制冷机（见图4.11中的制冷机1），它可以从温度为T_2的低温热源中吸收热量，并将热量传递给温度为T_1的高温热源，且不需要外界对它做功，因此每个循环中吸收的热量必须等于放出的热量。然后，我们在两个热源之间运行一个热机，即从高温热源吸收热量并在低温热源放出热量，同时对外做功（见图4.11中的热机2）。假设在给定的时间内，制冷机将Q_2从低温热源T_2转移到高温热源T_1，然后，我们运行热机2让它在相同的时间内向低温热源T_2放出热量Q_2，如果这段时间内吸收的热量是Q_1，则对外做的功是$W = Q_1 - Q_2$。现在我们将这两个机器结合在一起，看作一个复合热机，则可以看到复合热机的净效果是不向低温热源放热，只在高温热源 T_1 吸收热量 $Q_1 - Q_2$，并做等量的功，这违反了开尔文表述，也证明了如果克劳修斯表述不正确，则开尔文表述也不正确。

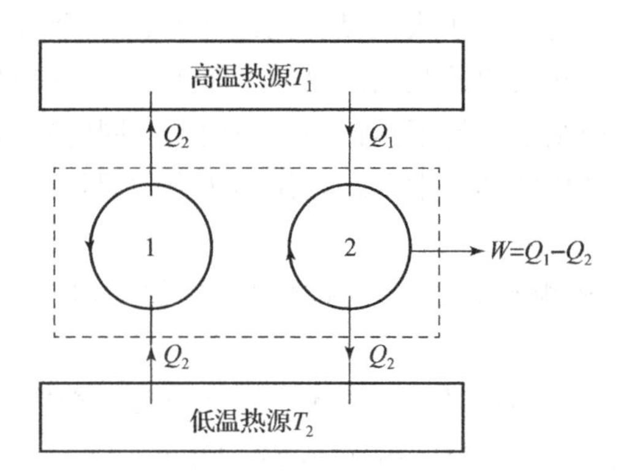

图 4. 11　证明如果克劳修斯表述是错误，则开尔文表述也是错误的

然后证明，如果开尔文表述错误，那么克劳修斯表述也不对。证明的步骤如下：

首先假设有一台违反开尔文描述的热机（见图 4. 12 中的热机 1），它可以从一个高温热源 T_1 吸收 Q_1 的热量，全部用来做功，即 $W = Q_1$。我们让这台热机驱动一台制冷机，如图 4. 12 中的制冷机 2，现在通过调整绝热线的位置来改变制冷机工作循环的大小，使 W 刚好能够驱动制冷机完成一个循环，假设制冷机从低温热源中吸收 Q_2 的热量，那么它传递给高温热源的热量是 $Q_2 + W$ 或 $Q_1 + Q_2$，将热机和制冷机视为虚线包围的复合系统，则可以看到复合系统的净效果是，从低温热源吸收 Q_2 的热量，并将净热量 $Q_1 + Q_2 - Q_1 = Q_2$ 传递给高温热源，但是外界没有对复合系统做功。因此这违反了克劳修斯的表述，也就证明了如果开尔文表述不正确，则克劳修斯表述也不正确。

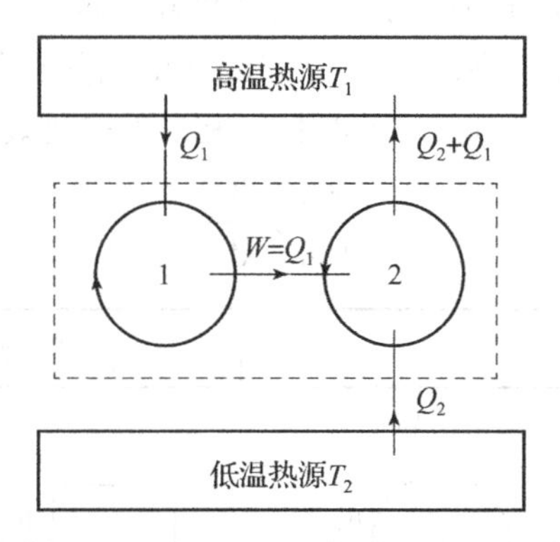

图 4. 12　证明如果开尔文表述是错误，则克劳修斯的表述也是错误的

这两个证明一起表明，热力学第二定律不同表述互为充分必要条件。

值得指出的是，热力学第一定律和热力学第二定律暗示了两类永动机是不可能建成的。第一定律不允许第一类永动机存在：这种机器不消耗任何能量，却可以源源不断地对外做功；第二定律禁止了第二类永动机存在：这种机器能从单一热源吸热使之完全变为有用功而不产生其他影响，这不会违反第一定律但违反第二定律。

4.4 卡诺定理

前面指出，卡诺在他的《关于火的动力的思考》的一个重要结论就是卡诺定理。虽然这个定理是卡诺基于热质说的观点给出的，而实际上它是热力学第二定律的必然结果。卡诺定理不仅在原则上回答了热机的效率问题，同时它对热学理论本身也非常重要，卡诺定理也是从经典的热力学第二定律到热力学温标的论证的首要一步，该定理指出：

在相同的高温热源和相同的低温热源之间工作的一切热机中，可逆热机的效率最高。

这里的可逆热机是指，循环过程是由无摩擦准静态过程构成的可逆循环过程，它可以逆向运行当制冷机用。下面我们用反证法来证明这个定理。

考虑卡诺热机 C 和假想的效率更高的热机 H，运行在高温热源 T_1 和低温热源 T_2 之间，热机一个循环的能量变化如图 4.13（a）所示，假想热机的效率大于卡诺热机的效率，用式子表示为

$$\eta_{\mathrm{H}} > \eta_{\mathrm{C}} \tag{4.4.1}$$

由于卡诺热机是可逆的，我们可以利用 H 输出的功来驱动卡诺热机让它逆向运转，如图 4.13（b）所示。我们对卡诺循环做些调整，虽然当两个热源固定不变时，在 $p-V$ 图上卡诺热机的两条等温线也固定不变，但我们可以通过调整绝热线的位置来调整卡诺热机循环的大小，由于卡诺热机的效率只跟两个热源的温度有关，因而调整之后卡诺热机的效率不变。最终通过调整我们可以做到，在一个循环中，逆向运转后的卡诺热机 C′所消耗的机械功与 H 所产生的机械功相同，也就是说 $W'_{\mathrm{C}} = W_{\mathrm{H}}$。由于卡诺热机逆向运转时，所有能流方向反向，即对外做功变成外部对工作物质做功，原来的从高温热源吸热变成向高温热源放热，原来的从低温热源放热变成从低温热源吸热，这些能量值的大小不变。考虑到式（4.4.1），相应的热机效率满足

$$\frac{W_{\mathrm{H}}}{Q_{\mathrm{H1}}} > \frac{W'_{\mathrm{C}}}{Q'_{\mathrm{C1}}} \tag{4.4.2}$$

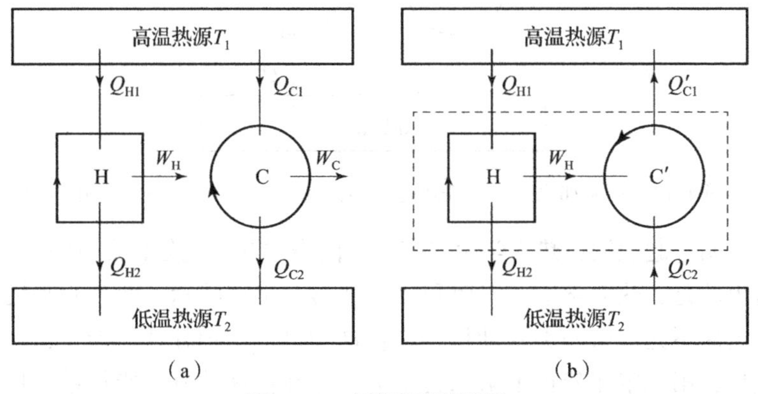

图 4.13　卡诺定理的证明

也就是说

$$Q'_{C1} > Q_{H1} \tag{4.4.3}$$

由此可知，由C和H组合而成的复合热机（虚线框内的部分）只是从低温热源中吸收$Q'_{C2} - Q_{H2}$热量，并向高温热源放出$Q'_{C1} - Q_{H1}$的热量，由热力学第一定律又可得$Q_{H1} = Q_{H2} + W_H$和$Q'_{C1} = Q'_{C2} + W_H$，容易得到$Q'_{C2} - Q_{H2} = Q'_{C1} - Q_{H1}$，由式（4.4.3）可得所传递的热量

$$Q'_{C1} - Q_{H1} > 0 \tag{4.4.4}$$

即复合机的综合效果是从低温热源吸收了一定的热量，并把这些热量传给了高温热源，除此以外没有产生任何其他的影响。这违反了热力学第二定律的克劳修斯表述，因此我们假想的比卡诺热机效率更高的热机是不存在的，也就是说

$$\eta_{卡诺} \geqslant \eta_{其他} \tag{4.4.5}$$

卡诺定理告诉我们，实际的不可逆热机的效率都小于可逆热机的效率，因此要想提高实际热机的效率，就要尽可能地使得实际热机的循环过程向可逆循环过程靠近，尽量减少摩擦耗散等造成不可逆现象的各种因素。

由卡诺定理还可以得到一个有用的推论：如果我们在上述证明中用一个任意的可逆热机R取代假想的热机H，于是，式（4.4.5）就变成$\eta_{卡诺} \geqslant \eta_{可逆}$；又由于两个热机都是可逆的，我们也可以用卡诺热机来驱动可逆热机R让其逆向运转，按照同样的逻辑可以得到不等式$\eta_{卡诺} \leqslant \eta_{可逆}$，要想使两个不等式同时成立，则要求$\eta_{卡诺} = \eta_{可逆}$，因此，证明了**卡诺定理的推论**：

相同的高温热源和相同的低温热源之间工作的一切可逆热机的效率都相同，且与工作物质无关。

值得注意的是，如果一个循环只含有单一工作物质，且仅与两个热源交换热量，则唯一可逆循环必然是卡诺循环；而我们上面论证中提到的第二个热机，虽然是可逆的并且它仅与两个热源交换热量，但是它可以非常复杂，它可能包含几个辅助循环过程等，这样的热机仍然满足卡诺定理。

与卡诺定理的证明方法相同，对于在高温热源T_1和低温热源T_2之间工作的一制冷机，可以证明有如下定理：

相同的高温热源和相同的低温热源之间工作的一切不可逆循环制冷机的制冷系数总小于可逆制冷机的制冷系数。

也可以得到其推论：

相同的高温热源和相同的低温热源之间工作的一切可逆制冷机的制冷系数都相等，与制冷机的工作物质性质无关。

卡诺定理在具体处理一些热力学问题时显得十分简洁和有效，下面我们给出一个用卡诺定理来求一般$p-V$系统内能U与体积V的关系实例。

证明等式$\left(\frac{\partial U}{\partial V}\right)_T = T\left(\frac{\partial p}{\partial T}\right)_V - p$。

证明：如图4.14所示，设想$p-V$系统在温度为T和$(T-\Delta T)$的两热源之间运行一个非常小的卡诺循环，在$p-V$图上两条等温线用AB和CD表示，两条绝热线用

BC 和 DA 表示，由于此卡诺循环很小，在 $p-V$ 图上可近似为一小平行四边形，这个小平行四边形所围成的面积即为小卡诺单次循环所做的功 W。由图中的几何关系可知，这个面积正好等于平行四边形 $ABEF$ 的面积，因此

$$W=A_{ABEF}=(\Delta p)_V(\Delta V)_T \tag{4.4.6}$$

式中，$(\Delta p)_V$ 即图中的 AF 段，它代表在体积不变的条件下压强的减少；$(\Delta V)_T$ 即图中的 HG 段，它代表在等温过程 AB 中体积的增加。

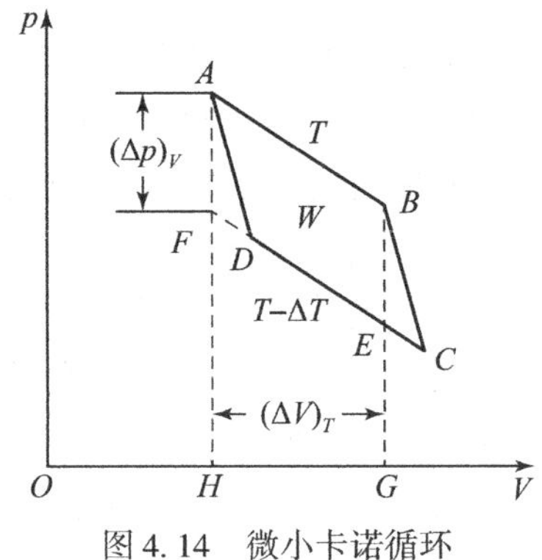

图 4.14 微小卡诺循环

根据卡诺定理，可逆卡诺循环的效率为 $\eta=W/Q_1=(T_1-T_2)/T_1=\Delta T/T_1$，由这里的小卡诺循环可以得到

$$W=Q_1\frac{\Delta T}{T} \tag{4.4.7}$$

根据热力学第一定律，在等温过程 AB 中系统从外界吸收的热量 Q_1 为

$$Q_1=(\Delta U)_T+A_{ABGH} \tag{4.4.8}$$

式中，$(\Delta U)_T$ 代表在等温过程 AB 中内能的增量；A_{ABGH}是梯形 $ABGH$ 的面积，即 AB 过程中所做的功。设 A 点的压强为 p，则 B 点的压强为 $p-(\Delta p)_T$，于是梯形 $ABGH$ 的面积是$[p-(\Delta p)_T/2](\Delta V)_T$，代入上式，即得

$$Q_1=(\Delta U)_T+\left(p-\frac{(\Delta p)_T}{2}\right)(\Delta V)_T \tag{4.4.9}$$

将式（4.4.6）、式（4.4.9）代入式（4.4.7）可得

$$(\Delta p)_V(\Delta V)_T=\left\{(\Delta U)_T+\left[p-\frac{(\Delta p)_T}{2}\right](\Delta V)_T\right\}\frac{\Delta T}{T} \tag{4.4.10}$$

略去三阶无穷小量可得

$$(\Delta p)_V(\Delta V)_T=[(\Delta U)_T+p(\Delta V)_T]\frac{\Delta T}{T} \tag{4.4.11}$$

两端同时除以$(\Delta V)_T(\Delta T)$可得

$$\left(\frac{\Delta U}{\Delta V}\right)_T+p=T\left(\frac{\Delta p}{\Delta T}\right)_V \tag{4.4.12}$$

当可逆卡诺循环趋于无穷小时，有

$$\left(\frac{\partial U}{\partial V}\right)_T=T\left(\frac{\partial p}{\partial T}\right)_V-p \tag{4.4.13}$$

这个式子告诉我们，已知物态方程，可以求系统的内能随体积的变化率。

例5 用（4.4.13）式证明，理想气体的内能与体积无关。

证明： 理想气体状态方程为 $p=\nu RT/V$，所以对于理想气体有

$$\left(\frac{\partial p}{\partial T}\right)_V=\frac{\nu R}{V}$$

代入式（4.4.13）可得

$$\left(\frac{\partial U}{\partial V}\right)_T=T\left(\frac{\partial p}{\partial T}\right)_V-p=\frac{\nu RT}{V}-p=0$$

即理想气体内能与体积无关，这正是焦耳定律的结果。

在定压过程中焓的概念比内能重要，用完全类似的办法可以推导出一个与式（4.4.13）对应的焓的公式：

$$\left(\frac{\partial H}{\partial p}\right)_T=-T\left(\frac{\partial V}{\partial T}\right)_p+V \tag{4.4.14}$$

此式将焓和物质的物态方程联系了起来，知道后者可以求出前者。留给读者作为练习（习题4.26）。

卡诺定理是卡诺对热力学理论的巨大贡献，在热力学史上有着重要的意义。第一，卡诺定理是定义热力学温标的依据；第二，给出了区分可逆过程和不可逆过程的方法，可以看作热力学第二定律；第三，工作物质所吸收的热量和相应的温度之比的代数和为零，这一结论可以扩展到任意的可逆循环，为我们引入熵打下了基础。

4.5 热力学温标

由卡诺定理我们知道，在两个热源之间运行的任何可逆热机的效率，与工作物质无关，其效率仅与热源的温度有关。这里的温度可以是前面所建立的任何一种温标所对应的温度，因此我们采用新的符号 Θ_1 和 Θ_2 来表示，这样可以避免与具体的温标所示的温度相混淆。也就是说，对于任何可逆热机，其效率 $\eta=1-Q_2/Q_1$ 只与两个热源的温度有关，因此可以有

$$\frac{Q_2}{Q_1}=f(\Theta_1,\Theta_2) \tag{4.5.1}$$

式中，f 是 Θ_1 和 Θ_2 的普适函数。由这个公式可以看出，温度只与吸收的热量有关，与工作物质的属性和状态没有关系，因此我们可以用它来建立一个普适的温标，这就是热力学温标。

在前面我们讨论温标时曾经指出，利用不同物质建立温标，在测量具体温度时，其测温结果依赖于所选的测温物质及其测温属性。人们希望建立一种与测温物质无关而测温属性又是各种物质都共同遵守的温标。开尔文在研究了卡诺定理之后，建立了热力学温标。下面利用式（4.5.1）来定义热力学温标，在三个热源 Θ_1、Θ_2 和 Θ_3 之间运行两个卡诺热机 C_1 和 C_2，三个热源的温度满足 $\Theta_1>\Theta_2>\Theta_3$，如图4.15所示，热机 C_1 运行在热源 Θ_1 和 Θ_2 之间，C_2 运行在热源 Θ_2 和 Θ_3 之间。假定热机 C_1 在高温热

源 Θ_1 吸收 Q_1 的热量，在低温 Θ_2 放出 Q_2 的热量。我们可以调整两个热机循环的相对大小，使卡诺热机 C_2 在热源 Θ_2 吸收 Q_2 的热量，在热源 Θ_3 放出 Q_3 的热量。

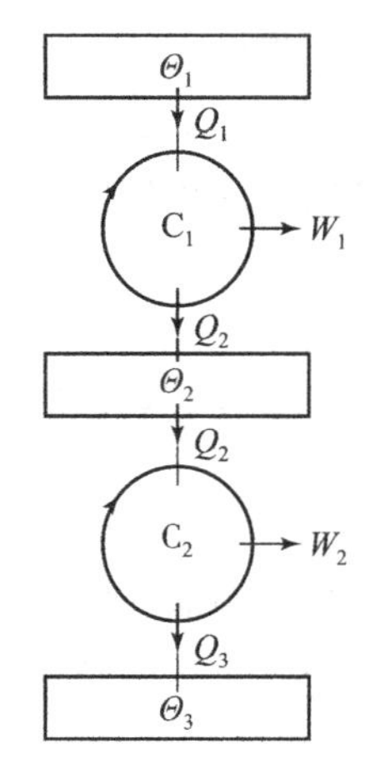

图 4.15 热力学温标的建立

然后由式（4.5.1）可知，对卡诺热机 C_1 可以得到

$$\frac{Q_2}{Q_1}=f(\Theta_1,\Theta_2) \tag{4.5.2}$$

对于卡诺热机 C_2 可以得到

$$\frac{Q_3}{Q_2}=f'(\Theta_2,\Theta_3) \tag{4.5.3}$$

对于热源 Θ_2 来说，卡诺热机 C_1 给它传递的热量刚好被卡诺热机 C_2 完全吸收，因此热源 Θ_2 没有净热量交换，因此可以认为两个热机在运行过程中直接交换热量，而与热源 Θ_2 无关，而式（4.5.2）和式（4.5.3）仍然成立。另外，我们可以把两个卡诺热机看成一个复合热机，仅与热源 Θ_1 和 Θ_3 交换热量，将式（4.5.1）应用于复合热机，有

$$\frac{Q_3}{Q_1}=f''(\Theta_1,\Theta_3) \tag{4.5.4}$$

由式（4.5.2）、式（4.5.3）和式（4.5.4）可得

$$f''(\Theta_1,\Theta_3)=f(\Theta_1,\Theta_2)\cdot f'(\Theta_2,\Theta_3)$$

但是上式的左边不含有温度 Θ_2，因此等式右边的 Θ_2 应该可以消去，所以函数 f 从形式上应该能够写成 $F(\Theta_2)/F(\Theta_1)$ 的形式，即

$$\frac{Q_2}{Q_1}=f(\Theta_1,\Theta_2)=\frac{F(\Theta_2)}{F(\Theta_1)} \tag{4.5.5}$$

也就是说在卡诺循环中，放出的热量和吸收的热量之比等于相应温度函数之比，而普适函数 $F(\Theta)$ 的具体形式与温标的选择有关。

开尔文建议，可以先选定 $F(\Theta)$ 的具体形式，然后再确定一个新的具体温标，因此选定 $F(\Theta)=C\Theta$ 的简单形式，进而建立了热力学温标。换句话说，热力学温度的定义是：

两个热源的热力学温度之比等于它们之间运行的可逆热机在两个热源处交换的热量之比。

即

$$\frac{Q_2}{Q_1}=\frac{\Theta_2}{\Theta_1} \tag{4.5.6}$$

这个关系式只是给出了两个物体温度的比值，要想给出任意物体在该温标下的温度的具体数值，还需选择一个特定的实验上容易实现的冷热状态并标定它的温度值作为测温的参考点。1954 年，国际计量大会决定选择纯水的三相点作为热力学温标的参考点，并规定其温度值为 $\Theta_{tr}=273.16$ K。于是，对于工作在温度为 Θ_{tr} 和 Θ 的两个物体（热源）之间的可逆热机来说，就有

$$\frac{Q}{Q_{\mathrm{tr}}}=\frac{\Theta}{\Theta_{\mathrm{tr}}}$$

只要测出在两个热源处交换的热量，就可以得到待测物体的热力学温度 Θ 的值，即

$$\Theta=273.16\cdot\frac{Q}{Q_{\mathrm{tr}}}(\mathrm{K}) \tag{4.5.7}$$

由式（4.5.7）可以看出，在热力学温标中，热量起着测温参量的作用，它们的比值并不依赖于任何物质的特性，因此热力学温标与测温物质无关，从而有绝对温标的意义，热力学温标也叫开尔文温标。

但是由于可逆循环在实际操作中无法实现，我们不可能制造出一个完善的可逆热机并测量出它所吸收的热量和放出的热量之比，因而热力学温标是一种理论温标，不能真的用来制造相应的温度计并测定温度。

然而可以证明，当选定统一的标度法时，热力学温标给出的温度与理想气体温标给出的温度是一致的，因而在理想气体温标可以适用的范围内，可以用理想气体温标来实现热力学温标。在 4.1.3 中给出了以理想气体为工作物质的卡诺热机的效率为

$$\eta=\frac{W}{Q_1}=1-\frac{Q_2}{Q_1}=1-\frac{T_2}{T_1} \tag{4.5.8}$$

于是可以得到

$$\frac{Q_2}{Q_1}=\frac{T_2}{T_1} \tag{4.5.9}$$

这里的 T_1 和 T_2 是由理想气体温标所确定的温度。由式（4.5.6）和式（4.5.9）可得

$$\frac{\Theta_2}{\Theta_1}=\frac{T_2}{T_1} \tag{4.5.10}$$

这表明热力学温标所确定的两个温度之比与理想气体温标所确定的两个相应温度之比相等。又由于理想气体温标也是以纯水的三相点作为参考点，而它们的标度也相同，因此它们相等，即

$$\Theta=T \tag{4.5.11}$$

这就证明了在理想气体温标能够确定的温度范围内，热力学温标确定的温度与理想气体温标确定的温度相同，所以今后我们也采用 T 来表示热力学温标，单位为 K，读作开尔文。

4.6　可逆绝热过程的唯一性

卡诺循环包括两个等温过程和两个绝热过程，在 $p-V$ 图上，卡诺循环由两条等温线和两条绝热线组成，一条绝热线与一条等温线总相交于一点。那么一条等温线与一条绝热线能够相交两次吗？由热力学第二定律可以证明，这是不可能的。因为相交两次意味着这一条等温线和一条绝热线可以组成一个闭合的循环，这违反热力学第二定律的热力学表述。

事实上在上几节的讨论中，我们默认系统在可逆绝热过程中的路径是唯一的，即

假设在两条等温线确定的情况下，如果一个系统沿着绝热路径从一条等温线上的某个特定状态出发，它总是与另一条等温线相交于同一点。如果不是这样，我们将无法确定系统执行的卡诺循环，并且也无法唯一地确定循环中所做的功。假设绝热过程是唯一的，相当于假设一定有某种状态函数，它对于 $\delta Q=0$ 的（可逆）变化是常数，这个量的恒定性决定了系统的可能状态。然而，我们知道 Q 不是状态的函数，因此需要对所做的假设进行进一步的证明。

下面对简单的双参数系统的情况给予证明，对于多参数系统的情况，需要指出实验上支持绝热过程也是唯一的。对于双参数的情况，选择 p 和 V 作为自变量，系统的内能是 p 和 V 的函数，因此利用 $\mathrm{d}p$ 和 $\mathrm{d}V$ 可以把 $\mathrm{d}U$ 表示成如下的形式

$$\mathrm{d}U=\left(\frac{\partial U}{\partial p}\right)_V\mathrm{d}p+\left(\frac{\partial U}{\partial V}\right)_p\mathrm{d}V \tag{4.6.1}$$

可逆绝热过程可以用

$$\delta Q=\mathrm{d}U+p\mathrm{d}V=0 \tag{4.6.2}$$

来表示。把式（4.6.1）代入式（4.6.2）可得

$$\left(\frac{\partial U}{\partial p}\right)_V\mathrm{d}p+\left[p+\left(\frac{\partial U}{\partial V}\right)_p\right]\mathrm{d}V=0 \tag{4.6.3}$$

这是可逆绝热变化的系统参数必须遵守的微分方程。现在式（4.6.3）中 $\mathrm{d}p$ 和 $\mathrm{d}V$ 的系数都是状态函数，因此系统的所有状态的绝热过程都由形式方程

$$F_1(p,V)\mathrm{d}p+F_2(p,V)\mathrm{d}V=0 \tag{4.6.4}$$

唯一确定。因此，方程式（4.6.4）可从任何初始状态积分，以给出唯一的绝热过程，这就证明了可逆绝热过程的唯一性。然而，对于两个以上自变量的情况，该证明还不能直接推广，因此，到目前为止，先前使用卡诺热机给出的证明仅对两个自由度的系统有效。然而，对于多参数的情况，可以不加证明地指出这个结论也是有效的。在后面会证明存在一个状态函数熵，它在可逆绝热过程中是守恒的。基于这个事实，我们可以得到对于多参数系统，存在一个绝热面，在这个面上状态函数熵是不变的，这也表明对于多参数系统，可逆绝热过程也是唯一定义的。

4.7 克劳修斯不等式

到目前为止，我们讨论了系统只与两个热源交换热量的循环。对于基于这样循环而运行的所有热机，由卡诺定理可知 $\eta\leqslant\eta_{\text{可逆}}$，其中 $\eta_{\text{可逆}}$ 是在两个热源之间运行的可逆热机的效率，把效率的表达式带入 $\eta\leqslant\eta_{\text{可逆}}$ 可得

$$1-\frac{Q_2}{Q_1}\leqslant1-\frac{Q_{r2}}{Q_{r1}} \tag{4.7.1}$$

对上式整理，并考虑式（4.5.8），可以得到

$$\frac{Q_2}{Q_1}\geqslant\frac{Q_{r2}}{Q_{r1}}=\frac{T_2}{T_1} \tag{4.7.2}$$

由不等式的性质可以得到

$$\frac{Q_2}{T_2} \geqslant \frac{Q_1}{T_1} \tag{4.7.3}$$

按照前面的规定，进入系统的热量为正，则上式可以写成

$$\sum \frac{Q}{T} \leqslant 0 \tag{4.7.4}$$

上式对所有工作的两个热源之间的热机都成立，等号适用于可逆热机，小于号适用于不可逆热机，并且热机的不可逆程度越大，左边求和之结果就距离零越远。这样的结果只对于仅有两个热源的热机适用吗？答案是否定的。下面我们将证明式（4.7.4）是一个普适的结果，对于任意复杂程度的普遍循环它都适用。

考虑一个系统 $\sum$（任意工作物质）的一个较为普遍的循环。如图4.16所示，该循环用中心的圆圈来表示。如果该循环是不可逆循环，一般情况下，在循环进行的过程中，系统的中间状态可能不是平衡态，所以系统可能就没有一个统一的温度。因此我们可以设想，系统相继与许多个温度分别为 T_1、T_2，…，T_n 的热源接触（在图中，给出了两热源 T_1、T_2，其余的省略）后交换热量，例如，在与第 i（$i=1, 2, \cdots, n$）个热源接触时，系统吸收 δQ_i 的热量，由状态 i 变成状态 $i+1$，循环一周后回到初始的状态（即由状态 n 变到状态1），完成一个循环。我们记单次循环中系统 $\sum$ 从各热源处吸收热量分别为 δQ_1、δQ_2、…、δQ_n，系统Σ对外部环境做功为

$$W_{\Sigma} = \sum_{i=1}^{n} \delta Q_i \tag{4.7.5}$$

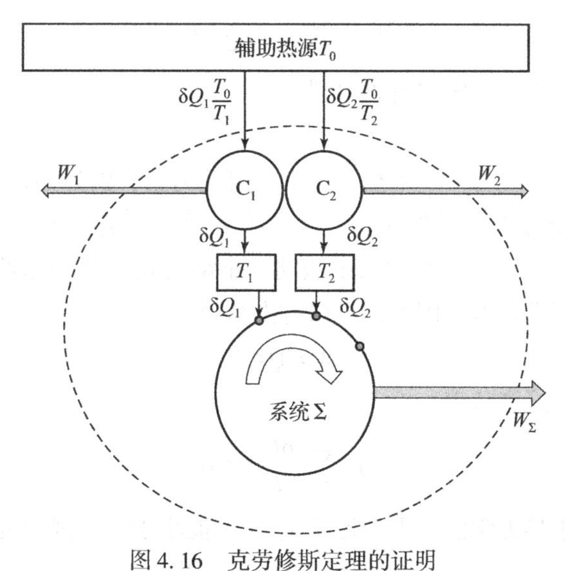

图4.16 克劳修斯定理的证明

下面我们将利用热力学第二定律来证明，吸收的热量满足下面不等式

$$\sum_{i=1}^{n} \frac{\delta Q_i}{T_i} \leqslant 0 \tag{4.7.6}$$

其中“$<$”对应不可逆循环，“$=$”对应可逆循环。

下面我们将借助一个辅助热源和一系列的卡诺热机来证明上述不等式。在辅助热

源和上述的每个小热源之间各运行一个可逆卡诺热机，用卡诺热机来补偿每个热源传递给系统 $\sum$ 的热量，如图 4.16 所示，从第一卡诺热机 C_1 开始，它在辅助热源吸收 $\delta Q_1 T_0/T_1$ 的热量，在热源 T_1 放出 δQ_1 的热量，对外做功 W_1，同时热源 T_1 把这些热量传递给系统 $\sum$，让它从状态 1 变到状态 2；接着第二个卡诺热机 C_2 从辅助热源吸收 $\delta Q_2 T_0/T_2$ 的热量，在热源 T_2 放出 δQ_2 的热量，对外做功 W_2，同时热源 T_2 把这些热量传递给系统 $\sum$，让它从状态 2 变到状态 3；依次进行下去，让卡诺热机在相应的热源 T_i 处输送的热量恰好等于该热源输送给系统 $\sum$ 的热量，并且从辅助热源处吸收 $\delta Q_i T_0/T_i$ 的热量，对外做 W_i 的功，热源 T_i 把这些热量传递给系统 $\sum$，让它从状态 i 变到状态 $i+1$，当第 n 个卡诺热机完成之后，系统 $\sum$ 回到初始状态 1，完成一个循环。

现在考虑由系统 $\sum$、所有卡诺热机和所有小热源组成的复合系统，如图 4.16 中虚线内的部分，系统 $\sum$ 完成一个循环后回到初态，卡诺热机也完成循环回到初态，n 个热源的热量得到补偿，因此，复合系统没有变化，因此 $\Delta U=0$。辅助热源供给复合系统的热量为

$$Q = \sum_{i=1}^{n} \delta Q_i \frac{T_0}{T_i} \tag{4.7.7}$$

复合系统对外做的总功为

$$W = W_{\sum} + \sum_{i=1}^{n} W_i \tag{4.7.8}$$

对符合系统应用热力学第一定律可以得到

$$W = Q \tag{4.7.9}$$

如果我们把复合系统看作一个热机，W 不可能为正，因为如果 $W>0$ 则它从辅助热源吸收 Q 的热量，全部用来对外做功，这与热力学第二定律的开尔文表述相违背。W 可以是负值，这种情况对应外部对系统做功，全部转化成热输送给辅助热源；W 也可以为零，表明什么都没有做。因此，可以得出结论

$$W = Q \leqslant 0 \tag{4.7.10}$$

从上面的分析来看，这意味着

$$T_0 \sum_{i=1}^{n} \frac{\delta Q_i}{T_i} \leqslant 0 \tag{4.7.11}$$

在这个式子中，对于热力学温标下的温度 T_0 不可能小于零，因此有

$$\sum_{i=1}^{n} \frac{\delta Q_i}{T_i} \leqslant 0 \tag{4.7.12}$$

这样就证明了系统从 n 个热源吸热的任意循环过程的克劳修斯不等式（4.7.6），其中等号对应可逆循环，小于号对应于不可逆过程。

现在考虑 $n\to\infty$ 的情形，设想系统在经历任意循环过程中，依次与一系列无穷多个热源接触，每相邻的两个热源之间温差极小，可以看成是连续变化的，系统从温度为 T

的热源吸收 δQ 微量热，在这个极限下，求和变成积分

$$\oint \frac{\delta Q}{T} \leqslant 0 \tag{4.7.13}$$

称这个式子为克劳修斯不等式。由该不等式可知：

对于任意的循环，不等式 $\oint \delta Q/T \leqslant 0$ 都成立，对于所有的可逆过程取等号。

克劳修斯不等式是热力学中的一个重要结果，因为对不可逆过程的整个处理都将遵循它。

如果循环是可逆的，循环可以沿着相反的方向进行，此时外部对复合系统做功 W，将等量的热 $T_0 \sum_i \delta Q_i / T_i$ 传给辅助热源 T_0。为了不违反热力学第二定律的开尔文表述，需满足

$$W = Q = T_0 \sum_i \frac{\delta Q_i}{T_i} \geqslant 0 \tag{4.7.14}$$

因此对于可逆过程需要同时满足式（4.7.11）和式（4.7.14），满足这两个不等式的唯一方法是

$$\sum_{i=1}^{n} \frac{\delta Q_i}{T_i} = 0 \tag{4.7.15}$$

当 $n \to \infty$ 时，上式变为

$$\oint_R \frac{\delta Q}{T} = 0 \tag{4.7.16}$$

这里的下标 R 强调了这里的等号只对可逆过程有效。对于可逆过程，提供热量的外部热源的温度和工作物质的温度相等，因此这里的 T 可以看作是工作物质的温度。

有两点需要说明：第一，在证明克劳修斯不等式的过程中，强调积分内出现的温度 T 是向工质供热的辅助热源的温度，因此，它是外部热源的温度，只有在可逆过程的情况下，它才是工作物质的温度；第二，式（4.7.13）中不等号主要基于这样一个事实，即在证明中，热量总是流入热机，这就要求外部热源的温度大于工作物质的温度，而等号则只对于两个温度相等的可逆情况成立。

4.8　熵

4.8.1　熵是状态函数

熵的概念是克劳修斯定理的一个直接结果。假设一个系统沿着可逆路径 R_1，从初始状态 i 到末状态 f，然后沿着另一个可逆路径 R_2 再次回到初始状态，完成可逆循环。图 4.17 中以气体系统为例来说明这个情况。

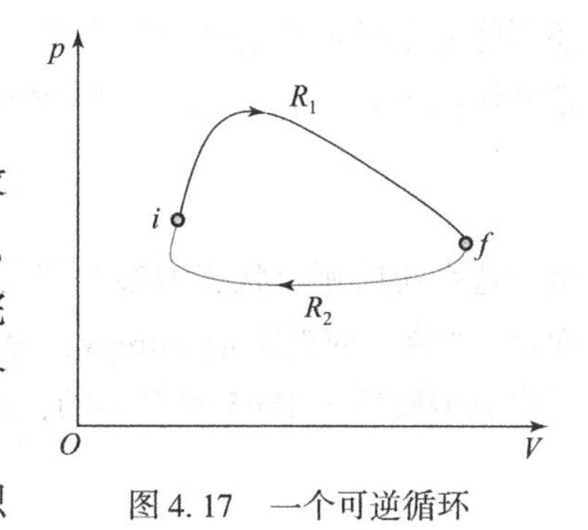

图 4.17　一个可逆循环

对于可逆过程，由克劳修斯不等式可知，循环积

分一周结果为零。由于循环由两个可逆路径 R_1 和 R_2 组成，则有

$$0 = \oint \frac{\delta Q}{T} = \int_{R_1 i}^{f} \frac{\delta Q}{T} + \int_{R_2 f}^{i} \frac{\delta Q}{T} \tag{4.8.1}$$

则

$$\int_{R_1 i}^{f} \frac{\delta Q}{T} = -\int_{R_2 f}^{i} \frac{\delta Q}{T} \tag{4.8.2}$$

但是，由于路径 R_2 是可逆的，逆向积分与正向积分的值差一个负号，即

$$\int_{R_2 i}^{f} \frac{\delta Q}{T} = -\int_{R_2 f}^{i} \frac{\delta Q}{T} \tag{4.8.3}$$

因此我们得到

$$\int_{R_1 i}^{f} \frac{\delta Q}{T} = \int_{R_2 i}^{f} \frac{\delta Q}{T} \tag{4.8.4}$$

这意味着对于任何物质，在两个平衡状态之间积分 $\int_{R i}^{f} (\delta Q_{可逆}/T)$ 与积分所经历的路径无关，因此系统存在一个状态函数，用 S 来表示，称之为熵，其定义为

$$\Delta S = S_f - S_i = \int_{R i}^{f} \frac{\delta Q}{T} \tag{4.8.5}$$

即熵在末态和初态之间的差值等于 $\delta Q/T$ 沿着任意可逆路径进行的积分。式（4.8.5）可以看作是热力学第二定律对可逆过程的数学表达式，熵与内能一样是系统的状态函数，在热力学理论中占有核心地位。

从式（4.8.5）可以定义熵的微分形式

$$\text{对于一个无穷小的可逆过程} \quad dS = \frac{\delta Q}{T} \tag{4.8.6}$$

从定义式（4.8.6）来看，dS 是系统经历准静态元过程前、后两个无限近邻状态的熵变化量，dS 是状态参量的全微分，而 δQ 是系统在经历准静态元过程中从外界吸收的微量热，不是状态参量的全微分，但 δQ 与 $1/T$ 的乘积却变成与具体准静态元过程无关的状态参量的全微分，$1/T$ 就是 δQ 的积分因子。熵这个物理量与内能和焓相似，是个广延量，即系统的熵等于系统各个组成部分的熵的之和。从熵的定义式还可以看出，熵的单位是能量单位除以温度的单位，在国际单位制中熵的单位为焦耳/开，简写为 J/K。

从熵的定义式（4.8.5）可以看出，熵是通过熵差来定义的，因此，从式（4.8.5）还不能完全确定系统各个状态的熵值。只有设定某个选定的状态 a 作为参考状态并设定其熵值 S_a后，任一状态 b 的熵值 S_b 才能确定为

$$S_b = S_a + \int_a^b \frac{\delta Q}{T} \tag{4.8.7}$$

至于选系统的哪个状态为参考状态并如何设定参考状态的熵值，可视处理问题的方便而定。“熵”的英文是 entropy，源于希腊语的“en”内部和“tropos”转换的组合。它是由克劳修斯于 1865 年发明的，他打算用这个词来表达将热量转化为功的想法。

4.8.2 熵的计算

计算各种系统在热力学过程前后状态的熵变量（熵差）是一个很重要的问题，在应用式（4.8.5）计算熵变时，积分的过程必须沿着可逆路径进行。至于不可逆过程，由于熵的增量只由初、末状态决定而与过程无关，因此，无论系统经过一个什么样的过程由初始状态 i 变到末状态 f，我们都可以设想一个联系状态 i 和状态 f 的可逆过程，由计算这个设想的可逆过程的热温比的积分而得出实际不可逆过程的熵增量，下面通过计算一些系统的熵差问题来说明如何通过辅助的可逆过程去计算不可逆过程的熵变。在这里，可逆过程不是作为实际过程的近似，而是作为计算的手段。

例6 试求理想气体的熵。

解： 根据熵的定义式 $dS=\delta Q/T$，由理想气体的热力学第一定律有

$$\delta Q=dU+pdV$$

把它代入熵的定义式可得

$$dS=\frac{dU+pdV}{T}=\nu C_{V,m}\frac{dT}{T}+\nu R\frac{dV}{V}$$

如果温度变化范围不大，可以把 $C_{V,m}$ 当作常量，则经过积分可得

$$S-S_0=\nu C_{V,m}\ln T/T_0+\nu R\ln V/V_0$$

此即以 T，V 参量表示的理想气体的熵的表示式。式中，S_0 为气体在参考态（T_0，V_0）时的熵值。

例7 已知理想气体初始体积为 V_1，经绝热自由膨胀后体积变为 V_2，求这个过程中理想气体的熵变。

解： 在绝热自由膨胀过程中，没有热传导，$Q=0$，对外部不做功，$W=0$，则理想气体的内能不变，$\Delta U=0$，因此它的温度也不变，过程是不可逆过程。但是其初始状态和末状态为确定的平衡态，所以其熵变是固定的值。为了求此不可逆过程中的熵变，我们需要首先在初、末态之间构造一个可逆过程。

设想系统经历了一个可逆等温膨胀过程，理想气体的体积准静态地从 V_1 膨胀到 V_2。等温过程中 $\Delta U=0$，所以吸收的热量等于对外界所做的功，$\delta Q=pdV$，于是可以利用熵变的计算式来计算熵变

$$\begin{aligned}S_2-S_1&=\int_1^2\frac{\delta Q}{T}=\int_1^2\frac{p}{T}dV\\&=\nu R\int_{V_1}^{V_2}\frac{dV}{V}=\nu R\ln\frac{V_2}{V_1}>0\end{aligned}$$

结果大于零，因此不可逆过程的熵增大。

需要说明一点，对于绝热过程，$\delta Q=0$，如果把它直接代入式（4.8.5）进行计算，就会得到熵增加为零的结果。这显然是不对的，其原因就在于气体自由膨胀是不可逆过程，不能直接用式（4.8.5）来计算此过程的熵增量。但是如果是对于可逆绝热过程，则熵增量为零，这可以看作可逆绝热过程的特征。

例8 已知水的比热为 c，将质量同为 m 而温度分别为 T_1 和 T_2 的两杯水在等压条件

下绝热地混合，求熵变。

解：这是一个温差非无限小的热传导过程，因此整个过程为不可逆过程，需要先确定其初、末状态，然后设计可逆过程来计算熵变。

两杯水绝热混合，终态温度为 $(T_1+T_2)/2$。

然后我们设想一系列彼此温差为无穷小的热源，其温度分布于 T_1 到 $(T_1+T_2)/2$ 和 T_2 到 $(T_1+T_2)/2$ 之间。令两杯水分别依次与这些热源接触，使水温分别由 T_1 和 T_2 变到 $(T_1+T_2)/2$，在此过程中，热量是在温差为无穷小的物体间进行交换的，可以认为是可逆过程。

水的比热为 c，变化 $\mathrm{d}T$ 温度所交换的热量为

$$\delta Q = mc\mathrm{d}T$$

相应的熵变为

$$\mathrm{d}S = mc\frac{\mathrm{d}T}{T}$$

初始温度为 T_1 的水在其温度变为 $(T_1+T_2)/2$ 过程的熵变为

$$\Delta S_1 = \int_{T_1}^{\frac{T_1+T_2}{2}} \frac{mc\mathrm{d}T}{T} = mc\ln\frac{T_1+T_2}{2T_1}$$

初始温度为 T_2 的水在其温度变为 $(T_1+T_2)/2$ 过程的熵变为

$$\Delta S_2 = \int_{T_2}^{\frac{T_1+T_2}{2}} \frac{mc\mathrm{d}T}{T} = mc\ln\frac{T_1+T_2}{2T_2}$$

混合后总的熵变为

$$\Delta S = \Delta S_1 + \Delta S_2 = mc\ln\frac{(T_1+T_2)^2}{4T_1T_2}$$

可以证明当 $T_1 \neq T_2$ 时，$(T_1+T_2)^2 > 4T_1T_2$，即 $\Delta S > 0$。

这个结果表明，通过一个非等温热传导（不可逆）过程，绝热系统的熵增加了。

例 9 一个非常小的电流 I 通过电阻值为 R 的电阻器，经历了 t 时间。若电阻器置于温度为 T 的恒温水槽中，求：

(1) 电阻器及水的熵分别变化多少？

(2) 若电阻器的质量为 m，比定压热容 c_p 为常量，电阻器被一绝热壳包起来，那么电阻器的熵又如何变化？

解：(1) 可认为电阻加热器的温度比恒温水槽温度高一无穷小量，这样的传热是可逆的，因此水的熵变为

$$\Delta S_{水} = \int\frac{\delta Q}{T} = I^2Rt/T$$

由于在电阻器中发生的是将电功转变为热的耗散过程，这是不可逆过程，不能用 $T\mathrm{d}S = (\delta Q)_{可逆}$ 计算电阻器的熵变。然而对于电阻器的状态来说，因为小电流导致电阻器内部温度的不均匀可忽略，而电阻器的温度、压强和体积均未变，故电阻器的状态不变，所以其熵变为

$$\Delta S_{电阻器} = 0$$

这时电阻器与水的总熵变为

$$\Delta S_{总} = \Delta S_{电阻器} + \Delta S_{水} = I^2Rt/T > 0$$

（2）电阻器被一绝热壳包起来后，热量无法外泄而被电阻器吸收，因而电阻器的温度升高。假定电阻器初态温度为 T，末态温度为 T'，则由

$$mc_p(T' - T) = I^2Rt$$

可得

$$\frac{T'}{T} = 1 + \frac{I^2Rt}{mc_pT}$$

因整个过程是不可逆过程，我们需设想一个连接相同初、末状态的可逆过程，可以沿着这个过程积分来计算熵变。

$$\Delta S'_{电阻器} = \int_T^{T'} \frac{\delta Q_{可逆}}{T} = \int_T^{T'} \frac{mc_p}{T}\mathrm{d}T = mc_p\ln\frac{T'}{T}$$

于是得到

$$\Delta S'_{电阻器} = mc_p\ln\left(1 + \frac{I^2Rt}{mc_pT}\right) > 0$$

对于电功变成热量的过程，总的熵是增加的。

从以上几个例子中可以看出，孤立系统内发生的热传导、自由膨胀或功变热等实际热过程都是使系统的熵增加的过程。事实上这是一个普适的规律，可以在理论上进行严格的证明。

4.8.3　熵增加原理

克劳修斯不等式（4.7.13）包含了深刻的含义，即只有当系统的净熵增加或保持不变时，过程才能发生，我们用图4.18所示的循环来解释其中的原因。图4.18包括一个从 i 到 f 不可逆路径，和一个从 f 返回 i 的可逆路径，这里以气体系统为例来讨论，然而，这里给出的论点是一般性的，克劳修斯不等式给出

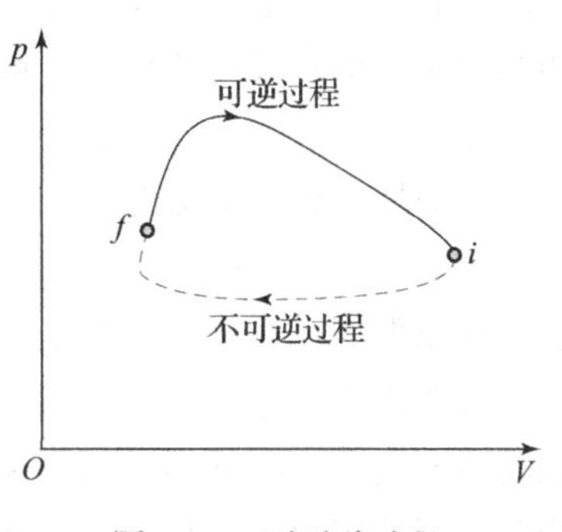

图4.18　不可逆过程

$$\oint \frac{\delta Q}{T} \leqslant 0 \tag{4.8.8}$$

如果路径 i 到 f 是可逆的，则整个循环都是可逆的，等号成立。

对于一般的情况，我们把式（4.8.8）改写成

$$_{不可逆}\int_i^f \frac{\delta Q}{T} + {}_{可逆}\int_f^i \frac{\delta Q}{T} \leqslant 0 \tag{4.8.9}$$

由于从 $f \to i$ 是可逆的，上式可以改写为

$$_{不可逆}\int_i^f \frac{\delta Q}{T} \leqslant -{}_{可逆}\int_f^i \frac{\delta Q}{T} = {}_{可逆}\int_i^f \frac{\delta Q}{T} = S_f - S_i \tag{4.8.10}$$

对于无穷小的过程，有

$$\frac{\delta Q}{T} \leqslant dS \tag{4.8.11}$$

如果过程是可逆的，则等号成立。式（4.8.11）说明，在一对平衡态之间的一个极小的不可逆过程中，有一个确定的熵变 dS，它大于不可逆过程中提供的热量除以外部热源的温度。注：不要将此热量与用于计算 dS 的任何假想可逆过程中提供的热量混淆。

假设现在系统是绝热的，则有

$$\delta Q = 0 \text{ 同时 } dS \geqslant 0 \tag{4.8.12}$$

或者对于有限过程有

$$S_f - S_i = \Delta S \geqslant 0 \tag{4.8.13}$$

于是可以得出一个重要的结论即熵增加原理：

绝热系统的熵在任何不可逆过程中增加，在可逆过程中不变。

这就是熵增加原理，也是利用熵概念所表述的热力学第二定律。

熵增加原理提供了判断不可逆过程方向的普遍准则：

不可逆绝热过程总是向着熵增加的方向进行；可逆绝热过程则是沿着等熵路径进行。

下面我们来讨论孤立系统的情况。孤立系统的特点是与外界不发生任何相互作用，因此在其内部所发生的任何过程都是绝热过程。由上面的讨论可知它的熵总不减少，所以熵增加原理又可表述为：**一个孤立系统的熵永不减少**。实际上，在孤立系统内自发进行的涉及热现象的实际过程都是不可逆过程，过程进行的结果是使系统的状态由初始的非平衡态最终转化为平衡态，达到平衡态以后系统的状态就保持在平衡态上不再变化为止。这表明，在系统的状态由非平衡态向平衡态变化的过程中，它的熵总在不断地增加，到达平衡态时，它的熵达到其极大值。熵的这个特点说明，可以利用熵的变化来判断自发过程进行的方向（沿着熵增加的方向）和限度（熵增加到极大值），熵增加原理的重要意义就在于此。

值得指出的是，对于非孤立系统，它的熵既可以增加也可以减少。尽管我们所研究的系统通常情况下不是孤立系统，但是，可以通过扩大系统的边界，把与系统发生相互作用的周围环境与系统一起看作复合系统，从而组成一个大的孤立系统，然后可以对这个大的孤立系统运用熵增加原理。

关于热力学第二定律，前面介绍了其两种文字表述，这里又讨论了熵增加原理，而它们之间的关系又是如何呢？

热力学第二定律的开尔文表述指出，不存在从单一热源吸热并将它全部转变成有用功而不产生其他影响的热机。如果存在这样的热机，温度为 T 的热源的熵就会减少 Q/T，热机及工作物质则在经历了一个循环后又回到它的初态而保持熵不变，因而热机、工作物质和与其有热交换的外界一起所组成的“孤立系统”的总熵就减少了。这是违背熵增加原理的，所以我们只能得出“违背开尔文表述的热机不存在”的结论，也就是说熵增加原理与开尔文表述是一致的。

克劳修斯表述指出，不存在其唯一效果是将热量从低温物体传递到高温物体的制冷机。如果存在这样的制冷机，低温物体的熵会减少 Q/T_2，相应地，高温物体的熵会

增加 Q/T_1，制冷机及工作物质则因经历一个循环后回到它初态而保持熵不变。但是由于 $T_2 < T_1$，制冷机、工作物质和与其有热交换的外界一起所组成的“孤立系统”的总熵就减少了，这违背了熵增加原理，所以只能得出结论：违背克劳修斯表述的制冷机是不存在的。也就是说熵增加原理与克劳修斯表述是一致的。

4.8.4　温－熵图

由前面的讨论可知，对于简单的热力学系统的状态可以用任意一对独立的状态参量来表示。熵是状态函数，可以用系统的状态参量来表示。然而从另外一个角度来看，我们也可以把熵看作系统的状态参量，用它来表示其他的状态函数。在某些时候，这样的表示显得形式更为简洁。

一个系统的状态，可以用大家熟知的状态参量 p 和 V 描述，这是前面经常采用的方式，但是我们也可以把 S 和 T 作为状态参量来描述系统的状态。在前面的讨论中经常在 $p-V$ 图上用一条连接一系列平衡状态的线来表示一个可逆过程，同样地在 $T-S$ 图上也可以这样做。

由 $\delta Q = T\mathrm{d}S$ 可知，可逆绝热过程是等熵过程。因此，可逆绝热过程在 $T-S$ 图上显示为与 T 轴平行的直线，如图 4.19 所示。可逆等温过程在 $T-S$ 图上用一条平行于 S 轴的直线表示，因此，卡诺循环的循环是 $T-S$ 图上的一个矩形，与前面的 $p-V$ 图上的卡诺循环相比，这个卡诺循环的图示更为简洁，更容易计算循环所围成的面积，进而计算其效率。

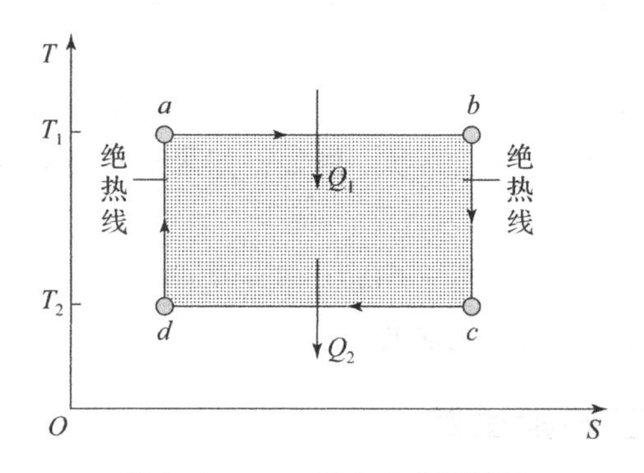

图 4.19　$T-S$ 图上的卡诺循环

回忆前面在利用 $p-V$ 图讨论循环时，经常利用这样一个事实，即在一个循环内所做的净功是 $p-V$ 图上循环所围区域的面积，在 $T-S$ 图也有一个类似的结果。对于任何可逆过程，吸收的热量可以表示为

$$Q = \int_R T\mathrm{d}S \tag{4.8.14}$$

所以在图 4.19 中正方形所围的阴影区域的面积给出了卡诺循环中吸收的净热量，这一事实使得 $T-S$ 图在工程上有着广泛的应用。与 $p-V$ 图上净功的正负号确定的原则一样，$T-S$ 图中净热量的正负号也取决于循环的路径环绕方向，顺时针为正，逆时针为负。

4.8.5 热力学恒等式

如果把热力学第一定律和第二定律结合起来，可以得到一个重要的热力学恒等式。热力学第一定律的微分形式为

$$\mathrm{d}U = \delta Q + \delta W$$

这个式子对可逆过程和不可逆过程都适用。对于一个无穷小的可逆过程，

$$\delta W = -p\mathrm{d}V \text{ 和 } \delta Q_R = T\mathrm{d}S$$

因此可以得到

$$\mathrm{d}U = T\mathrm{d}S - p\mathrm{d}V \tag{4.8.15}$$

这个方程不仅包含能量守恒与转换的热力学第一定律，而且也暗含了热力学第二定律的内容，是平衡态热力学中的基本方程。

式（4.8.15）不仅仅适用于可逆过程，对于所有过程都适用。该式中的所有量都是状态函数，其值由无穷小过程的端点（p，T）和（$p+\mathrm{d}p$，$T+\mathrm{d}T$）确定，因此，增量 $\mathrm{d}U$、$\mathrm{d}S$ 和 $\mathrm{d}V$ 也是确定的，不依赖于连接两个端点的具体路径的选择，所以它们之间的任何关系都与过程是否可逆无关。

这是一个非常大的优势，因为式（4.8.15）是 p、V、T 和 S 之间的一般关系，适用于两个紧邻平衡态之间的所有路径，且无论它们是否可逆，方程式都成立。式（4.8.15）中表示的关系称为热力学恒等式，它在热力学中非常重要，被称为热力学的主方程。可以不夸张地说，整个热力学科学都依赖于这个方程，在热力学中由它可以得出许多有用的结果。

最后，需要注意的是，式（4.8.15）只考虑了体积功 $p\mathrm{d}V$。当还有其他类型的功存在时，必须在主方程中加入相应的项。例如，如果还存在磁化功，则必须将方程修改为

$$\mathrm{d}U = T\mathrm{d}S - p\mathrm{d}V + B_0\mathrm{d}M \tag{4.8.16}$$

式中，B_0 为磁感应强度；M 为磁化强度。

4.8.6 自由能与吉布斯函数

在讨论热力学第一定律的时候定义了状态函数系统的内能 U，它具有能量的量纲，当系统从一个平衡态变化到另一个平衡态时，无论系统经历了何种路径，系统的 U 的变化都相同，这使得 U 成为一个非常有用的物理量。在讨论热力学第二定律时引入了状态函数熵的概念。相应的熵增加原理，提供了判断不可逆过程方向的普遍准则，它不仅可以直接用于判断绝热过程的方向，对于系统所经历的过程不是绝热的情况，总可以把与系统发生热量交换的那部分外界和原来的系统一起组合成一个更大的复合系统；这个复合系统满足绝热的条件，因而可以用熵增加原理判断其中发生的不可逆过程的方向，因此，原则上说判断不可逆过程方向的问题已经完全解决了。

然而许多需要判断不可逆过程方向的实际问题所涉及的是等温过程，为了直接判断等温过程的方向，引入新的状态函数自由能与吉布斯函数会带来很大的方便。本节

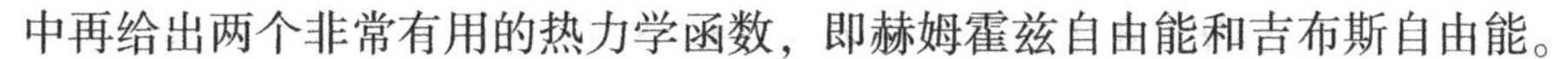

中再给出两个非常有用的热力学函数，即赫姆霍兹自由能和吉布斯自由能。

在处理热力学问题时，我们经常会遇到这样的过程：系统初态和末态的温度与恒定热源的温度相等，即 $T_i = T_f = T$。这可以有两种类型的过程满足这个条件，第一种是可逆等温过程，系统的温度自始至终与热源的温度相同；第二种是不可逆过程，过程中间系统有可能处于非平衡态而不存在恒定的温度，但满足 $T_i = T_f = T$ 的条件。将热力学第一定律和第二定律运用于满足这个条件的过程，可以引入一个新的很有用的热力学函数自由能。

如果用 T 来表示与系统发生相互作用的恒温热源的温度，当系统由初始状态变到某一任意状态时，对式（4.8.10）左端进行积分，由于 T 是定值，可以从积分中提出来，于是可得

$$S_f - S_i \geqslant \frac{Q}{T} \tag{4.8.17}$$

式中，Q 为系统在等温过程中从外界吸收的热量；等号适用于可逆过程，不等号适用于不可逆过程。根据热力学第一定律 $Q = U_f - U_i - W$，则由式（4.8.17）可得

$$S_f - S_i \geqslant \frac{U_f - U_i - W}{T} \tag{4.8.18}$$

在式（4.8.18）两端同时乘以 T，并把除了功以外的项整理到等式的左侧可得

$$(U_i - TS_i) - (U_f - TS_f) \geqslant -W \tag{4.8.19}$$

由此式可看出，由于 U、T、S 都是状态函数，则（$U - TS$）也是一个状态函数，我们把它定义为自由能，现以 F 来表示，即

$$F = U - TS \tag{4.8.20}$$

则式（4.8.19）可以改写

$$F_i - F_f \geqslant -W \tag{4.8.21}$$

其中，等号对应于可逆等温过程，不等号对应于不可逆等温过程。式（4.8.21）说明，在可逆等温过程中，系统对外界所做的功等于自由能的减少；在不可逆等温过程中，系统对外界所做的功小于自由能的减少。**系统自由能的减少量是在等温过程中所能做出的功的最大值，这就是最大功原理。**

由式（4.8.20）可得 $U = F + TS$，由此可以认为系统的自由能 F 是内能的一部分，这部分在可逆等温过程中转化为功。所以，F 是内能中可能做功的、自由的部分，这就是“自由能”名称的意义，而 TS 这部分能量不能转化为功，有时把 TS 叫作束缚能。

如果在讨论的过程中除体积功外不涉及其他形式的功，当系统的体积不变时，$W = 0$，于是由式（4.8.21）可得

$$\Delta F = F_f - F_i \leqslant 0 \tag{4.8.22}$$

这说明在等温等体过程中，系统的自由能永不增加，或者说，在等温等体条件下，系统发生的不可逆过程总是向着自由能减少方向进行。所以，可以用自由能的变化判断等温等体过程进行的方向。

对于简单的只存在体积功的系统，有 $\delta W = -p\mathrm{d}V$，由自由能的定义式（4.8.20）可得

$$dF = d(U - TS) = dU - TdS - SdT \tag{4.8.23}$$

把 $dU = TdS - pdV$ 代入上式可得

$$dF = -SdT - pdV \tag{4.8.24}$$

这就是用自由能 F 表示的热力学基本方程式。

下面考虑广义等温、等压过程：①热源维持恒定的温度 T，系统初态与终态的温度与热源相同，即 $T_1 = T_2 = T$；②外界维持恒定的压强 p，系统初态与终态的压强与外压强相同，即 $p_1 = p_2 = p$。对于可逆过程，系统的温度和压强自始至终与外界的温度与压强相同，但我们对系统在不可逆过程的中间态温度与压强不做任何限制，甚至允许系统内部没有单一的温度和压强。

前面已经给出在等温过程中

$$S_f - S_i \geqslant \frac{U_f - U_i - W}{T} \tag{4.8.25}$$

对等压过程，体积变化功为 $-p(V_f - V_i)$，则一般可将总功 W 写成

$$W = W_1 - p(V_f - V_i) \tag{4.8.26}$$

式中，W_1 为除了体积变化功以外的其他形式的功（例如电磁功），代入式（4.8.25）可得

$$S_f - S_i \geqslant \frac{U_f - U_i + p(V_f - V_i) - W_1}{T} \tag{4.8.27}$$

定义状态新的状态函数 G 为

$$G = U - TS + pV \tag{4.8.28}$$

称为吉布斯自由能。于是式（4.8.27）可以表达为

$$G_i - G_f \geqslant -W_1 \tag{4.8.29}$$

上式表明，在等温等压过程中，除体积功外，系统对外所做的功不大于吉布斯自由能的减少。换句话说，吉布斯自由能的减少是等温等压过程中，除体积功外系统所能获得的最大功。

假如没有其他形式的功，即 $W_1 = 0$，式（4.8.29）可化为

$$\Delta G = G_f - G_i \leqslant 0 \tag{4.8.30}$$

上式表明，**在等温等压过程中系统的吉布斯自由能永不增加：可逆过程不变；不可逆过程减少**。由此提供直接判断不可逆等温等压过程方向的普遍准则，即过程向着吉布斯函数减小的方向进行。

对于简单的只存在体积功的系统，可以得到

$$dG = -SdT + Vdp \tag{4.8.31}$$

这就是用吉布斯自由能 G 表示的热力学基本方程式。

4.9 热力学第二定律及熵的统计意义

一个同外界环境不进行物质和能量交换的孤立系统内部发生的所有实际热力学过程，都会引起系统的熵增加。换句话说，不受外界影响的孤立系统总是会自发地从熵

值小的状态过渡到熵值大的状态，最终会达到系统熵值最大的平衡状态而稳定下来。其逆向过程，即孤立系统从熵值大的状态向熵值小的状态的变化过程，则是不会自发进行的。如果想搞清楚自然界中实际的热过程是不可逆的深层原因，那么需要从微观的角度更深刻地了解和认识熵及热力学第二定律的统计意义。

4.9.1　不可逆性的微观解释

在第 1 章中已经指出，热力学系统都是由大量的微观粒子组成的，而对热力学系统的描述则可以从宏观和微观两个不同的角度来描述。从宏观角度对系统的描述对应系统的宏观状态，是指系统的温度、压强、物质的量等状态参量都确定时所确定的宏观状态；从微观角度对系统的描述给出的态为微观状态，当组成系统的每个分子的位置和速度等微观量都已确定时，对应于系统的一个确定的微观状态。换句话说，宏观状态不区分单个分子的状态，而只对系统整体给出统计描述；而微观状态则需要系统中每个粒子的状态都确定。又由于一个热力学系统包含的粒子个数非常大，所以一个确定的宏观态必定与许多不同的微观态相对应。

为了易于理解这个事实，我们用一个简化的例子来说明宏观态和微观态的区别。如图 4.20 所示，一个容器被中间隔板分为体积相等的左、右两个部分，其中有 4 个分子在运动。设原来气体分子全部集中在左侧容器内，当抽去隔板后，由于分子的运动和碰撞，每个分子都有可能在左侧，也有可能在右侧，但究竟是出现在左侧还是右侧，却完全是偶然的。因此，这 4 个分子在容器中可能形成很多种不同的分布，每种确定的分布对应系统的一个确定状态。对于 4 个分子的情况，图 4.20 给出了所有分布，图中已给 4 个分子标上 1、2、3、4 四个序号以示区别。

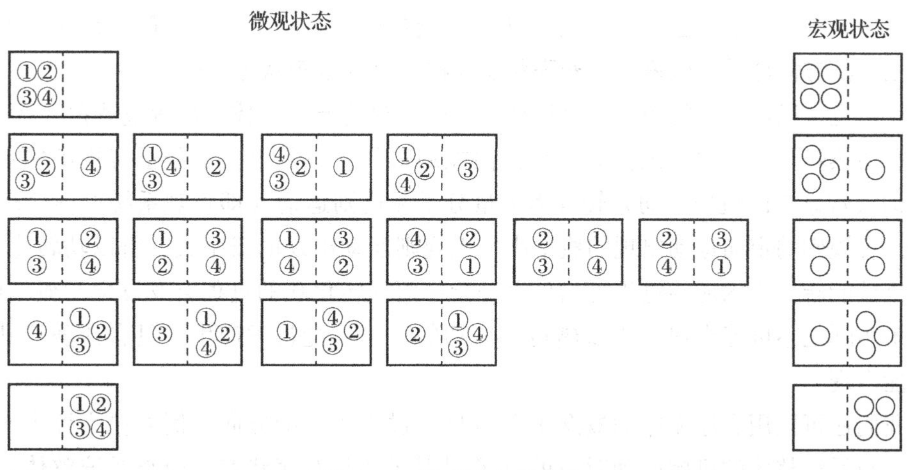

图 4.20　宏观态与微观态

根据第 1 章介绍的概率知识，任一个分子处于左侧或是处于右侧是独立事件，每个分子的位置都有两种可能，因此 4 个分子可以有 $2^4=16$ 种可能的分布状态，对应于图 4.20 中左侧给出标号的 16 种情况。按照统计物理中的**等概率假设**，可认为这些分布状态出现的概率相等，则每种分布出现的概率为 1/16。我们把这种区分分子个体的分布状态称为**微观状态**。如果不区分分子个体，只关心左、右两侧的分子个数，则可以得到图中最右侧的一列5种分布状态，称之为**宏观状态**。容易发现，5个宏观状态中，每一个宏观状态对应的微观状态的数目不等，两边平分的情况对应的微观状态数目最多，为6个；而4个分子都集中到左侧或者右侧的宏观状态都分别只对应一种微观状态。这个例子表明，**一个宏观状态可以对应许多个微观状态**。

我们可以根据宏观状态对应热力学微观状态的数目来计算出该宏观状态出现的概率。由等概率假设可知，每一个微观状态出现的概率相等。根据概率相加原则，一个宏观状态出现的概率，等于它对应的所有微观状态出现的概率之和。例如在本例中，两边平分的宏观状态的概率为$(1/16)\times 6=6/16$，而4个分子全部集中在右侧的概率为1/16，因此4个分子自动全部位于左侧或右侧的可能性是存在的。这一事实说明，对于少数分子构成的系统来说，其自由膨胀过程并非不可逆。

但是如果分子数非常大，所有分子集中在同侧的概率就变得非常之小。设总分子数目为N，则N个分子全部分布在左侧的概率为$(1/2)^N$，一般的热力学系统的分子个数都在10^{23}的量级。所以，如果气体初始时全部集中在左侧，然后自由膨胀，最后趋于稳定，在这之后所有分子全部自动缩回到左侧的概率应为$(1/2)^{10^{23}}$。这个概率非常小，因此由大量分子构成的气体在自由膨胀后又自动收缩回来的现象几乎是不可能发生的。也就是说，气体自由膨胀这一过程是一个不可逆过程。从统计的观点来看，这不是绝对的不可逆，而是概率太小，实际上观察不到。容易计算出当分子的数量N增加时，分子均匀分布和接近均匀分布的概率变得很大。从概率的角度来看，气体的自由膨胀过程，其实就是由概率小的宏观状态向概率大的宏观状态进行的过程。

从上述实例分析得出的结论，实际上具有普遍意义。热力学第二定律就是从统计意义上指出了自然过程进行方向所遵从的普遍规律，它指出：**一个孤立系统内部发生的过程，其方向总是由概率小的宏观状态向概率大的宏观状态进行。**

我们也可以从统计的角度来解释功热转化、热传导、气体扩散等过程的不可逆性。比如在功热转化问题中，机械能转化为内能的过程，就是由大量分子有规则的定向运动（即宏观系统的机械运动）转变为大量分子无规则运动（即宏观系统的热运动）的过程。有规则的定向运动出现的概率小，无规则运动出现的概率大，所以功转化为热，即由机械能转化为内能的过程可以自发进行；而热转化功的过程自发发生的概率极小，以至于实际上不可能出现。所以热转化为功的过程不能自发产生，只有伴随着其他影响才能出现。

我们还可以用有序无序的概念来分析自发过程进行的方向，例如在摩擦生热的过程中，与系统整体的机械运动对应的分子规则运动是有序状态，而与系统整体的热运动对应的分子无规则运动是无序状态；气体自由膨胀过程中，分子全部聚集在容器中的某个区域是有序状态，而分子杂乱分布于容器各处是无序状态。系统内分子（运动和位置分布）的有序程度高的状态对应着较小的概率，而无序程度高的状态对应着较大的概率，因此热力学第二定律又可表为：**自发过程进行的方向总是从有序程度高的状态向无序程度高的状态进行**，而平衡状态则对应着最无序的状态。

4.9.2　玻尔兹曼熵

前面已经指出，热力学系统的一个宏观状态可以对应许多个微观状态。我们称**一个宏观状态对应的微观状态的数目为该宏观状态的热力学概率，用 Ω 表示**。Ω 之所以被称为热力学概率，是因为在统计物理学中，**给定宏观状态发生的概率与 Ω 成正比**。

对于任何粒子数非常大的热力学系统，总有一些宏观状态对应的热力学概率比其他宏观状态大很多，这实际上就是实验上观察到的平衡状态。热力学第二定律可以用热力学概率的概念来重述，即**孤立系统内部发生的过程总是从热力学概率小的状态向热力学概率大的状态过渡**。这个说法与前面用熵来叙述热力学第二定律的说法类似，因此可以猜测，熵与热力学概率之间应该有一定的比例关系。

熵是广延量，因此两个独立热力学系统组成的复合系统的熵是 S_1+S_2。再来看热力学概率，如果第一个系统的宏观状态对应的微观状态数目是 Ω_1，第二个系统的宏观状态对应的微观状态数目是 Ω_2，那么由概率论可知，两个系统构成的复合系统的宏观状态对应的微观状态数目是

$$\Omega=\Omega_1\Omega_2$$

因此可以猜测熵与热力学概率存在着如下关系：

$$S=k\ln\Omega \tag{4.9.1}$$

式中，k 是玻耳兹曼常数。这就是著名的玻耳兹曼关系式，它已经成为物理学中重要的公式之一。由于热力学概率是反映宏观状态的微观运动的混乱、无序程度，所以熵这个量实际上是反映宏观状态的微观运动混乱无序程度的物理量。式（4.9.1）把宏观量与微观量联系起来，在宏观和微观之间架起了一座桥梁。

实际上计算热力学概率 Ω 不是一件容易的事情，但在一些条件下，可以使用式（4.9.1）来计算两个热力学态的熵的变化。考虑系统经历一个热力学过程从宏观状态 1 变化到了另一个宏观状态 2，相应的微观状态数分别为 Ω_1 和 Ω_2，则熵的变化为

$$\Delta S=S_2-S_1=k\ln\Omega_2-k\ln\Omega_1=k\ln\frac{\Omega_2}{\Omega_1} \tag{4.9.2}$$

这表明，两个热力学状态熵的变化取决于它们相应的微观状态数目的比率。作为一个例子，我们利用式（4.9.2）来重新计算理想气体绝热自由膨胀过程的熵变。

例 10　ν mol 理想气体从初态（T，V_1）绝热自由膨胀到终态（T，V_2），求熵变。

解：先考虑其中的一个分子，在初态时它的活动空间的体积是 V_1，而终态时它的活动空间的体积是 V_2，可活动的空间的体积增加为初态时的 V_2/V_1 倍。而我们知道，每个分子的力学状态由位置和速度确定，理想气体自由膨胀后，由于温度未变，分子的速度分布概率未变，只是每个分子在空间分布的可能状态因为体积增大而增加了，即每个分子的微观状态数也由于体积增大而增为原来的 V_2/V_1 倍。

设该理想气体的分子总数为 N，则 $N=\nu N_A$，整个系统的 N 个分子由于体积膨胀导致微观状态数增加，相对于膨胀前的初态，增加的倍数则为

$$\frac{V_2}{V_1}\cdot\frac{V_2}{V_1}\cdot\frac{V_2}{V_1}\cdot\cdots\cdot\frac{V_2}{V_1}=\left(\frac{V_2}{V_1}\right)^N=\left(\frac{V_2}{V_1}\right)^{\nu N_A}$$

设膨胀前初态、膨胀后终态的热力学概率分别为 Ω_1 和 Ω_2，则

$$\Omega_2 = \Omega_1 \times \left(\frac{V_2}{V_1}\right)^{\nu N_A}$$

根据式（4.9.2），有

$$\Delta S = S_2 - S_1 = k\ln\frac{\Omega_2}{\Omega_1} = k\ln\left(\frac{V_2}{V_1}\right)^{\nu N_A} = \nu R\ln\frac{V_2}{V_1}$$

这与例 7 的熵的结果一致。显然有 $V_2 > V_1$，$\Omega_2 > \Omega_1$，自由膨胀后系统的微观状态数目增加了，即 $\Delta S > 0$。

总之，热力学第二定律和熵这个物理量的出现，都是大量分子热运动遵循统计规律的结果。

小结

（1）热机完成一系列小过程之后回到初始状态的整个过程叫作一个循环。

（2）热机效率：$\eta = \dfrac{W}{Q_1}$；制冷机制冷系数：$\varepsilon^{制冷机} = \dfrac{Q_2}{W}$；热泵制热系数：$\varepsilon^{热泵} = \dfrac{Q_1}{W}$。

（3）卡诺循环的效率：$\eta = \dfrac{T_1 - T_2}{T_1} = 1 - \dfrac{T_2}{T_1}$。

（4）可逆过程：如果一个过程发生后，可以沿原过程的反向进行，并使系统和环境都恢复到初始状态，这种过程叫作可逆过程。

（5）热力学第二定律的两种表述：

克劳修斯表述：不能把热量从低温物体传到高温物体而不引起其他变化。

开尔文表述：不能从单一热源吸取热量，使之全部转为功而不引起其他变化。

（6）卡诺定理及其推论：

在相同高温热源和相同低温热源之间工作的一切热机中，可逆热机的效率最高；

相同高温热源和相同低温热源之间工作的一切可逆热机的效率都相同，且与工作物质无关。

（7）克劳修斯不等式：对于任意的循环，不等式 $\oint \delta Q/T \leqslant 0$ 都成立，对于所有的可逆过程取等号。

（8）熵的定义式：$\Delta S = S_f - S_i = \displaystyle\int_{R\,i}^{f} \frac{\delta Q_{可逆}}{T}$；

对于一个无穷小的可逆过程：$\mathrm{d}S = \dfrac{\delta Q}{T}$。

（9）熵增加原理：绝热系统的熵在任何不可逆过程中增加，在可逆过程中不变。或者：一个孤立系统的熵永不减少。

（10）判断不可逆过程方向的普遍准则：不可逆绝热过程总是向着熵增加的方向进行；可逆绝热过程则是沿着等熵路径进行。

（11）热力学恒等式：$\mathrm{d}U = T\mathrm{d}S - p\mathrm{d}V$。

（12）热力学第二定律的统计意义：一个孤立系统内部发生的过程，其方向总是由概率小的宏观状态向概率大的宏观状态进行。

（13）玻耳兹曼关系式：$S = k\ln\Omega$。

思考题

1. 电池通过向外部电路输送电流而对外做电功，而电池自身则通过吸收周围大气中的热量而保持恒定的温度，这样热量似乎完全转化成了功，这违反热力学第二定律吗？

2. 改变相同的温度，下列方式中对卡诺热机的效率提高的幅度最大的是：①提高温热库的温度；②降低温热库的温度。

3. 既然卡诺循环是理想的，不能真正实现，那么我们为什么还要研究它？

4. 比较准静态过程、可逆过程、循环过程这些概念的区别与联系。

5. 试评论以下几种说法是否正确：

（1）功可以完全变成热，但是热不能完全变成功。

（2）热量不能从低温物体传到高温物体。

（3）不可逆过程就是不能沿着反方向进行的过程。

6. 我们知道，家用冰箱里面温度很低，在夏天的时候我们是否可以把冰箱的门敞开而把室内的温度降下来？

7. 处于非平衡态下的系统能进行可逆过程吗？

8. 论证绝热线与等温线不能相交于两点。

9. 普朗克针对焦耳的热功当量实验提出：不可能制造一个机器，它在循环运行中把一重物提高，为此而付出的唯一代价是使一个热源冷却。这就是热力学第二定律的普朗克表述，试证明这个表述与开尔文表述等价。

10. 为什么热力学第二定律可以有很多种表述？

习题

4.1　一热机以 10^6 J/min 的速率吸入热量，且输出 7.4 kW 的额定功率。求：

（1）该热机的效率是多少？

（2）该热机每分钟放出多少热量？

4.2　证明 $p-V$ 图上的两条绝热线不能相交。（提示：想象一下如果它们相交，则可以用一条等温线和两条相交的绝热线构成一个循环，利用这个循环制造一个热机会有什么效果？）

4.3　一位发明家声称他开发了一种热机，该热机在 400 K 时吸收 1.1×10^8 J，在 200 K 时放出 5.0×10^7 J，并可提供 16.7 kWh 的功。你愿意投资这个项目吗？

4.4　2.5 mol 单原子理想气体的初始温度为 $T=300$ K，压强为 $p=1.0$ atm，然后将气体进行三步循环：①压强 p 和体积 V 成比例地增加，直到 $p=2.0$ atm；②在恒定体积下压强降低至 1.0 atm；③在恒定压强下体积减小，直到达到初始状态。

（1）求出这个循环的效率。

（2）求出该热机的卡诺效率，并将结果与（1）中计算的实际效率进行比较，讨论此热机的效率。

4.5　发电厂的发电功率是 1.5 GW，效率为 0.35。

（1）求出运行这个工厂所需的能量的功率和浪费掉的热量的功率，两者都以 GW 为单位。

（2）如果将余热排放到 25 ℃的环境中，锅炉的最低温度是多少？

4.6　把初始温度为 0 ℃的 50 kg 液态水放入冰箱冷冻成冰，环境温度为室温 20 ℃。要达到这一点，冰箱至少需要输入多少功？（水的熔化潜热 $=3.33\times10^5$ J/kg）

4.7　热泵可以在房屋内外之间搬运热而给房屋供暖。如果我们想把房屋保持在 22 ℃，而室外的温度为 −10 ℃，房屋的热损失为 15 kW。试问运行该泵所需的最小功率是多少？

4.8　在低温物理中，常见的制冷剂是液氮，在 $p=1$ atm 时其温度为 77 K。

（1）若实验室内环境温度保持在 20 ℃，工作在其中的冰箱的最大制冷系数是多少？

（2）在极低温度下工作时，则需要使用沸点更低液氦，沸点为 4.2 K。这种情况下，工作在 20 ℃的室温环境中的冰箱的最大制冷系数是多少？

4.9　如图 4.21 所示的三个热库之间工作的三台卡诺热机，试证明它们的效率关系如下：

$$\eta_3=\eta_1+\eta_2-\eta_1\eta_2$$

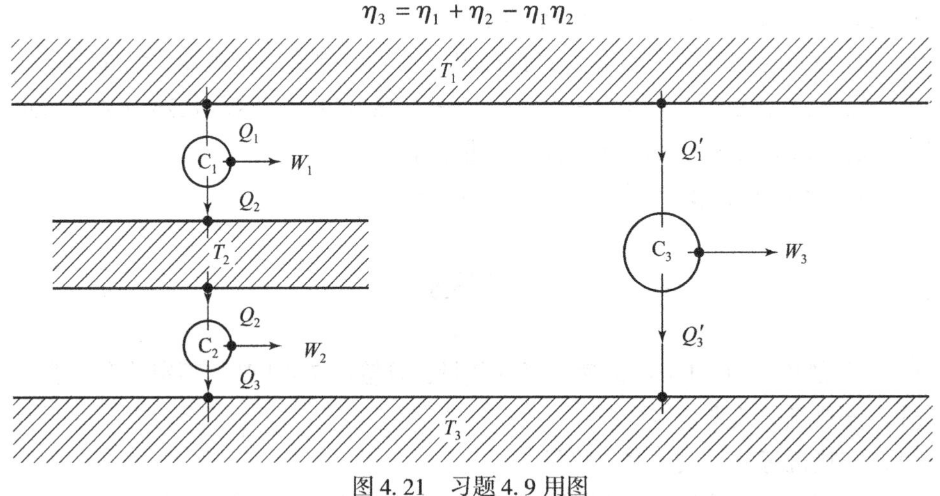

图 4.21　习题 4.9 用图

4.10　在外层空间卫星上工作的卡诺热机必须以 W 的速率提供固定数量的功率，高温热源的温度为 T_1 固定不变，温度为 T_2 的低温热源由一大片表面积为 A 的散热器组成；低温热源以 σAT_2^4（σ 是常数）的速率向太空辐射能量，辐射的能量和热机传递给它的热量一样多，从而将温度保持在 T_2 不变。我们需要设计卡诺热机使对于给定的 W

和 T_1，A 有一个最小值。证明当 T_2 取 $3T_1/4$ 时，A 有一个最小值。

4.11　假设一台热机以理想气体为工作物质，以图 4.22 所示的循环运行，证明热机的效率为

$$\eta = 1 - \frac{1}{\gamma}\left(\frac{1 - p_3/p_1}{1 - V_1/V_3}\right)$$

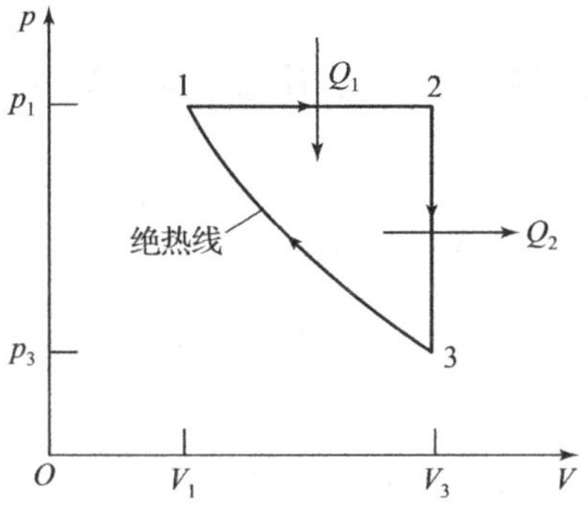

图 4.22　习题 4.11 用图

4.12　证明奥托循环的效率可以表示为 $\eta = 1 - \frac{T_a}{T_b}$ 或者 $\eta = 1 - \frac{T_d}{T_c}$，并证明这两个结果都低于卡诺效率。

4.13　将一个装有温度为 25 ℃、质量为 5.0 kg 水的水桶放在屋外，使其冷却到室外温度 5 ℃。水的熵变是多少？[水的 $c_p = 4.19$ kJ/(kg·℃)]。

4.14　在绝热情况下，将 25 ℃的 5.0 kg 水加入 85 ℃下的 10.0 kg 水中，混合后最终达到平衡，求熵变化了多少？[水的 $c_p = 4.19$ kJ/kg·K]

4.15　热容 C_V 相同但初始温度不同的两个系统 T_1 和 T_2（$T_2 > T_1$）在短时间内相互热接触，有热流产生，但两个系统的温度没有发生显著变化。证明产生了一个与这个热流有关的正的净熵变。

4.16　计算以下各种情况的熵变：

（1）100 ℃和压强为 1 atm 条件下的 10 g 蒸汽，转变成相同温度和压强下的水（水的汽化潜热为 2 260 J/g）；

（2）在 1 atm 的压强下把 100 ℃水冷却至 0 ℃（0 ℃和 100 ℃之间的水的平均比热为 4.19 J/g）；

（3）将 0 ℃和 1 atm 压强下的 10 g 水变成同温同压的冰。(冰的融化潜热为 333 J/g)

4.17　10 A 的电流通过 20 Ω 的电阻器经历了 1 分钟，在这个过程中，电阻器浸入自来水中保持 10 ℃。试求电阻、水和整体的熵变是多少？

4.18　理想气体的摩尔热容由 $C_V = A + BT$ 给出，其中 A 和 B 为常数。证明从状态（V_1，T_1）到状态（V_2，T_2）每摩尔熵的变化是

$$\Delta S = A\ln\left(\frac{T_2}{T_1}\right) + B(T_2 - T_1) + R\ln\left(\frac{V_2}{V_1}\right)$$

4.19　一袋 50 kg 的沙子温度为 25 ℃，下落 10 m 后掉在路面，然后停止下来。试

求沙子的熵增加了多少？忽略沙子与周围环境之间的任何热量传递，并假设沙子的热容量太大，以至于其温度保持不变。（提示：考虑以下几点：（1）沙子上的耗散功是什么？（2）沙的内能有什么变化？（3）在恒温 T 下，与 ΔU 相关的熵变是多少？沙袋在碰到路面时会变形，对外不做功；只会改变形状，而不会改变体积。）

4.20 2 mol 理想气体绝热自由膨胀，体积变成原来的 3 倍。试求气体的熵变是多少？

4.21 等量的水温度分别为 T_1 和 T_2，质量为 m，绝热混合在一起，压强保持不变。证明系统和环境整体的熵变为

$$\Delta S = 2mc_p \ln\left(\frac{T_1 + T_2}{2\sqrt{T_1 T_2}}\right)$$

式中，c_p是水在恒定压强下的比热。并证明 $\Delta S \geqslant 0$。（提示：对于任意实数 a 和 b 都有 $(a-b)^2 \geqslant 0$。）

4.22 考虑两个相同的热容量为 C_p、热膨胀系数可忽略的物体。证明当它们在绝热条件下热接触时，它们的最终温度为 $(T_1 + T_2)/2$，其中 T_1和 T_2是它们的初始温度。

现在考虑在两个物体之间运行一个卡诺热机来让它们达到热平衡。由于循环的规模很小，使得单次循环中，物体的温度不会有明显的变化，因此，在一次循环中，物体可以看作热源，证明最终温度为 $(T_1 T_2)^{1/2}$。（提示：对于第二个过程，系统和环境的整体熵变是多少？）

4.23 1 mol 氦气初始时处于 $p_0 = 1.0$ atm，$T_0 = 273$ K 状态，试求：

（1）如果在恒压下将气体加热到温度为400 K，则熵变是多少？

（2）重新从初始状态（p_0，T_0）开始，如果气体等温膨胀到其原始体积的 2 倍，则熵变是多少？

4.24 制冷系数为 3.5 的冰箱在一天内使用 2.0 kWh 的电能将冰箱隔间保持在 4 ℃，同时将热量排放到温度为 20 ℃的厨房内，试求一天内产生多少熵？

4.25 如图 4.19 所示的卡诺循环可能代表卡诺热机或卡诺制冷机，两者之间的区别在于循环运行的方向。

（1）解释哪个路径（顺时针或逆时针）代表热机，哪个代表制冷机？（提示：考虑每个过程的净热量 Q）

（2）论证你的结果（顺时针与逆时针）对于 $T-S$ 图上由封闭路径表示的任何循环过程来说都是普遍适用的。

4.26 推导式：$\left(\frac{\partial H}{\partial p}\right)_T = -T\left(\frac{\partial V}{\partial T}\right)_p + V$。

第 5 章

麦克斯韦 - 玻尔兹曼分布

麦克斯韦分子速度分布率的发现，开启了物理学的新方法，引导人们从微观角度来理解热力学，导致了统计力学的诞生，同时给人们对量子力学概率分布的应用提供了思路。

—— 巴兹尔 · 马洪《麦克斯韦：改变一切的人》

19 世纪开始，人们意识到如果想要更加深入地理解热力学的本质，就需要考虑物质的组成与结构。我们知道，热力学考虑的系统是由大量分子或原子组成的，通常假设这些分子或原子是遵从经典力学规律的，因此从本质上来说热力学系统所表现出来的宏观性质是由组成系统的微观粒子的运动所决定的。一般来说，组成热力学系统的分子或者原子的数目是阿伏伽德罗的数量级或者更多，测量和预测大量单个分子或者原子的运动是不可能的，而且也没有必要，因此，有必要应用统计学规律。人们把利用统计规律从微观上研究热现象的初级理论称为气体动理论。热力学系统通常只需要用几个宏观状态参量就可以来描述系统的状态，而热力学系统的微观状态需要知道每一个微观粒子的运动状态，然而一般情况我们并不关心每一个粒子确切的运动状态，只关心它们的统计规律，然后通过计算宏观量对应的微观量的统计平均值，进而理解宏观规律的微观本质。本章主要讨论气体动理论，它从气体微观结构的简化模型出发，针对理想气体研究其在平衡态下的统计规律以及简单应用。

5.1 理想气体微观模型

气体动理论是建立在组成热力学系统的微观粒子热运动基础上的，首先我们简单复习一下 1.2 节关于组成热运动气体的微观粒子的运动情况。

1. 宏观物体是由大量的微观粒子、分子或者原子组成的

这里的大量是什么概念呢？我们知道阿伏伽德罗常数为 $N_A = 6.02 \times 10^{23}\ \mathrm{mol}^{-1}$，在标准状况下，1 mol 气体的体积是 $22.4 \times 10^{-3}\ \mathrm{m}^3$，相应的气体分子数密度为 3×10^{25} 个/m^3。即使是在高真空的情况下，比如10^{-11}标准大气压下，每立方分米中仍然有数百万万个分子。

2. 分子在永不停息地做热运动

组成气体的分子之间频繁地碰撞，每个分子运动方向和速率都在不断地改变，任何时刻，气体内部分子的运动速率有大有小，运动方向各种各样。

3. 分子与分子之间存在相互作用力

宏观物质包含了大量的微观粒子（原子、分子），物质的性质在很大程度上依赖于其内部原子或分子间的结合力。气体分子之间的主要相互作用力是电磁相互作用，它是一种保守力，具有势能，称为分子间相互作用力势能。

以上这三条适合于所有实际气体。物理上几乎所有的理论都是首先根据实际情况建立简化的模型，也就是把实际情况理想化，比如力学里我们首先考虑质点的运动，电磁学里我们首先考虑点电荷的运动，建立简化模型发展一套完备的理论之后再考虑复杂情况，比如在研究清楚质点的运动情况之后再研究质点系、刚体等。气体动理论也不例外，首先把实际气体理想化，建立简化模型。气体动理论主要考虑理想气体，也就是稀薄气体，压强不太大的情况，建立以下的微观模型。

对于单个分子的假设：

（1）把气体分子当作质点，不占体积。通常分子的线度比起它们之间的距离小得多，因此忽略分子的线度，把分子看成质点是合理的。我们知道标准状况下一摩尔气体的体积是 $22.4\times10^{-3}\ \mathrm{m}^3$，因此每个原子大约占据的体积为 $22.4\times10^{-3}/(6.023\times10^{23}\ \mathrm{m}^3)\approx3.72\times10^{-26}\ \mathrm{m}^3$，由此可以得出分子之间的平均距离约为 10^{-9} m，而分子的线度一般认为约为 10^{-10} m，因此分子之间的间距大约是分子线度的 10 倍。从另一个角度也可以非常容易理解这点，以水分子为例，冰的密度大约是水蒸气密度的 1 000 倍，即使冰中水分子无间隙地排列，那么也可以推断水蒸气分子之间的距离至少是水分子尺度的 10 倍以上。

（2）分子之间及分子与器壁间除碰撞的瞬间外无相互作用力。在 1.2.3 节曾经介绍过分子间的作用力与分子间的距离有关，当分子之间的距离非常小时分子之间表现为斥力，随着它们之间距离的增大，斥力迅速减弱，随着距离的进一步增加，斥力变为零进而变为引力，并且吸引力随着距离的增加而减小。一般情况下引力是比较弱的，所以可以近似地认为引力为零，也就是除碰撞外分子之间的相互作用力可以忽略。

（3）分子之间以及分子与器壁之间的碰撞为弹性碰撞，即认为在碰撞过程中动量和动能都守恒。一般认为分子或者原子内部的能量不发生变化，也就是说分子之间的碰撞不会引起分子或者原子内部能量的变化。

简单来说理想气体分子像一个个彼此间无相互作用的遵守牛顿力学规律的弹性质点。

对大量分子组成的气体系统的统计假设：

（1）对于平衡态分子按位置的分布是均匀的，即分子数密度 n 到处一样。前面说过分子之间每时每刻都在进行非常频繁的碰撞，每个分子的运动方向和速率都在不断地改变，从后面的学习会知道我们研究的绝大多数气体，气体分子的速度非常快，平均速度是几百甚至上千米/秒，而且碰撞非常频繁，大约每秒钟碰撞 10^{10} 次，如此快的速度，如此频繁的碰撞，对于热力学系统来说，重力的影响非常弱，所以忽略重力的影响是非常合理的。数学上表达为 $n=\mathrm{d}N/\mathrm{d}V=N/V$，是常数。这里的体积元 $\mathrm{d}V$ 满足宏观无限小，微观无限大。宏观无限小意味着将来可以做微积分，微观无限大意味着可以利用统计的规律，只有在这种情况下单位体积的粒子数才是有意义的。

（2）平衡态时分子速度分布是各向同性的。分子的速度（相对于质心系）指向各个方向的概率相等，速率沿各个方向大小分布也是相同的。这是由于忽略了重力的作用，气体是空间各向同性的，空间没有任何一个特殊的方向。这里需要特别强调的是我们现在研究的分子热运动都是分子相对于系统质心系的，所有的热现象都是在质心系下讨论的。

5.2　理想气体的压强公式与温度的统计解释

前面已经介绍了理想气体状态方程 $pV = NkT = \nu RT$，这是一个由实验得出的经验公式，那么它存在微观的基础吗？也就是说，从微观上如何理解这些宏观量以及它们之间的关系？下面将从微观粒子的力学运动的角度简单推导一下宏观压强，进而理解温度的微观意义。在具体推导之前，我们先从日常经验上理解一下气体压强的概念。下雨的时候我们需要打伞，打伞的时候我们一定要向上用力才能撑住伞，保证我们不被雨淋。从我们学过的力学知识知道，雨水以一定的速度下落，落到伞面上后速度近似变为 0，或者雨大的时候有些雨水会反弹回去，不管哪种情况都相当于雨水的动量发生了改变，相当于雨水给了伞面一个冲量，大量的雨水不断地撞击伞面就会对伞面施加持续的作用力，也就是说雨水对于伞面产生了压强。实际上气体压强的原理和雨水撞击伞面是一样的，只是我们看不到分子对于容器壁的撞击，本质上讲气体压强是大量气体分子持续地施加在器壁上的冲量造成的。

下面我们考虑一个非常简单的情况来理解气体压强产生的微观机理。考虑一个 $L\times L\times L$ 的立方体，内部充满了某种气体，立方体的某个器壁，按照压强的定义它应该等于分子作用在这面上的压力除以这个面的面积。我们知道容器里的分子都是在做无规则的运动，它们不断地与内壁撞击，每次一个分子与表面撞击后，它的动量随之变化，立方体的内壁改变了分子的动量。例如，如果分子迎面撞击到内壁上，会被以相等的速率弹回，这就意味着分子对于立方体内壁施加了力，同时这个内壁给了分子一个反向力将其推了回去。我们感兴趣的是分子施加在内壁上的力，因为作用在特定表面上的力除以它的面积就等于压强。

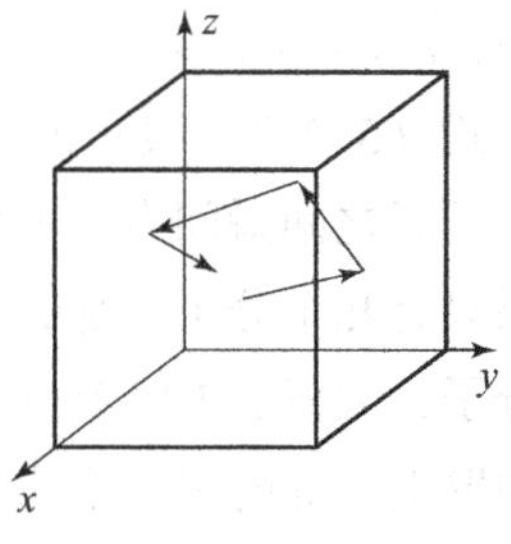

假设箱子里有 N 个分子，在盒子里随机地运动，每个分子都会与内壁碰撞，就像台球撞上台球桌壁后被反弹回来一样，会再次与另一个壁碰撞。前面已介绍过，气体压强就是气体分子给予器壁的冲量引起的，不失一般性地考虑与 x 轴垂直面上的压强。如图 5.1 所示，首先需要考虑其中一个分子对于器壁压强的贡献，由于所选的器壁分子和器壁的碰撞只能引起分子 x 方向上动量的变化，由冲量定理可以得到

图 5.1　一个装有 N 个气体分子的立方体盒子

$$F_x \mathrm{d}t = \mathrm{d}p_x \tag{5.2.1}$$

假设分子的质量为 m，则它的动量在碰撞前后由 mv_x 变为 $-mv_x$，因此，动量的变化为 $-2mv_x$，这里利用了前面的假设气体分子与器壁的碰撞是完全弹性的。这个分子在与 x 轴垂直的相对的那个面之间往返运动，一旦它撞击到内壁就会被弹回，再去撞对面的内壁，然后再回来，这需要分子以速率 v_x 走过 $2L$ 的距离，所需的时间是 $2L/v_x$，与右侧面撞击的频率即单位时间撞击右边侧面的次数为 $v_x/(2L)$，所以 $\mathrm{d}t$ 时间动量的改变为

$$\mathrm{d}p_x = \text{每次撞击改变的动量} \times \text{每秒撞击的次数} \times \mathrm{d}t = 2mv_x \frac{v_x}{2L}\mathrm{d}t = \frac{mv_x^2}{L}\mathrm{d}t$$

再由式（5.2.1）可以得到

$$F_x = \frac{\mathrm{d}p_x}{\mathrm{d}t} = \frac{mv_x^2}{L} \tag{5.2.2}$$

以上只是对于一个特定的分子进行了处理，但压强是这个箱子里全部气体分子的贡献。因为这箱子气体分子的速度分量 v_x 的值各不相同，处理起来非常麻烦，因此需要做简化。假设这箱子气体分子的速度分量 v_x 的值都相等，都等于它们的平均值，那么取什么平均呢？最简单的办法就是求 v_x 本身的平均值。但前面统计假设的第二条，速度分布是各向同性的，有多少分子向 x 轴正方向运动，就有多少分子向 x 轴负方向运动，而且它们速率大小的分布也是一样的，所以这个平均值一定为 0。从上面的公式启发我们定义速度分量平方的平均值，即定义 $\overline{v_x^2}$、$\overline{v_y^2}$ 和 $\overline{v_z^2}$ 分别表示速度沿 x、y 和 z 方向分量的平方的平均值，

$$\overline{v_x^2} = \frac{v_{1x}^2 + v_{2x}^2 + \cdots + v_{ix}^2}{N} = \frac{\sum_i v_{ix}^2}{N} \tag{5.2.3}$$

和

$$\overline{v_y^2} = \frac{\sum_i v_{iy}^2}{N},\quad \overline{v_z^2} = \frac{\sum_i v_{iz}^2}{N}$$

由统计假设的第二条，一个直接的结果就是 $\overline{v_x^2} = \overline{v_y^2} = \overline{v_z^2}$，由此可以得到

$$\overline{v_x^2} = \overline{v_y^2} = \overline{v_z^2} = \frac{1}{3}\overline{v^2} \tag{5.2.4}$$

式中，$\overline{v^2} = \overline{v_x^2} + \overline{v_y^2} + \overline{v_z^2}$，$v$ 为分子的速率。值得注意的是，这个式子对大量分子才有意义。式（5.2.2）表示的力是单个分子产生的力，这个力是不连续的，分子撞到内壁时，两者之间瞬间有力的作用，然后就什么都没有了，直到它返回后再次与内壁碰撞。如果只有几个分子，那么大部分时间都将不会有压强。但是，立方体内部并非只有一个分子，大概有 10^{23} 个粒子在与内壁碰撞，在很短的一段时间里，仍有大量的分子撞击到内壁上，此时呈现出来的力的大小是稳定的，而不是断断续续的。由式（5.2.2）~式（5.2.4）可知，所有分子撞击内壁产生的平均力的大小是

$$\overline{F} = \frac{Nm\overline{v^2}}{3L} \tag{5.2.5}$$

这里我们没有考虑分子速度的 y、z 分量，因为它们对于选取的与 x 轴垂直的面上的压

强没有贡献，而且分别与垂直于 y 和 z 轴的两对器壁面的碰撞不会影响与 x 轴垂直器壁面上的压强，因为这些碰撞不会改变分子在 x 方向上的动量。

平均压强等于平均作用力除以这个表面的面积，即

$$p=\frac{1}{3}N\frac{m\overline{v^2}}{L\cdot L^2} \tag{5.2.6}$$

因为 L^3 正好等于立方体的体积，将它移到等式的另外一边后可得到

$$pV=\frac{1}{3}Nm\overline{v^2} \tag{5.2.7}$$

或者改写为

$$p=\frac{1}{3}nm\overline{v^2}=\frac{2}{3}n\bar{\varepsilon}_t \tag{5.2.8}$$

式中，$\bar{\varepsilon}_t=\frac{1}{2}m\overline{v^2}$ 为分子的平均平动动能；$n=\frac{N}{V}$ 为气体单位体积分子数。从式(5.2.8)可以看出宏观上气体的压强与气体单位体积分子数成正比，与分子的平均平动动能成正比。将前面已经介绍的理想气体状态方程 $p=nkT$ 与式(5.2.8)进行比较，可得出以下结论：

$$\frac{1}{2}m\overline{v^2}=\frac{3}{2}kT \tag{5.2.9}$$

利用上式和式(5.2.4)可得

$$\frac{1}{2}m\overline{v_x^2}=\frac{1}{2}m\overline{v_y^2}=\frac{1}{2}m\overline{v_z^2}=\frac{1}{3}\left(\frac{3}{2}kT\right)=\frac{1}{2}kT \tag{5.2.10}$$

这里需要特别说明的是，虽然以上推导做了非常多的简化，但式(5.2.8)和式(5.2.9)是普遍成立的，这是非常重要的结论，下一节将给出严格的推导。这个意义深远的公式给出了温度的微观意义：我们所说的气体的温度，乘以因子 $3k/2$ 后，正好是分子的平均平动动能。这里强调的只是平动动能，因为以后还会考虑分子的转动动能和振动动能。如果我们把手放进一个装有某种气体的容器里并感到热时，我们所感受到的温度事实上就是平均平动动能。现在我们明白了为什么绝对零度是绝对的。当冷却气体时，分子的动能平稳地减少，但是不能使分子的动能比不动时更低，这是动能能够达到的最低值，这就是称之为绝对零度的原因。在绝对零度，所有的分子都停止了运动，这就是感受不到压强的原因。当然按照量子力学，这些结论要有所修正。每一种理想气体，无论由什么分子组成，在给定的温度下，每个分子都有相同的平均平动动能，但速率可以不同，例如二氧化碳分子比氢气分子重，所以它在同样的温度下运动得慢一点，但也必须保证有相同的平均平动动能。

例1 在多高温度下，气体分子的平均平动动能等于1电子伏特(eV)？当 $T=300$ K 时(可以看成是室温)，相当于多少电子伏特？

解： 1 eV = 1 电子电量 × 1 伏特 = 1.602×10^{-19} C × 1 V = 1.602×10^{-19} J。由

$$\overline{\varepsilon_t}=\frac{3}{2}kT$$

$$T=\frac{2\overline{\varepsilon_t}}{3k}=\frac{2\times 1.602\times 10^{-19}}{3\times 1.38\times 10^{-23}}=7.74\times 10^{3}(\mathrm{K})$$

$$\frac{3kT/2}{\mathrm{eV}}=\frac{3/2\times 300\times 1.38\times 10^{-23}}{1.602\times 10^{-19}}=3.88\times 10^{-2}$$

电子伏特是一个重要的能量单位，是一个自由电子经过 1 V 的电压所获得的能量，一般原子和分子内部运动能量的数量级是电子伏特，从上面的式子可以看出，热运动能量在室温下还是很小的，室温下分子的热运动能量只有电子伏特的百分之几，也就是说通过热运动分子之间交换的能量不能引起分子内部结构和运动状态发生改变，一般情况下这些分子内部的运动是不参与热运动的，这也是我们可以把分子之间的碰撞和分子与器壁的碰撞看成弹性碰撞的原因之一。

5.3 麦克斯韦速度分布律及其应用

在上一节中，我们利用非常简单的模型演示了压强的微观意义，做了非常粗糙的近似。本小节我们将首先介绍气体分子的速度和速率分布，进而更加严格地重新推导出前面的压强公式（5.2.8）和温度的微观意义表达式（5.2.9）。

5.3.1 速度空间

前面介绍过确定热力学系统的宏观状态一般情况下只需要两个状态参量，但是微观上要确定系统的状态则需要非常多的参量。一般规定，如果知道了每个分子的位置坐标（x，y，z）和三个动量分量（p_x，p_y，p_z），那就说明确定了系统的一个微观状态。如果每个分子的质量是相同的，知道了三个动量分量（p_x，p_y，p_z）相当于知道了三个速度分量（v_x，v_y，v_z），也就是说如果给定了每一个分子的位置和速度，就给定了系统的微观状态。空间三个坐标（x，y，z）由常见的直角坐标系给出，称为位形空间。在位形空间中如果不考虑重力场、电磁场的影响，一般认为，气体分子均匀地充满它们可以达到的整个位形空间中，这与宏观观察是一致的。除非特殊声明，一般情况下我们认为气体分子在位形空间的分布是均匀的，对于每一个粒子它在位形空间的分布是等概率的。

速度空间 现在我们把注意力转向分子的速度。前面给出了关于理想气体的气体动理论的统计假设，其中有一条是每个分子运动速度各不相同，而且通过碰撞不断发生变化，对任意的一个分子来说，在任何时刻它的速度的方向和大小受到许多偶然因素的影响，因而是不能预知的。但从整体上统计地说，气体分子的速度还是有规律的。为了研究分子速度分布的统计规律，需定义微观粒子的速度空间，类比位形空间的直角坐标系，建立以速度的三个分量（v_x，v_y，v_z）为坐标轴的三维直角坐标系，如图 5.2 所示。

与位形空间不同，速度空间不是真实的空间，它是用来更好地分析一箱子气体中分子的速度分布而人为引入的。任意速度都可以用从原点到速度空间某一点的箭头表示，比如图中的箭头。速度空间中的一个点给定了一组坐标（v_x，v_y，v_z），相当于确定了粒子的一个速度。与位形空间一样，也可以定义微分元，即图中的小体元，它表示速度分量处于 $v_x \sim v_x + \mathrm{d}v_x$、$v_y \sim v_y + \mathrm{d}v_y$、$v_z \sim v_z + \mathrm{d}v_z$ 的分子一定会落入如图 5.2 所示的小立方体内，换句话说，处于这个小体元里的分子的速度分量一定处于 $v_x \sim v_x + \mathrm{d}v_x$、$v_y \sim v_y + \mathrm{d}v_y$、$v_z \sim v_z + \mathrm{d}v_z$ 之间。

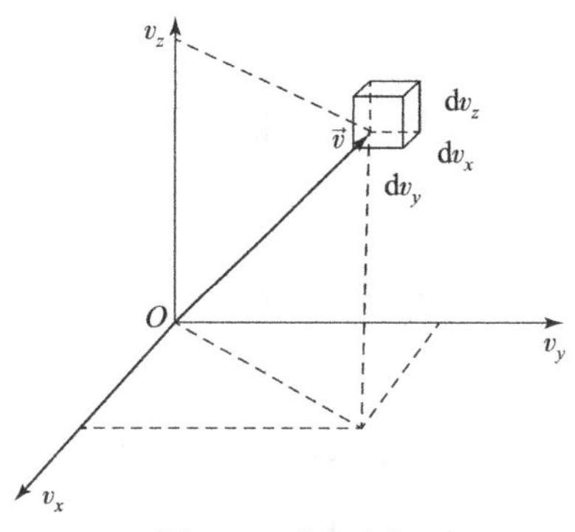

图 5.2　速度空间

5.3.2　速度分布

首先我们复习一下在 1.5.2 节连续随机变量的概率密度分布，即对于任意的连续随机变量 X，$f(x)\mathrm{d}x$ 表示随机变量 X 取值为 $x \sim x + \mathrm{d}x$ 的样本数占总样本数的百分比，即 $f(x)\mathrm{d}x = \mathrm{d}N/N$，这里 N 为总样本数；当 N 非常大时，$f(x)\mathrm{d}x$ 为随机变量取值为 $x \sim x + \mathrm{d}x$ 的概率。在速度空间如果任意选择其中的一个气体分子，则它的速度分量可以取任意值。我们现在考虑速度 v_x 分量值介于 v_x 与 $v_x + \mathrm{d}v_x$ 之间的粒子，如果用数 $\mathrm{d}N_{v_x}$ 表示处于这个速度区间内的分子数，则任一个分子速度的 x 分量的取值在 v_x 到 $v_x + \mathrm{d}v_x$ 区间出现的概率为 $\mathrm{d}N_{v_x}/N$，其中 N 为气体的分子总数。分子在不同的 v_x 附近 $\mathrm{d}v_x$ 区间内出现的概率各不相同，我们用 $f(v_x)$ 表示 v_x 附近在单位 v_x 区间内分子出现的概率，则某个分子的速率在 v_x 到 $v_x + \mathrm{d}v_x$ 区间内出现的概率可以表示为

$$\frac{\mathrm{d}N_{v_x}}{N} = f(v_x)\,\mathrm{d}v_x \tag{5.3.1}$$

函数 $f(v_x)$ 就叫速度的 x 分量的分布，它的物理意义是：速率在 v_x 附近的单位速率区间的分子数占分子总数的百分比。系统处于平衡态时，由气体动理论的统计假设，忽略重力容器内各处粒子数密度 n 相同，粒子朝任何方向运动的概率相等，因此相应于速度分量 v_y、v_z 也应有相同形式的分布 $f(v_y)$ 和 $f(v_z)$，它们的意义与 $f(v_x)$ 是一样的，即

$$\frac{\mathrm{d}N_{v_y}}{N} = f(v_y)\,\mathrm{d}v_y \tag{5.3.2}$$

$$\frac{\mathrm{d}N_{v_z}}{N} = f(v_z)\,\mathrm{d}v_z \tag{5.3.3}$$

式中，$\mathrm{d}N_{v_y}$ 和 $\mathrm{d}N_{v_z}$ 分别表示速度的 y 分量值介于 v_y 与 $v_y + \mathrm{d}v_y$ 之间以及速度的 z 分量值介于 v_z 与 $v_z + \mathrm{d}v_z$ 之间的分子数。与所有概率密度分布一样，分子速度分量的分布也要满足归一化条件，由式（5.3.1）可以得到某个分子 x 方向的速度在 $v_x \sim v_x + \mathrm{d}v_x$ 区间内

的分子数为 $\mathrm{d}N_{v_x}=Nf(v_x)\mathrm{d}v_x$，取遍所有速度 x 分量的可能取值应该是总分子数 N，即 $N=\int_{-\infty}^{+\infty}Nf(v_x)\mathrm{d}v_x$，所以可得归一化条件：

$$\int_{-\infty}^{+\infty}f(v_x)\mathrm{d}v_x=1 \tag{5.3.4}$$

同理可以得到

$$\int_{-\infty}^{+\infty}f(v_y)\mathrm{d}v_y=1 \tag{5.3.5}$$

和

$$\int_{-\infty}^{+\infty}f(v_z)\mathrm{d}v_z=1 \tag{5.3.6}$$

我们定义速度分布 $f(v_x, v_y, v_z)$，即 $f(v_x, v_y, v_z)\ \mathrm{d}v_x\mathrm{d}v_y\mathrm{d}v_z$ 表示速度分量处于 $v_x\sim v_x+\mathrm{d}v_x$、$v_y\sim v_y+\mathrm{d}v_y$、$v_z\sim v_z+\mathrm{d}v_z$ 之间的分子数占分子总数的百分比，也就是表示气体分子落入图 5.2 中的小体元内的概率。在不受外界影响下，气体分子处于完全无规则的运动，三个方向上的运动相互独立，也就是在三个垂直方向上的速度分量的分布是相互独立的，即 1.5.2 节讲过的概率的独立性。由此可以得出，一个粒子的速度值出现在图 5.2 中 $\vec{v}$ 前端的小体积元的概率等于

$$f(v_x,v_y,v_z)\mathrm{d}v_x\mathrm{d}v_y\mathrm{d}v_z=f(v_x)f(v_y)f(v_z)\mathrm{d}v_x\mathrm{d}v_y\mathrm{d}v_z \tag{5.3.7}$$

5.3.3 速率分布

如果我们感兴趣的不是速度 $\vec{v}$，而是速度大小即速率的分布（速率用 v 来表示，$v\equiv|\vec{v}|$），同样可定义速率分布 $f(v)$，只要是概率密度，它们的定义都是类似的，$f(v)\mathrm{d}v$ 表示分子的速率处于 $v\sim v+\mathrm{d}v$ 的分子数占总分子数的百分比，即

$$f(v)\mathrm{d}v=\frac{\mathrm{d}N_v}{N} \tag{5.3.8}$$

$f(v)$ 即速率分布，这个概念非常重要，是这一章的主要概念，也是利用它解决实际问题比较多的概念。首先我们必须清楚为什么定义速度或者速率分布。简单来说，对于任意的随机变量只要知道了它的概率分布，原则上表示充分了解了这个随机变量的统计分布情况，因为一般情况下我们并不关心每一个分子具体处于什么状态，而是想知道全体分子整体所表现出来的物理性质是什么。以 $f(v)$ 为例，我们在图 5.3 画出了某种气体速率分布，对于一个随机变量，通常是用平均值和方差简单地描述它，比如我们想知道分子速率的平均值，也就是研究分子总的运动是快还是慢，由 $f(v)$ 的定义可知 $Nf(v)\mathrm{d}v$ 表示速率处于 $v\sim v+\mathrm{d}v$ 的分子数，在这个区间的分子的速率可以认为都是 v，那么在这个区间所有分子速率和为 $vNf(v)\mathrm{d}v$，进而得到处于不同速率的全体分子的速率和为 $\int_0^\infty vNf(v)\mathrm{d}v$，因此平均速率为

$$\bar{v}=\frac{\int_0^\infty vNf(v)\mathrm{d}v}{N}=\int_0^\infty vf(v)\mathrm{d}v \tag{5.3.9}$$

这是我们对于气体分子热运动快慢总的感觉，但是气体分子速率的分布情况还不确定，因为平均值一定，它们的分布可能相差很大，比如速率平均值给定了，可能是所有分子的速率都相等，也有可能它们相差得很大。我们可以简单地用速率 v 的方差来表示它的分布情况，定义为 $\sqrt{\overline{(v-\bar{v})^2}}$。经过下面简单的计算：

$$\overline{(v-\bar{v})^2}=\overline{v^2-2v\bar{v}+\bar{v}^2}=\overline{v^2}-\bar{v}^2 \tag{5.3.10}$$

可知，方差越小，表示分子的速率与平均速率越接近；方差越大，表示分子的速率与平均速率差别越大。如果知道了速率分布 $f(v)$，那么类似上面求平均速率的方法可以求出 $\overline{v^2}$，其求法和平均速率的求法完全相同，只是把 v 换成了 v^2 即可。

$$\overline{v^2}=\frac{\int_0^\infty v^2Nf(v)\,\mathrm{d}v}{N}=\int_0^\infty v^2f(v)\,\mathrm{d}v \tag{5.3.11}$$

也就是说，一旦知道了速率分布，就能求出速率的平均值以及它的方差，通过这两个量就对分子的速率分布有大概的了解。这里需要强调的是，有了速率分布，我们求任何与速率有关的物理量，都可以利用速率分布求出，不失一般性，假如我们要求 $g(v)$ 的平均值，按照求速率平均值同样的方法可以得到：

$$\overline{g(v)}=\int_0^\infty g(v)f(v)\,\mathrm{d}v \tag{5.3.12}$$

这里 $g(v)$ 可以是速率 v 本身，可以是 v^2，也可以是分子的平动动能 $\frac{1}{2}mv^2$，也就是说，我们一旦知道了速率分布，就可以求出许多有关分子运动的微观量的统计平均值了。

下面我们看一下速率分布 $f(v)$ 具有的性质：

图 5.3 所示为速率分布曲线，$f(v)$ 曲线下阴影面积 $f(v)\,\mathrm{d}v$ 表示速率处于该速率区间 $v\sim v+\mathrm{d}v$ 的分子数占总分子数的百分比。从图 5.3 中，我们立即可以得出处于哪个速率区间的分子数多，处于哪个速率区间的分子数少，一目了然。与前面所介绍的平均速率以及它的方差联系起来看，从分子的速率分布曲线可以大体上看出分子的平均速率大约是多少，方差可以从曲线的宽和窄看出来，大体来说，曲线越宽，表示分子的速率分布越宽，对应它的方差就越大；相反，曲线越窄，表示分子的速率分布越窄，对应它的方差就越小。同样，分子速率分布也是要满足归一化条件的，由式 (5.3.8) 可以得到某个分子的速率在 v 到 $v+\mathrm{d}v$ 区间内的分子数为 $\mathrm{d}N_v=Nf(v)\,\mathrm{d}v$，取遍所有速率的可能取值应该是总分子数 N，即 $N=\int_0^\infty Nf(v)\,\mathrm{d}v$，所以满足归一化条件：

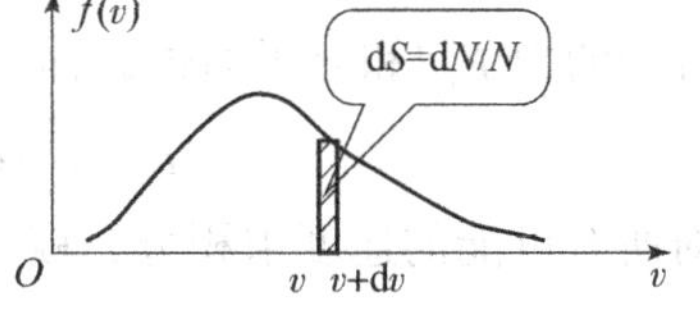

图 5.3　速率分布率

$$\int_0^\infty f(v)\,\mathrm{d}v=1 \tag{5.3.13}$$

5.3.4 压强公式的重新推导

下面利用速度分布和理想气体的微观模型重新推导上节得到的压强公式。

取气体容器壁的一个面积元 dA，如图 5.4 所示，建立如图坐标系，dA 处于与 x 轴垂直的平面上。我们首先考虑速度分量处于 $v_x \sim v_x + dv_x$、$v_y \sim v_y + dv_y$，$v_z \sim v_z + dv_z$ 的分子对于压强的贡献，对于处于速度空间这个小体元中的分子，其速度分量的大小可以记为 v_x、v_y、v_z。由前面知道，一个这样的分子和 dA 碰撞之后动量的改变为 $-2mv_x$，由速度分布的定义可以得到速度分量处于 $v_x \sim v_x + dv_x$、$v_y \sim v_y + dv_y$、$v_z \sim v_z + dv_z$ 的分子数占总分子数的百分比为 $f(v_x, v_y, v_z)dv_x dv_y dv_z$。设容器的容积为 V，总分子数为 N，那么单位体积的分子数 $n = N/V$，则速度分量处于 $v_x \sim v_x + dv_x$、$v_y \sim v_y + dv_y$、$v_z \sim v_z + dv_z$ 的分子数密度为

$$n(v_x, v_y, v_z) = \frac{Nf(v_x, v_y, v_z)dv_x dv_y dv_z}{V} = nf(v_x, v_y, v_z)dv_x dv_y dv_z$$

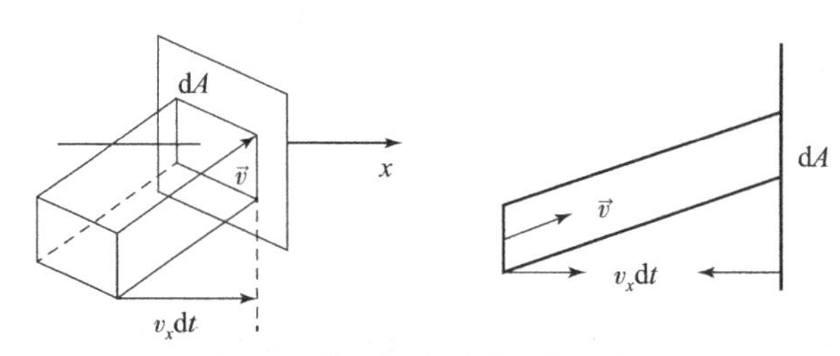

图 5.4　分子与容器壁碰撞示意图

我们知道 dt 时间内速度分量处于 $v_x \sim v_x + dv_x$、$v_y \sim v_y + dv_y$、$v_z \sim v_z + dv_z$ 的分子能和 dA 相碰的分子处于图 5.4 中的以 $v_x dt$ 为高、dA 为底的斜棱柱体内，那么速度分量处于此区间的能与 dA 碰撞的分子数为 $v_x dt dA nf(v_x, v_y, v_z)dv_x dv_y dv_z$，这个区间的分子 dt 时间内由于与 dA 面元碰撞其动量的改变为 $dp_{v_x} = -2mv_x v_x dt dA nf(v_x, v_y, v_z)dv_x dv_y dv_z$，由冲量定理 $F_{v_x}' dt = dp_{v_x}$ 可以得到这些分子受到的 dA 面元给它们的力 F_{v_x}'，由于面元 dA 给分子的力 F_{v_x}' 和分子通过碰撞给面元的力 F_{v_x} 是作用力和反作用力，由此可以得到：

$$dF_{v_x} = -dF_{v_x}' = 2mv_x^2 dA nf(v_x, v_y, v_z)dv_x dv_y dv_z \tag{5.3.14}$$

对所有可能的速度求积分，就得到全体分子作用在 dA 上的力为

$$dF_x = \int_0^{+\infty}\int_{-\infty}^{+\infty}\int_{-\infty}^{+\infty} 2mv_x^2 dA nf(v_x, v_y, v_z)dv_x dv_y dv_z \tag{5.3.15}$$

注意，这里对于 v_x 的积分是 0 到∞，因为只有 $v_x > 0$ 的分子才会对 dA 面元有作用力。由前面的假设 $f(v_x, v_y, v_z) = f(v_x)f(v_y)f(v_z)$，且 $\int_{-\infty}^{+\infty} f(v_x)dv_x = 1$，$\int_{-\infty}^{+\infty} f(v_y)dv_y = 1$，$\int_{-\infty}^{+\infty} f(v_z)dv_z = 1$，式（5.3.15）可以化简为

$$dF_x = \int_0^{+\infty} 2mv_x^2 dA nf(v_x)dv_x \tag{5.3.16}$$

所以压强为

$$p = \frac{\mathrm{d}F_x}{\mathrm{d}A} = \int_0^{+\infty} 2mv_x^2 nf(v_x)\,\mathrm{d}v_x = mn\int_{-\infty}^{+\infty} v_x^2 f(v_x)\,\mathrm{d}v_x = nm\overline{v_x^2} \qquad (5.3.17)$$

以上我们用到了分子速率分布的各向同性，具体说就是$f(v_x)=f(-v_x)$，把积分限从0到∞换成$-\infty$到∞，且利用了$\int_{-\infty}^{+\infty} v_x^2 f(v_x)\,\mathrm{d}v_x = \overline{v_x^2}$。再由式（5.2.4）和式（5.3.17），可以得到式（5.2.8）和式（5.2.9）。

下面我们进一步理解一下温度的微观意义。首先温度是标志物体内部分子无规则热运动剧烈程度的物理量，温度越高，分子的平均平动动能就越大。温度是大量分子热运动的宏观表现，具有统计意义，对于少数分子组成的系统不适用。这里所说的分子的平均平动动能是相对于气体分子整体的质心系而言的，也就是温度只与分子质心系下的无规则热运动有关，温度与物体的整体运动无关。例如，高铁上有一个气球，气球里面气体的温度与高铁是停靠在站台还是在高速运动无关。一切气体、液体和固体，分子做无规则热运动的平均平动动能都为$3kT/2$，与分子质量及分子间有无相互作用无关。利用温度的微观意义，我们也可以理解热传递的微观意义：两个温度不同的系统达到热平衡的微观过程本质上就是平均平动动能大的分子通过碰撞，将能量传递给平均平动动能小的分子，最终使得它们的平均平动动能相等。通过温度不等的两种气体分子之间的碰撞，传递的能量就是第3章学习的概念热量。

以上的推导过程并没有用到$f(v_x)$、$f(v_y)$、$f(v_z)$和$f(v)$的具体形式，我们只是利用这些速度、速率分布的定义以及理想气体的微观模型给出$\overline{v_x^2}$和$\overline{v^2}$就可以给出气体的压强和温度的微观解释了，下一节我们将针对理想气体给出它们的具体表达式。

例2　假定总分子数为N的气体分子的速率分布如图5.5所示，求：

（1）最概然速率v_{p}；

（2）a与N、v_0的关系；

（3）平均速率；

（4）速率在$v_0/2$到$3v_0$区间内的分子数N。

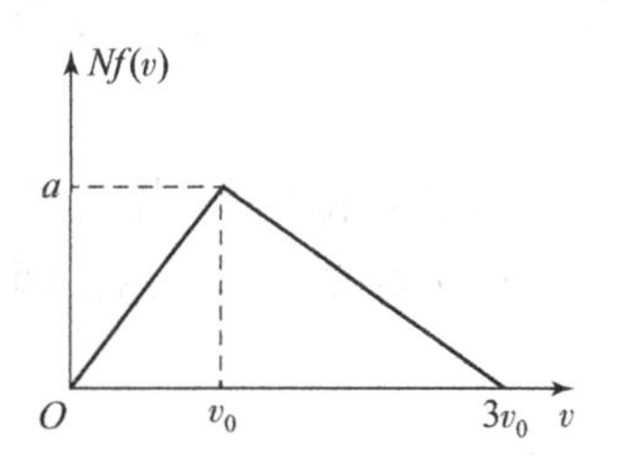

图5.5　气体分子的速率分布

解：（1）由图5.5可以得到

$$Nf(v) = \begin{cases} \dfrac{a}{v_0}v, & 0 \leqslant v \leqslant v_0 \\ -\dfrac{a}{2v_0}v + \dfrac{3}{2}a, & v_0 < v \leqslant 3v_0 \\ 0, & v > 3v_0 \end{cases}$$

由图可以明显看出$v_{\mathrm{p}} = v_0$。

（2）$f(v)$一定要满足归一化条件，由

$$\int_0^{\infty} f(v)\,\mathrm{d}v = 1$$

得到

$$\int_0^{\infty} Nf(v)\,\mathrm{d}v = N$$

由此得到

$$N = \int_0^{v_0} \frac{a}{v_0} v\mathrm{d}v + \int_{v_0}^{3v_0} \left(-\frac{a}{2v_0}v + \frac{3}{2}a\right)\mathrm{d}v = \frac{1}{2}a \cdot 3v_0$$

$$a = \frac{2N}{3v_0}$$

（3）平均速率为

$$\bar{v} = \int_0^{\infty} vf(v)\,\mathrm{d}v = \int_0^{v_0} v\frac{2}{3v_0^2}v\mathrm{d}v + \int_{v_0}^{3v_0} v\left(-\frac{1}{3v_0^2}v + \frac{1}{v_0}\right)\mathrm{d}v + 0 = \frac{4}{3}v_0$$

（4）速率在 $v_0/2 \sim 3v_0$ 区间内的分子数为

$$\Delta N_{\frac{v_0}{2}\sim 3v_0} = N\int_{\frac{v_0}{2}}^{3v_0} f(v)\,\mathrm{d}v = N\left(\int_{\frac{v_0}{2}}^{v_0} \frac{2}{3v_0^2}v\mathrm{d}v + \int_{v_0}^{3v_0} -\frac{1}{3v_0^2}v\mathrm{d}v + \int_{v_0}^{3v_0} \frac{1}{v_0}\mathrm{d}v\right) = \frac{11}{12}N$$

5.3.5 单原子气体的麦克斯韦分布（1860 年的证明）

前面定义了速度和速率分布，这一小节将给出平衡态下速度分布的具体形式。早在1859 年（当时分子概念还是一种假说）麦克斯韦就用概率论证明了在平衡态下，理想气体分子的速度分布是有确定规律的，这个规律就叫麦克斯韦速度分布律。根据麦克斯韦在1859 年发表的论文《气体动力理论的说明》，理想气体的速度分布律及速率分布律的推导过程大致如下。

考虑到统计假设即分子的速度分布是各向同性的，这意味着 $f(v_x, v_y, v_z)$ 并不应该与速度方向有关，应该只与速度的大小有关。不失一般性，假设 $f(v_x, v_y, v_z) = F(v)$，这里 F 是新引入的一个未知函数，它只取决于速度的大小 $v = \sqrt{v_x^2 + v_y^2 + v_z^2}$。再利用式（5.3.7），即速度分量的分布是相互独立的，从而有

$$F\left(\sqrt{v_x^2 + v_y^2 + v_z^2}\right) = f(v_x)f(v_y)f(v_z) \tag{5.3.18}$$

那么函数 F 和 f 的具体形式是什么样的呢？我们可以通过如下的过程来确定。

首先对式（5.3.18）两边取对数，然后对 v_x 进行求导运算，整理得到

$$\frac{v_x}{v}\frac{F'(v)}{F(v)} = \frac{f'(v_x)}{f(v_x)} \tag{5.3.19}$$

然后引入

$$\Phi(v) \equiv \frac{1}{v}\frac{F'(v)}{F(v)} \tag{5.3.20}$$

和

$$\varphi(v_x) \equiv \frac{1}{v_x}\frac{f'(v_x)}{f(v_x)} \tag{5.3.21}$$

因此式（5.3.19）变为

$$\Phi(v) = \varphi(v_x) \tag{5.3.22}$$

由于式（5.3.22）右边只与 v_x 有关，而与 v_y 或 v_z 无关，因此可以得到 $\frac{\partial \Phi}{\partial v_y} = \frac{\partial \Phi}{\partial v_z} = 0$，

即 $\Phi(v)$ 与 v_y 和 v_z 无关。又由于 $\Phi(v)$ 是速率 v 的函数，即 $\Phi(v)$ 关于 v_x、v_y、v_z 是对称的，因此 $\Phi(v)$ 与速率 v 无关，是不依赖于速率 v 的常数。为了后面表示方便，我们令这个常数为 -2γ，即 $\Phi(v)=-2\gamma$，由式（5.3.22）可以得到

$$\varphi(v_x)=-2\gamma \tag{5.3.23}$$

由式（5.3.21）和式（5.3.23）可以得到 $\dfrac{\mathrm{d}\ln f(v_x)}{\mathrm{d}v_x}=-2\gamma v_x$，两边积分得到 $\ln f(v_x)=\alpha-\gamma v_x^2$，其中 α 为积分常数。进一步令 $\mathrm{e}^{\alpha}=a$，最后得到

$$f(v_x)=a\mathrm{e}^{-\gamma v_x^2} \tag{5.3.24}$$

统计学把具有式（5.3.24）形式的概率分布称为高斯分布，它具有对称性。图5.6为速度的 x 分量分布图，由图5.6可以看出，速度的 x 分量分布 $f(v_x)$ 关于 $v_x=0$ 对称，即 $f(-v_x)=f(v_x)$，$f(v_x)$ 对称地分布在沿 x 正方向与沿 x 负方向两侧，速度分量 v_x 的最概然值是 $v_x=0$，这是我们假设速度沿空间各个方向对称分布的必然结果。

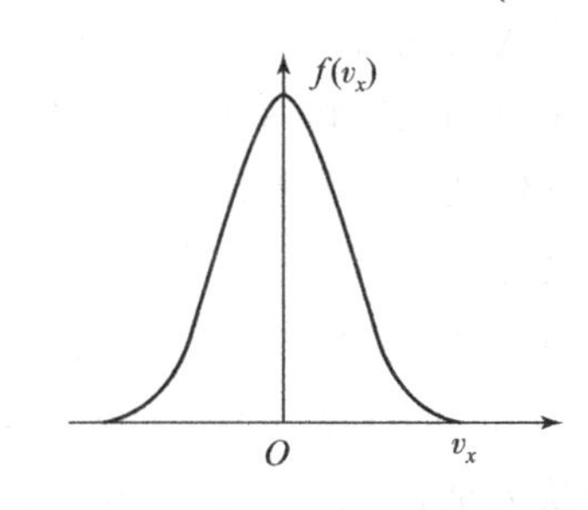

图5.6 速率的 x 分量的麦克斯韦分布

式（5.3.24）中的常数 a 由归一化条件来确定，即

$$\int_{-\infty}^{+\infty} f(v_x)\,\mathrm{d}v_x=1 \tag{5.3.25}$$

该归一化条件是非常重要的，是所有概率密度分布应该满足的。利用附表5.1，有

$$\int_{-\infty}^{+\infty} f(v_x)\,\mathrm{d}v_x=a\int_{-\infty}^{+\infty}\mathrm{e}^{-\gamma v_x^2}\mathrm{d}v_x=a\left(\frac{\pi}{\gamma}\right)^{\frac{1}{2}}=1$$

得到 $a=\left(\dfrac{\gamma}{\pi}\right)^{\frac{1}{2}}$。由此可以得到

$$f(v_x)=\sqrt{\frac{\gamma}{\pi}}\mathrm{e}^{-\gamma v_x^2} \tag{5.3.26}$$

同理可以得到 $f(v_y)=\sqrt{\dfrac{\gamma}{\pi}}\mathrm{e}^{-\gamma v_y^2}$，$f(v_z)=\sqrt{\dfrac{\gamma}{\pi}}\mathrm{e}^{-\gamma v_z^2}$，再由式（5.3.26）和式（5.3.7）可以得到

$$f(v_x,v_y,v_z)=f(v_x)f(v_y)f(v_z)=\left(\frac{\gamma}{\pi}\right)^{3/2}\mathrm{e}^{-\gamma(v_x^2+v_y^2+v_z^2)} \tag{5.3.27}$$

为了确定 γ 值，由

$$\frac{1}{2}m\overline{v_x^2}=\int_{-\infty}^{+\infty}\frac{1}{2}mv_x^2 f(v_x)\,\mathrm{d}v_x=\frac{m}{2}\left(\frac{\gamma}{\pi}\right)^{\frac{1}{2}}\int_{-\infty}^{+\infty}v_x^2\mathrm{e}^{-\gamma v_x^2}\mathrm{d}v_x=\frac{m}{4\gamma} \tag{5.3.28}$$

以上利用了附表5.1。根据式（5.3.28）和式（5.2.10），可以得到 $\gamma=\dfrac{m}{2kT}$，把它代入式（5.3.26）和式（5.3.27）得到

$$f(v_x)=\sqrt{\frac{m}{2\pi kT}}\mathrm{e}^{-mv_x^2/(2kT)} \tag{5.3.29}$$

和

$$f(v_x,v_y,v_z)=\left(\frac{m}{2\pi kT}\right)^{3/2}\mathrm{e}^{-m(v_x^2+v_y^2+v_z^2)/(2kT)} \tag{5.3.30}$$

特别需要强调的是，麦克斯韦速度分布主要是由因子 $\mathrm{e}^{-m(v_x^2+v_y^2+v_z^2)/(2kT)}$ 决定，前面的系数是归一化因子，它的特点是 e 指数上是负的分子平动动能与玻尔兹曼常数乘以绝对温度的比值。

作为麦克斯韦速度分布的一个应用，下面我们讨论一下泄流，即气体处于平衡态时单位时间碰撞到内部器壁单位面积上的分子数，记为 Γ，它经常用来讨论处于平衡态的气体通过一个小孔泄漏出来的分子数，这也是泄流的含义。Γ 的求法和上一节利用速度分布求压强是完全类似的。取气体容器壁的一个面积元 $\mathrm{d}A$，如图 5.4 所示，$\mathrm{d}A$ 处于垂直于 x 轴的 yz 平面上，首先考虑速度分量处于 $v_x\sim v_x+\mathrm{d}v_x$、$v_y\sim v_y+\mathrm{d}v_y$ 和 $v_z\sim v_z+\mathrm{d}v_z$ 的气体分子，对于处于速度空间的这个小体元中的分子，其速度分量的大小可以认为是 v_x、v_y、v_z，速度分量处于 $v_x\sim v_x+\mathrm{d}v_x$、$v_y\sim v_y+\mathrm{d}v_y$、$v_z\sim v_z+\mathrm{d}v_z$ 的分子数密度为 $nf(v_x,\ v_y,\ v_z)\mathrm{d}v_x\mathrm{d}v_y\mathrm{d}v_z$，其中 n 为分子数密度。我们知道 $\mathrm{d}t$ 时间内速度分量处于 $v_x\sim v_x+\mathrm{d}v_x$、$v_y\sim v_y+\mathrm{d}v_y$、$v_z\sim v_z+\mathrm{d}v_z$ 的分子能和 $\mathrm{d}A$ 相碰的分子处于图中的以 $v_x\mathrm{d}t$ 为高、$\mathrm{d}A$ 为底的斜棱柱体内，那么 $\mathrm{d}t$ 时间内速度分量处于此区间的能与 $\mathrm{d}A$ 碰撞的分子数为

$$\mathrm{d}N=v_x\mathrm{d}t\mathrm{d}Anf(v_x,v_y,v_z)\mathrm{d}v_x\mathrm{d}v_y\mathrm{d}v_z \tag{5.3.31}$$

此速度区间内单位时间碰到器壁单位面积的分子数为

$$\mathrm{d}\Gamma=v_xnf(v_x,v_y,v_z)\mathrm{d}v_x\mathrm{d}v_y\mathrm{d}v_z \tag{5.3.32}$$

对所有可能的速度求积分，得到

$$\Gamma=\int_0^{+\infty}\int_{-\infty}^{+\infty}\int_{-\infty}^{+\infty}v_xnf(v_x,v_y,v_z)\mathrm{d}v_x\mathrm{d}v_y\mathrm{d}v_z \tag{5.3.33}$$

这里注意，对于 v_x 的积分是 0 到∞，这是因为只有 $v_x>0$ 的分子才会与我们考虑的器壁相碰。由式（5.3.7）和 $\int_{-\infty}^{+\infty}f(v_y)\mathrm{d}v_y=1$，$\int_{-\infty}^{+\infty}f(v_z)\mathrm{d}v=1$，并将式（5.3.30）代入式（5.3.33），再利用附表 5.1 可以得到

$$\Gamma=\int_0^{+\infty}nv_x\sqrt{\frac{m}{2\pi kT}}\mathrm{e}^{-mv_x^2/(2kT)}\mathrm{d}v_x=\frac{1}{4}n\sqrt{\frac{8kT}{\pi m}}=\frac{1}{4}n\bar{v} \tag{5.3.34}$$

式中，$\bar{v}=\sqrt{\frac{8kT}{\pi m}}$为平均速率，这里用到了下一节的结果式（5.3.42）。

例 3 体积为 V 的容器保持恒定的温度 T，容器内的气体通过面积为 A 的小孔缓慢地漏入周围的真空中，试求容器中气体压强降到初始压强的 1/3 时所需的时间。（假设容器中的气体为理想气体）

解： 假设小孔很小，分子从小孔逸出不影响容器内气体分子的平衡分布，即分子

从小孔逸出的过程形成泄流过程，有

$$\Gamma=\frac{1}{4}n\bar{v}$$

式中，Γ 为单位时间从小孔单位面积泄流出的分子数；n 为单位体积的分子数；$\bar{v}$ 为平均速率。设 $N(t)$ 表示在时刻 t 容器内的分子数。在 t 到 $t+\mathrm{d}t$ 时间内通过面积为 A 的小孔逸出的分子数为

$$\frac{1}{4}\frac{N(t)}{V}\bar{v}A\mathrm{d}t$$

因此，在 $\mathrm{d}t$ 时间内容器中分子数的增量为

$$\mathrm{d}N(t)=-\frac{1}{4}\frac{N(t)}{V}\bar{v}A\mathrm{d}t$$

将上式改写为

$$\frac{\mathrm{d}N}{N}=-\frac{1}{4}\frac{\bar{v}A}{V}\mathrm{d}t$$

由于容器温度保持不变，所以 $\bar{v}$ 也保持不变，是常数。对上式两边积分，可得

$$N(t)=N_0\mathrm{e}^{-\frac{\bar{v}A}{4V}t}$$

式中，N_0 是初始时刻 $t=0$ 时容器内的分子数。根据

$$p=nkT$$

在 V、T 保持不变的情形下，气体的压强与分子数成正比。所以在时刻 t 气体压强 $p(t)$ 为

$$p(t)=p_0\mathrm{e}^{-\frac{\bar{v}A}{4V}t}$$

式中，p_0 是初始时刻的压强。当 $\frac{p(t)}{p_0}=\mathrm{e}^{-\frac{\bar{v}A}{4V}t}=\frac{1}{3}$ 时有

$$t=\frac{4\ln 3V}{\bar{v}A}$$

5.3.6 麦克斯韦速率分布

前面已经得到了理想气体的速度分量的分布 $f(v_x)$、$f(v_y)$、$f(v_z)$ 和速度分布 $f(v_x, v_y, v_z)$，下面我们由速度分布得出速率分布。如果按照前面的定义，$f(v)\mathrm{d}v$ 表示的是 $v\sim v+\mathrm{d}v$ 区间的分子数占总分子数的百分比，在速度空间此区间对应半径 v 到 $v+\mathrm{d}v$ 描述的球壳，如图5.7所示，也就是分子落在此区间的分子数占总分子数的百分比。由 $f(v_x, v_y, v_z)$ 的定义可以得到

$$f(v)\mathrm{d}v=\iiint\limits_{v\leqslant\sqrt{v_x^2+v_y^2+v_z^2}\leqslant v+\mathrm{d}v} f(v_x,v_y,v_z)\mathrm{d}v_x\mathrm{d}v_y\mathrm{d}v_z \tag{5.3.35}$$

将式（5.3.30）代入上式可以得到

$$f(v)\mathrm{d}v=\iiint\limits_{v\leqslant\sqrt{v_x^2+v_y^2+v_z^2}\leqslant v+\mathrm{d}v}\left(\frac{m}{2\pi kT}\right)^{\frac{3}{2}}\mathrm{e}^{-mv^2/(2kT)}\mathrm{d}v_x\mathrm{d}v_y\mathrm{d}v_z$$

$$= \left(\frac{m}{2\pi kT}\right)^{\frac{3}{2}} e^{-mv^2/(2kT)} \iiint\limits_{v \leqslant \sqrt{v_x^2+v_y^2+v_z^2} \leqslant v+dv} dv_x dv_y dv_z \tag{5.3.36}$$

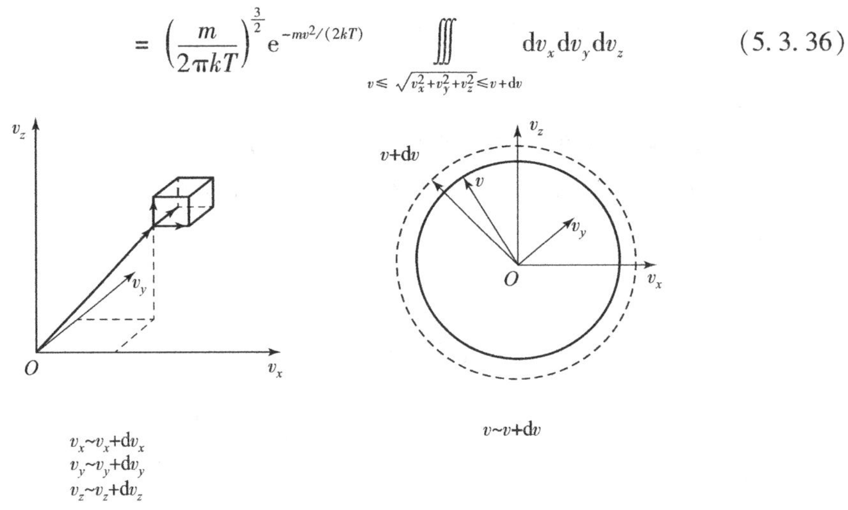

图 5.7　麦克斯韦速度分布和麦克斯韦速率分布的关系

第二个等式由于在 $v \leqslant \sqrt{v_x^2+v_y^2+v_z^2} \leqslant v+dv$ 积分区间内，因子 $e^{-mv^2/(2kT)}$ 是个常量，可提到积分号外。由图 5.7 可以看出积分 $\iiint\limits_{v \leqslant \sqrt{v_x^2+v_y^2+v_z^2} \leqslant v+dv} dv_x dv_y dv_z$ 对应图中球壳的体积 $4\pi v^2 dv$，最后可得到麦克斯韦速率分布：

$$f(v) = 4\pi \left(\frac{m}{2\pi kT}\right)^{\frac{3}{2}} v^2 e^{-mv^2/(2kT)} \tag{5.3.37}$$

式（5.3.37）指出：在平衡态下，气体分子速率在 $v \sim v+dv$ 区间内的分子数占总分子数的百分比为

$$\frac{dN_v}{N} = f(v)dv = 4\pi \left(\frac{m}{2\pi kT}\right)^{\frac{3}{2}} v^2 \exp\left(\frac{-mv^2}{2kT}\right) dv \tag{5.3.38}$$

由式（5.3.38）可知，对一给定的气体（m 一定），麦克斯韦速率分布只和温度有关。以 v 为横轴，以 $f(v)$ 为纵轴，画出的曲线叫作麦克斯韦速率分布曲线，如图 5.8 所示，它能形象地表示出气体分子按速率分布的情况。原则上说分子的速率可以取 $0 \sim \infty$ 的任何值，但由式（5.3.38）可以得到，$v \to 0$ 以及 $v \to \infty$ 时，$f(v) \to 0$，也就是速率非常小和速率非常大的分子数占总分子数的百分比都很小。从麦克斯韦速率分布曲线可以看出，$f(v)$ 有一个最大值，我们把这个最大值对应的速率称为最概然速率，记为 v_p，它的物理意义是：若把整个速率范围分成许多相等的小区间，则 v_p 所在的区间内的分子数占分子总数的百分比最大。v_p 可以由下式求出：

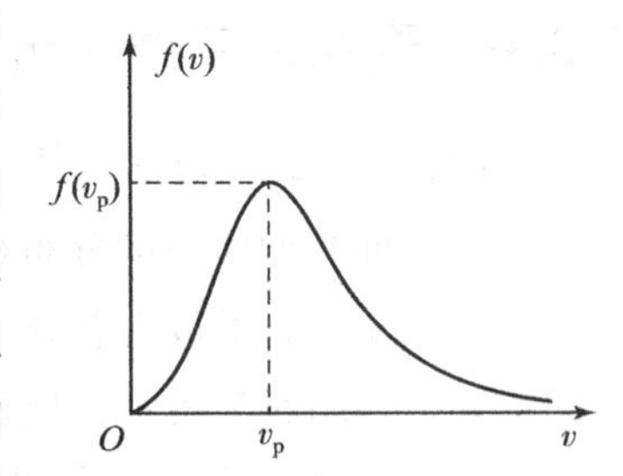

图 5.8　麦克斯韦速率分布曲线

$$\left.\frac{df(v)}{dv}\right|_{v_p} = 0 \tag{5.3.39}$$

由式（5.3.37）和式（5.3.39）可以求出

$$v_p=\sqrt{\frac{2kT}{m}}=\sqrt{\frac{2RT}{\mu}}\approx 1.41\sqrt{\frac{RT}{\mu}} \tag{5.3.40}$$

而当 $v=v_p=\sqrt{\frac{2kT}{m}}$ 时，

$$f(v_p)=4\pi\left(\frac{m}{2\pi kT}\right)^{\frac{3}{2}}v_p^2 e^{-\frac{mv_p^2}{2kT}}=4\pi\left(\frac{m}{2\pi kT}\right)^{\frac{3}{2}}\frac{2kT}{m}e^{-m\frac{2kT}{m}\frac{1}{2kT}}=\left(\frac{8m}{\pi kTe^2}\right)^{1/2} \tag{5.3.41}$$

式（5.3.40）表明，质量一定时 v_p 随温度的升高而增大，温度一定时 v_p 随 m 增大而减小。图5.9画出了同种气体在不同温度下的速率分布曲线，从中可以看出温度对速率分布的影响，温度升高时，峰值向右移动，峰值变小，即温度越高，最概然速率越大，$f(v_p)$ 越小。由于曲线下的面积恒等于1，所以温度升高时曲线变得平坦些，向速率大的区域扩展。也就是说，温度越高，速率较大的分子数越多，分子运动得越剧烈。图5.10画出了在给定温度下不同气体分子的速率分布曲线。温度一定，平均平动动能一定条件下，速率与 m 成反比，因此在混合气体中，较轻的气体分子平均传播速度更快，所以 m 越大，最概然速率越小，峰值向左移动，峰值变大。

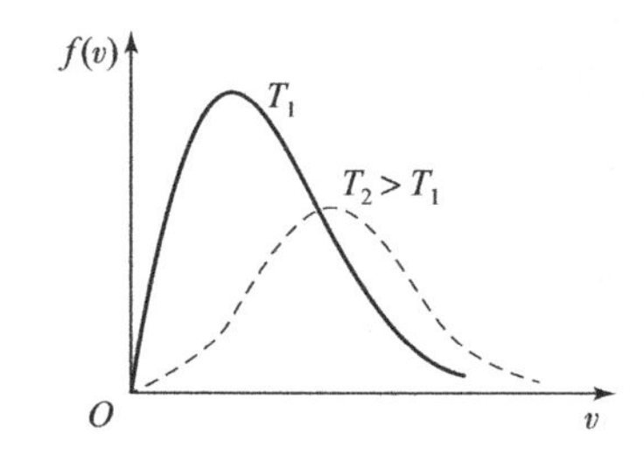

图5.9 同种气体不同温度麦克斯韦速率分布的比较

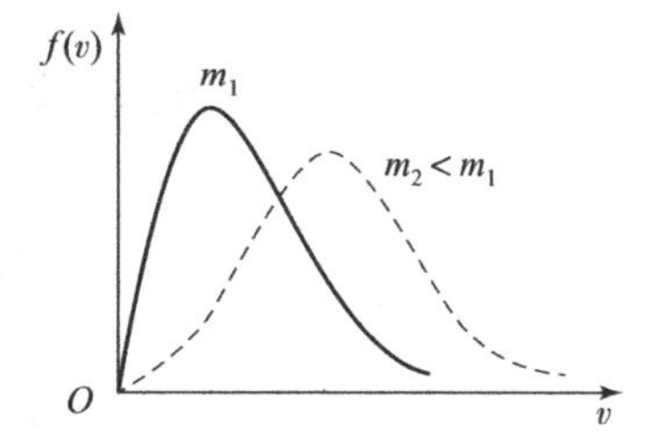

图5.10 相同温度不同气体的麦克斯韦速率分布的比较

应该指出，麦克斯韦速率分布是一个统计规律，它只适用于处于平衡态时的大量粒子组成的系统。由于分子速率是连续的，速率取各种值的分子都有，速率正好是某一确定速率 v 的分子数是多少对于我们来说没有什么意义，由于分子运动的无规则性，在任何速率区间 v 到 $v+\mathrm{d}v$ 内的分子数都是不断变化的，式（5.3.38）中的 $\mathrm{d}N_v$ 只表示在这一速率区间的分子数的统计平均值，为使 $\mathrm{d}N_v$ 有确定的意义，区间 $\mathrm{d}v$ 必须是宏观小微观大的。

将麦克斯韦速率分布式（5.3.37）代入式（5.3.9），可求得平衡态下理想气体分子的平均速率为

$$\bar{v}=\int_0^{\infty}vf(v)\mathrm{d}v=\int_0^{\infty}4\pi\left(\frac{m}{2\pi kT}\right)^{\frac{3}{2}}v^3\exp\left(\frac{-mv^2}{2kT}\right)\mathrm{d}v$$

再利用附表5.1得到

$$\bar{v}=\sqrt{\frac{8kT}{\pi m}}=\sqrt{\frac{8RT}{\pi\mu}}\approx 1.60\sqrt{\frac{RT}{\mu}} \tag{5.3.42}$$

同样，将麦克斯韦速率分布式（5.3.37）代入式（5.3.11），并利用附表5.1，可以求得速率平方的平均值为

$$\overline{v^2}=\int_0^{\infty}v^2f(v)\mathrm{d}v=\int_0^{\infty}4\pi\left(\frac{m}{2\pi kT}\right)^{\frac{3}{2}}v^4\exp\left(\frac{-mv^2}{2kT}\right)\mathrm{d}v=\frac{3kT}{m} \tag{5.3.43}$$

注意式（5.3.43）与式（5.2.9）的结果是一致的。由式（5.3.43）可以得到方均根速率为

$$v_{\mathrm{rms}}=\sqrt{\overline{v^2}}=\sqrt{\frac{3kT}{m}}=\sqrt{\frac{3RT}{\mu}}\approx 1.73\sqrt{\frac{RT}{\mu}} \tag{5.3.44}$$

由式（3.3.40）、式（3.3.42）、式（3.3.44）确定的三个速率即最概然速率 v_p、平均速率 $\overline{v}$、方均根速率 v_{rms}都是统计意义上的，说明大量分子运动的速率的典型值，它们都与 $\sqrt{T}$成正比，与 $\sqrt{m}$成反比，这三个速率满足以下比例关系：

$$v_p : \overline{v} : v_{\mathrm{rms}}=1:1.13:1.22 \tag{5.3.45}$$

三种速率其实都是反映气体分子速率的整体情况，但它们各有侧重，有不同的应用，讨论速率分布时经常要用最概然速率 v_p，计算分子的平均平动动能时肯定要用方均根速率 v_{rms}，上一节讨论的泄流、以后讨论的分子碰撞次数以及输运现象一般要用平均速率 $\overline{v}$。

例 4 试求 0 ℃时氧气和氢气的方均根速率、平均速率、最概然速率。

解：对于氧气：

$$\sqrt{\overline{v^2}}=1.73\times\sqrt{\frac{RT}{\mu}}=1.73\times\sqrt{\frac{8.31\times 273}{32\times 10^{-3}}}=460(\mathrm{m/s})$$

$$\overline{v}=1.6\times\sqrt{\frac{RT}{\mu}}=425(\mathrm{m/s})$$

$$v_p=1.41\times\sqrt{\frac{RT}{\mu}}=375(\mathrm{m/s})$$

对于氢气：

$$\sqrt{\overline{v^2}}=1.73\times\sqrt{\frac{RT}{\mu}}=1.73\times\sqrt{\frac{8.31\times 273}{2\times 10^{-3}}}=1\,842.5(\mathrm{m/s})$$

$$\overline{v}=1.6\times\sqrt{\frac{RT}{\mu}}==1\,704(\mathrm{m/s})$$

$$v_p=1.41\times\sqrt{\frac{RT}{\mu}}=1\,501.7(\mathrm{m/s})$$

通过这个例子可以看出，气体分子在 0 ℃时其速率是$10^2\sim10^3$m/s 数量级，取决于分子的质量，对于相同的温度，质量越小，速率越大，反之质量越大，速率越小，但都大于声速，也就是说分子的速率还是非常大的。

例 5 试计算气体分子热运动速率的大小介于 $v_p-v_p/100$ 和 $v_p+v_p/100$ 之间的分子数占总分子数的百分数。

解：为了简化，首先我们引入 $u=v/v_p$，把麦克斯韦速率分布律改写成简单形式 $f(u)=\frac{4}{\sqrt{\pi}}u^2\mathrm{e}^{-u^2}$，按常规，严格来讲我们应该做下面的积分：

$$\frac{\Delta N}{N}=\int_{v_p-v_p/100}^{v_p+v_p/100}f(v)\,\mathrm{d}v=\int_{99/100}^{101/100}\frac{4}{\sqrt{\pi}}u^2\mathrm{e}^{-u^2}\mathrm{d}u$$

但是这个积分非常难以计算，对于前面给的条件我们可以做近似。由我们学习过的微积分可知，对于任意积分，当$\Delta x \ll x_0$时，都有$\int_{x_0}^{x_0+\Delta x} f(x)\mathrm{d}x \approx f(x_0)\Delta x$。由于$u = 1 - \frac{1}{100} = \frac{99}{100}$，$\Delta u = \left(1 + \frac{1}{100}\right) - \left(1 - \frac{1}{100}\right) = \frac{1}{50}$，我们可做如下近似：

$$\frac{\Delta N}{N} = \int_{99/100}^{101/100} \frac{4}{\sqrt{\pi}} u^2 \mathrm{e}^{-u^2} \mathrm{d}u \approx \frac{4}{\sqrt{\pi}} \left(\frac{99}{100}\right)^2 \mathrm{e}^{-(99/100)^2} \times \frac{1}{50} = 1.66\%$$

例6　已知分子的速率分布为$f(v)$，求分子速率在$v_1 \to v_2$区间内分子的平均速率的表达式。

解：由$f(v)$的定义可以得到，分子速率在区间$v \to v + \mathrm{d}v$的分子数占总分子数的百分比为：

$$\frac{\mathrm{d}N}{N} = f(v)\mathrm{d}v$$

所以在$v_1 \to v_2$区间的分子数为

$$\int_{v_1}^{v_2} Nf(v)\mathrm{d}v$$

分子速率在区间$v \to v + \mathrm{d}v$的分子的速率之和为$vNf(v)\mathrm{d}v$，因此在$v_1 \to v_2$区间的分子速率之和为

$$\int_{v_1}^{v_2} vNf(v)\mathrm{d}v$$

分子速率在$v_1 \to v_2$区间的分子的平均速率就等于在$v_1 \to v_2$区间的分子速率之和除以同样在这个区间的分子数，即

$$\overline{v}_{v_1 \to v_2} = \frac{\int_{v_1}^{v_2} vNf(v)\mathrm{d}v}{\int_{v_1}^{v_2} Nf(v)\mathrm{d}v} = \frac{\int_{v_1}^{v_2} vf(v)\mathrm{d}v}{\int_{v_1}^{v_2} f(v)\mathrm{d}v}$$

5.4　玻尔兹曼分布律

在上一节中，我们给出了麦克斯韦速度和速率分布，在推导过程中用到了理想气体的微观模型，简单说就是把分子看成没有体积的弹性质点，并且没有外力作用于它们。特别是忽略了重力的作用，这样气体分子的运动就是各向同性的，分子在整个位形空间分布是均匀的。现在我们把上一节的结果推广一点，考虑气体分子受到外场的影响，研究在这种情况下分子的统计分布规律。由于有外力的作用，分子的空间分布可能不再均匀，比如如果考虑重力的影响，直觉上告诉我们越向下分子的密度应该越大。前面我们已经说过通常热力学只需两个状态参量就能描述一个热力学系统，比如

给定系统的 p 和 V，原则上就能确定系统的热力学状态；而微观上对于系统的描述要给出每一个粒子的坐标和速度，但一般我们研究的气体分子数非常大，完全没有必要知道每个分子的运动状态，我们感兴趣的是这些分子运动状态的统计分布，比如什么位置分子的密度高，什么位置分子的密度低，分子运动速度平均来说是快还是慢等。因此从微观上统计分子的运动状态时就需要知道在位置空间 $x \sim x+\mathrm{d}x$、$y \sim y+\mathrm{d}y$、$z \sim z+\mathrm{d}z$，速度空间 $v_x \sim v_x+\mathrm{d}v_x$、$v_y \sim v_y+\mathrm{d}v_y$，$v_z \sim v_z+\mathrm{d}v_z$ 的分子数占总分子数的百分比，即定义分子微观状态的分布为

$$f(x,y,z,v_x,v_y,v_z)\mathrm{d}x\mathrm{d}y\mathrm{d}z\mathrm{d}v_x\mathrm{d}v_y\mathrm{d}v_z=\frac{\mathrm{d}N(x,y,z,v_x,v_y,v_z)}{N} \tag{5.4.1}$$

注意到，麦克斯韦速率分布是与 $\mathrm{e}^{-mv^2/(2kT)}$ 成正比的，其中的指数因子是分子的平动动能与玻尔兹曼常数和温度 T 乘积的比值。玻尔兹曼将这一规律进行了推广，即温度为 T 的理想气体在外场作用下达到平衡以后，以上定义的微观状态的分布函数是与 $\mathrm{e}^{-\varepsilon/(2kT)}$ 成正比的。其中 ε 表示每个分子的总能量，一般来说包括动能以及外场作用引起的势能，且有

$$\varepsilon=\varepsilon_{\mathrm{t}}+\varepsilon_{\mathrm{p}} \tag{5.4.2}$$

$$f(x,y,z,v_x,v_y,v_z)=C'\mathrm{e}^{-\varepsilon/(2kT)} \tag{5.4.3}$$

式中，ε_{t} 为分子的动能；ε_{p} 为分子的势能。一般情况下，对于多原子气体分子，动能应该包括平动动能、转动动能和振动动能，由于我们现在的重点是考虑外场对于分子空间分布的影响，为了简化因此我们只考虑单原子分子，对于单原子分子，其动能只是平动动能。常数 C' 由归一化条件确定，即

$$\iiint\iiint f(x,y,z,v_x,v_y,v_z)\mathrm{d}x\mathrm{d}y\mathrm{d}z\mathrm{d}v_x\mathrm{d}v_y\mathrm{d}v_z=\iiint\iiint C'\mathrm{e}^{-(\varepsilon_{\mathrm{t}}+\varepsilon_{\mathrm{p}})/(2kT)}\mathrm{d}x\mathrm{d}y\mathrm{d}z\mathrm{d}v_x\mathrm{d}v_y\mathrm{d}v_z=1 \tag{5.4.4}$$

我们将注意力集中在式（5.4.4）中含有的因子 $\mathrm{e}^{-\varepsilon_{\mathrm{p}}/(kT)}$，因为一般情况下 ε_{p} 只取决于空间坐标 x、y、z，而 ε_{t} 只取决于 v_x、v_y、v_z。这就意味着分子的速度分布和位置分布是相互独立的，即 $f(x,y,z,v_x,v_y,v_z)=f(x,y,z)f(v_x,v_y,v_z)$，其中 $f(v_x,v_y,v_z)$ 为前面已经得到的麦克斯韦速度分布，而

$$f(x,y,z)=C\mathrm{e}^{-\varepsilon_{\mathrm{p}}/(kT)} \tag{5.4.5}$$

为有外力作用下气体达到平衡后分子的空间位置分布，具体来说，$f(x,y,z)\mathrm{d}x\mathrm{d}y\mathrm{d}z$ 表示分子处于 $x \sim x+\mathrm{d}x$、$y \sim y+\mathrm{d}y$、$z \sim z+\mathrm{d}z$ 的分子数占总分子数的百分比。

下面我们讨论分子在重力作用下达到平衡以后理想气体的分子数密度 n 随高度变化的规律。此时 $\varepsilon_{\mathrm{p}}=mgz$，这里取 $z=0$ 时分子的重力势能为 0。假设气体体积为 V，总分子数为 N，由

$$C\mathrm{e}^{-mgz/(kT)}\mathrm{d}x\mathrm{d}y\mathrm{d}z=\frac{\mathrm{d}N(x,y,z)}{N} \tag{5.4.6}$$

它表示气体分子处于重力场下达到平衡后一个气体分子处于 $x \sim x+\mathrm{d}x$、$y \sim y+\mathrm{d}y$ 和 $z \sim z+\mathrm{d}z$ 小微元内的概率，或者表示气体分子处于这个小区间的分子数占总分子数的百分比。一般情况下，归一化系数 C 不再像麦克斯韦速度分布的归一化系数只与温度 T 和

原子质量 m 有关，它还与气体容器的几何形状有关，也就是说它不再是一个普适的常数，而是与具体系统的几何形状有关。下面我们以重力场下一个长方体容器中气体分子按空间的分布情况为例进行讨论，假设容器底面积为 A，高为 h，以容器底面为 xy 平面建立直角坐标系，因此 $z \in [0,h]$，$V=Ah$，由归一化条件 $\iiint\limits_V f(x,y,z)\mathrm{d}x\mathrm{d}y\mathrm{d}z = 1$ 可得

$$C\iiint\limits_V \mathrm{e}^{-mgz/(kT)}\mathrm{d}x\mathrm{d}y\mathrm{d}z = A\int_0^h C\mathrm{e}^{-mgz/(kT)}\mathrm{d}z = C\frac{kTV}{mgh[1-\mathrm{e}^{-mgh/(kT)}]} = 1 \tag{5.4.7}$$

因此 $C=mgh[1-\mathrm{e}^{-mgh/(kT)}]/(kTV)$。在这种情况下，气体分子的空间概率分布为

$$f(x,y,z) = \frac{mgh[1-\mathrm{e}^{-mgh/(kT)}]}{kTV}\mathrm{e}^{-mgz/(kT)} \tag{5.4.8}$$

在实际情况中我们更关心的一个量就是粒子数密度随位置的变化关系 $n(x, y, z)$。由式（5.4.6），我们可以得到：

$$n(x,y,z) = \frac{\mathrm{d}N(x,y,z)}{\mathrm{d}x\mathrm{d}y\mathrm{d}z} = CN\mathrm{e}^{-mgz/(kT)} \tag{5.4.9}$$

这里取的小体元 $x \sim x+\mathrm{d}x$、$y \sim y+\mathrm{d}y$、$z \sim z+\mathrm{d}z$，其体积 $\mathrm{d}V=\mathrm{d}x\mathrm{d}y\mathrm{d}z$ 满足宏观无限小、微观无限大的条件。宏观无限小意味着可以做微积分，微观无限大意味着可以利用统计的规律，可以用我们已经学过的热力学规律。这就要求这个小体积元里包含足够多的粒子数，这样才是有意义的，才是合理的。前面已经提到标准情况下气体分子数密度大约是 $3\times10^{25}/\mathrm{m}^3$，这样边长为 0.01 mm 的立方体里面仍然有大约 3×10^{10} 个分子，比全世界人口都多，完全可以利用统计规律。式（5.4.9）有点复杂，不够简洁，下面我们将对其进行化简。首先从式（5.4.9）可以看出 $n(x, y, z)$ 与 x、y 无关，所以把它记为 $n(z)$，然后取 $z=0$ 为标准，得到

$$n_0 \equiv n(z=0) = CN \tag{5.4.10}$$

将上式代入式（5.4.9）得到

$$n(z) = n_0\mathrm{e}^{-mgz/(kT)} \tag{5.4.11}$$

式中，n_0 为 $z=0$ 时的分子数密度。利用式（5.4.10）可以得到 $C=n_0/N$，再由式（5.4.6）可以得到

$$f(x,y,z)\mathrm{d}x\mathrm{d}y\mathrm{d}z = \frac{\mathrm{d}N(x,y,z)}{N} = \frac{n_0}{N}\mathrm{e}^{-mgz/(kT)}\mathrm{d}x\mathrm{d}y\mathrm{d}z \tag{5.4.12}$$

进而得到重力场下玻尔兹曼分布为

$$f(x,y,z,v_x,v_y,v_z) = \frac{n_0}{N}\left(\frac{m}{2\pi kT}\right)^{3/2}\mathrm{e}^{-m(v_x^2+v_y^2+v_z^2)/(2kT)-mgz/(kT)} \tag{5.4.13}$$

类似地，对于一般的外场下的势能 ε_p，玻尔兹曼分布可以写为下面的形式：

$$f(x,y,z,v_x,v_y,v_z) = \frac{n_0}{N}\left(\frac{m}{2\pi kT}\right)^{3/2}\mathrm{e}^{-m(v_x^2+v_y^2+v_z^2)/(2kT)-\varepsilon_p/(kT)} \tag{5.4.14}$$

式中，n_0 为 $\varepsilon_p(x, y, z)=0$ 处的分子数密度。

现在假设对于小体元 $x \sim x+\mathrm{d}x$、$y \sim y+\mathrm{d}y$、$z \sim z+\mathrm{d}z$，我们学过的公式 $p=nkT$ 仍然成立，再由式（5.4.11）就可以得到压强随高度的变化：

$$p(z)=p_0\mathrm{e}^{-mgz/(kT)} \tag{5.4.15}$$

式中，p_0 为 $z=0$ 处的压强。

式（5.4.11）和式（5.4.15）一般用来分析地球大气层分子数密度和压强随高度的变化。这个公式不难理解，在重力场作用下显然地球的大气层不是均匀的，地面的密度最高，压强也最大，离地面越远，分子数密度就越小，压强也越小。需要特别注意的是，以上两个公式的推导都是从玻尔兹曼分布得到的，而玻尔兹曼分布的条件是系统达到了热平衡，也就是系统的温度是均匀的，不随空间位置的变化而变化，所以该公式也叫等温气压公式，它是有条件的。我们知道地球的大气层温度是不均匀的，所以把该公式用于计算大气压时近似认为大气的温度不随高度的变化而变化，只有在高度不是很高的情况下才成立。前面在气体动理论曾经假设，忽略重力的影响，认为粒子数密度是常数，分子分布是空间均匀的，这也是合理的，我们可以利用公式来理解：通常我们考虑的系统大约是米的数量级，取 $h=1$ m，假设考虑的分子为氧气，分子量为 32，分子质量为 $32g/(6.023\times10^{23})$，温度取 $T=300$ K，则利用式（5.4.11）可以得到 $n(h=1\ \mathrm{m})/n_0\sim1$，即分子数密度不随位置的变化而变化，也就是说前面的近似是合理的。

例 7 测得某山顶的压强为 9.1×10^4 Pa，试求此山的高度。已知空气的摩尔质量为 $M=29$ g/mol，设空气的温度均匀，均为 27 ℃，地面上大气压强为 1 atm。

解：由等温气压公式，地面上高度为 z 处的大气压强为

$$p(z)=p_0\mathrm{e}^{-mgz/(kT)}$$

由上式可以得到山的高度为

$$z=-\frac{kT}{mg}\ln\frac{p(z)}{p_0}=-\frac{kT}{Mg/N_0}\ln\frac{p(z)}{p_0}$$

代入已知条件可得

$$z=-\frac{1.38\times10^{-23}\times300}{29\times10^{-3}\times9.8/(6.023\times10^{23})}\ln\frac{9.1\times10^4}{1.01\times10^5}\approx914(\mathrm{m})$$

5.5 麦克斯韦速率分布的实验验证

物理是实验的科学，再好的理论也需要实验来检验。5.3 节我们介绍了麦克斯韦速率分布，为了实验上验证它是正确的，人们提出了许多设计方案，最成功的就是利用我们前面学习的泄流的原理设计的。如果泄流中的小孔足够小，从小孔中流出的分子数相对于箱子里的分子数可以忽略，也就是说流出的分子不会影响箱子里的气体处于平衡态，流出的气体带有箱子里气体的性质，通过测量流出来的气体就能够得到箱子里气体的速率分布，也就可以验证麦克斯韦速率分布律。但是如果要测量流出来的气体的速率分布，首先这些流出来的气体流出之后在测量之前不能受到其他气体的影响，也就是说我们必须在真空中测量这些流出来的气体，否则空气中的气体分子会影响泄流出来的分子的速率分布。在麦克斯韦导出速率分布律的时候，由于实验技术还没有发展得很好，还不能获得足够高的真空，所以，还不能用实验验证它。直到 20 世纪 20

年代之后，由于真空技术的发展，对于麦克斯韦速率分布的实验验证才有了可能。1920年史特恩（Stern）第一次利用原子束实验测定验证了麦克斯韦速率分布律，此后科学家不断改进实验装置，更加精确地测定了分子的速率分布，进一步验证了麦克斯韦速率分布的正确性。1934年我国物理学家葛正权利用铋（Bi）蒸气分子验证了麦克斯韦速率分布律。各种实验方法各不相同，但原理是类似的，下面我们以1955年密勒（Miller）和库什（P. Kusch）做得比较精确的验证麦克斯韦速率分布律的实验作为例子介绍麦克斯韦速率分布律的实验验证方法。

实验装置如图5.11所示。首先要有一个蒸气源即图中的O，里面的蒸气处于平衡态。一般采用的金属蒸气，比如钾、铊、钍等；通常蒸气源被加热到非常高的温度，产生金属蒸气，例如某次实验用的是铊金属，被加热到870 K。这些金属蒸气就是我们要测量的气体，蒸气源里面金属原子的速率分布的性质就是通过对从小孔泄漏出来的金属原子的测量来实现的。对于泄漏出来的金属原子，我们假想把不同速率的原子分开，这样才能测量不同速率间隔金属分子的多少。本质上，我们就是通过测量$v \sim v+\mathrm{d}v$区间的分子数占总分子数的百分比$\Delta N_v/N$，进而求出分子的速率分布$f(v)\Delta v=\Delta N_v/N$。R是一个用铝合金制成的圆柱体，它起到了速率筛选器的作用。为了能测定从蒸气源开口逸出的金属原子的速率，让圆柱体绕中心轴转动，并在它上面沿纵向刻了很多条螺旋形细槽，图5.11中画出了其中一条，如图5.11所示细槽的入口处和出口处的半径之间夹角为ϕ，显然由于有螺旋形细槽的存在，并不是所有从细槽入口处进入的金属原子都能从细槽出口处出去，只有逸出的金属原子的速率和圆柱体转动的角速率满足一定关系的金属原子才能从细槽出口处出去，其他速率的金属原子将沉积在细槽壁上。在细槽出口后面是一个检测器D，用它测定通过细槽的金属原子射线的强度，整个装置放在抽成高真空的容器中。当R以角速度ω转动时，从蒸气源逸出的各种速率的原子都能进入细槽，但并不都能通过细槽从出口处飞出，只有那些速率v满足金属分子沿旋转圆柱体的转轴方向走的时间L/v和圆柱体转过角度ϕ所需的时间ϕ/ω相等的金属原子才能通过细槽出口，并最终被探测器探测到，即满足$\dfrac{L}{v}=\dfrac{\phi}{\omega}$，由此得到能够通过细槽的分子的速率为

$$v=\frac{\omega}{\phi}L \tag{5.5.1}$$

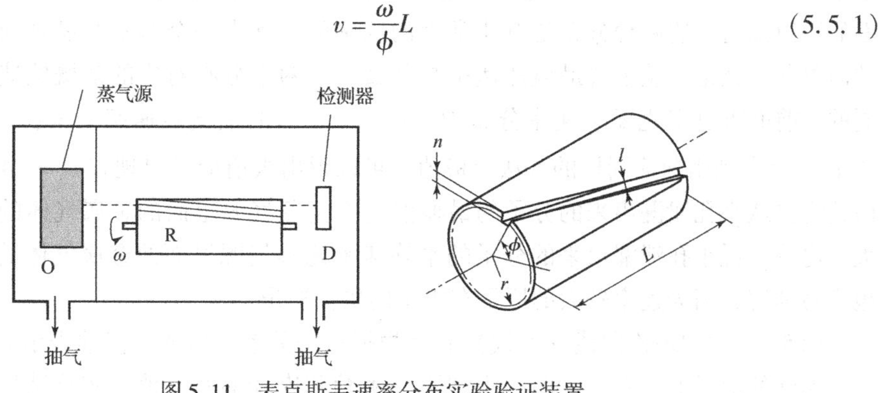

图5.11 麦克斯韦速率分布实验验证装置

由于 L 和 ϕ 是固定的，因此，通过 R 这个滤速器，改变角速度 ω，就可以让不同速率的原子通过。另外，细槽有一定宽度 l，相当于夹角 ϕ 有一个变化范围，相应地，对于一定的 ω 通过细槽飞出的所有原子的速率并不严格地相同，而是在一定的速率范围 $v \sim v+\Delta v$ 之内。需要指出的是，从蒸气源逸出的原子和蒸气源内原子的速率分布并不相同，下面我们从理论上推导一下实验测量的金属原子的速率分布与蒸气源里面金属原子满足的麦克斯韦速率分布之间的关系。泄流公式（5.3.34）可以改写为

$$\Gamma = \frac{1}{4}n\bar{v} = \frac{1}{4}n\int_0^{\infty} vf(v)\,\mathrm{d}v = n\int_0^{\infty}\pi\left(\frac{m}{2\pi kT}\right)^{\frac{3}{2}} v^3 \mathrm{e}^{-mv^2/(2kT)}\,\mathrm{d}v \tag{5.5.2}$$

假设小孔的面积为 A，则单位时间从小孔泄流出的分子总数为

$$\Gamma' = An\int_0^{\infty}\pi\left(\frac{m}{2\pi kT}\right)^{\frac{3}{2}} v^3 \mathrm{e}^{-mv^2/(2kT)}\,\mathrm{d}v$$

定义

$$J(v) = An\pi\left(\frac{m}{2\pi kT}\right)^{\frac{3}{2}} v^3 \mathrm{e}^{-mv^2/(2kT)} \tag{5.5.3}$$

上式可以改写为

$$\Gamma' = \int_0^{\infty} J(v)\,\mathrm{d}v \tag{5.5.4}$$

根据式（5.5.3）和式（5.5.4）可以得到：由于 Γ' 表示单位时间流出器壁的分子总数，相应的 $J(v)\mathrm{d}v$ 就表示单位时间流出速率在 $v \sim v+\mathrm{d}v$ 的分子数。由于细槽有一定宽度 l，相当于夹角 ϕ 有一个变化范围，从图 5.11 可以得出这个变化范围 $\Delta\phi = l/r$。由于 ϕ 的这个变化范围，通过式（5.5.1）可以得到对应速率的变化范围 $|\Delta v| = \frac{\omega L}{\phi^2}\Delta\phi = \frac{v}{\phi}\Delta\phi$，因此可以得出分子的速率间隔 Δv 也依赖于 ω，也就是说依赖于 v，确切地说 Δv 随 v 的增加而增加，因此得到

$$J(v)\Delta v = Cv^4 \mathrm{e}^{-mv^2/(2kT)} \tag{5.5.5}$$

式中，$C = n\pi A\Delta\phi/\phi$ 为不依赖于速率 v 的常数。实验中通过改变 ω，对不同速率范围内的原子射线检测其强度，就可以验证麦克斯韦速率分布是否与实验一致。由于麦克斯韦速率分布 $f(v) \propto v^2 \mathrm{e}^{-mv^2/(2kT)}$，由上面的分析可知实验结果与 $v^4 \mathrm{e}^{-mv^2/(2kT)}$ 成正比。由前面的知识知道，这两种分布是有非常大的区别的，其中一个非常容易判断是哪个分布的简单办法就是实验上看最概然速率是什么，这两个分布对应的最概然速率是明显不同的。前面求过麦克斯韦速率分布 $f(v) \propto v^{2-mv^2/(2kT)}$ 的最概然速率 $v_{\mathrm{p}} = (2kT/m)^{1/2}$，对 $Cv^4 \mathrm{e}^{-mv^2/(2kT)}$ 利用前面同样的方法求极值，可以得出极值应该出现在 $v_{\mathrm{p}}' = (4kT/m)^{1/2}$ 处。由此看出从小孔泄漏出来的分子的最概然速率比蒸气源里面的金属气体的最概然速率大，也就是说小孔泄漏出来的分子的平均速率比蒸气源里面的金属气体的速率大，这也容易理解，因为速率较大的原子有更多的机会逸出。

图 5.12 中的理论曲线（实线）就是根据这一关系画出的，横轴表示 v/v_{p}'，纵轴表示检测到的原子射线强度。图中小圆圈是密勒和库什的实验值，实验结果与理论曲线的密切符合，说明蒸气源内的原子的速率分布是遵守麦克斯韦速率分布律的。

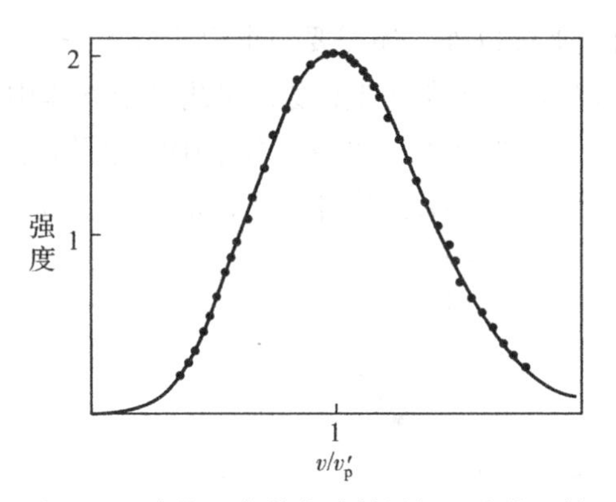

图 5.12 密勒和库什实验结果与理论的比较

5.6 能量按自由度均分定理

在 5.2 节我们得到了平衡态下气体分子的平均平动动能和温度的关系。实际上，各种分子都有一定的内部结构，例如，有的气体分子为单原子分子（如 He、Ne)，有的为双原子分子（如 H_2、N_2、O_2)，还有的为多原子分子（如 CH_4、H_2O)。因此，除了平动之外，气体分子还可能有转动动能以及分子内部原子相对位置改变而引起的振动动能，为了用统计的方法计算分子的平均转动动能和平均振动动能，以及平均总动能，需要引入运动自由度的概念。

在位形空间中，为了确定物体的位置，需要建立空间坐标系。确定某个物体在位形空间中的位置时，需要引入的独立坐标的数目称为该物体的自由度数。气体分子是由原子组成的，所以组成分子的原子会形成一定的空间构形，组成原子的数目不同，空间构形不同，分子的自由度也不同，具体来说单原子分子、双原子分子和多原子分子的自由度数是不同的。下面我们首先考虑刚性分子，即不考虑分子中原子的振动。

单原子分子可以看成是质点。确定一个自由质点的位置需要 3 个坐标，在直角坐标系中用（x，y，z）来表示，因此气体中单原子分子的自由度是3，称为平动自由度，用 t 表示，即 $t=3$。对于双原子气体分子，我们先假设它们是刚性的，不考虑其中分子中原子相对位置的变化，即不考虑分子的振动，这时确定这种分子的位置，除了需用 3 个坐标确定其质心位置（相应于 3 个平动自由度）外，还需要确定它的两个原子的连线的方位，如图 5.13（a）所示，这又需要两个独立坐标，这是因为一条直线在空间的方位，可以选取它与 x、y、z 轴的 3 个夹角 α、β、γ 来表示，但因它们总是满足 $\cos^2\alpha+\cos^2\beta+\cos^2\gamma=1$，所以独立的坐标数就变成 2。需要注意的是，即使确定 α、β、γ 中的两个角度，有时并不能完全确定两个原子连线的方向，比如固定 α、β，如果 γ 满足上式，显然 $\pi-\gamma$ 也满足上式。在球坐标系中，如图 5.13（b）所示，只要确定了 θ、φ，这个轴的方向就完全确定了，因此 θ、φ 两个坐标实际上给出了分子的转动状态和它们相应的自由度，该自由度称为转动自由度，以 r 表示，对于刚性双原子分子，$r=2$。

如果假设多原子分子也是刚性的，则除了说明质心位置的 3 个坐标和确定通过质心的任意轴的方位的两个坐标以外，还需要一个说明分子绕该轴转动的角度坐标 ϕ，如图 5.14 所示，这个坐标为第 3 个转动自由度。因此对于气体中的刚性多原子分子，其转动自由度为 3，即 $r=3$。需要注意，多原子分子中的原子若排列在一条直线上，则它的转动自由度为 2，比如刚性的 CO_2，其自由度就是 5，而刚性 H_2O 的自由度是 6。

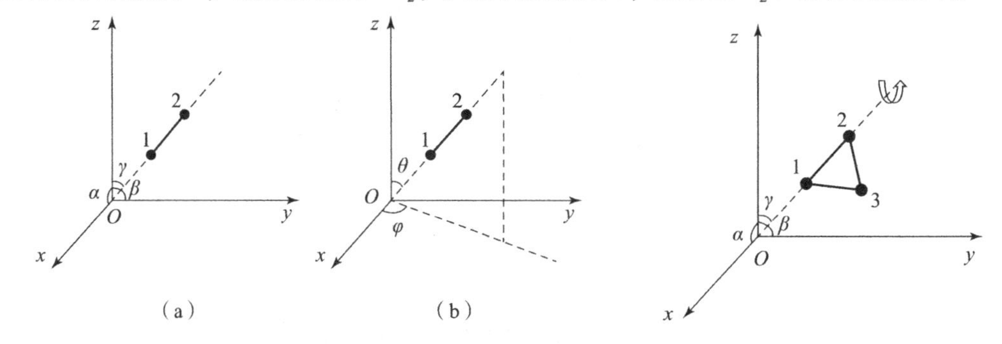

图 5.13 刚性双原子分子转轴自由度示意图

图 5.14 刚性多原子分子自由度

现在考虑气体分子的每一个自由度的平均动能。由式（5.2.10）可知

$$\frac{1}{2}m\overline{v_x^2}=\frac{1}{2}m\overline{v_y^2}=\frac{1}{2}m\overline{v_z^2}=\frac{1}{2}kT \tag{5.6.1}$$

它说明分子的每一个平动自由度的平均动能都相等，都等于$\frac{1}{2}kT$。需要特别注意的是，式（5.6.1）所表示的是统计规律，它只适用于大量分子的集体运动，各平动自由度的平动动能相等，是气体分子在无规则运动中不断发生碰撞的结果。由于碰撞是无规则的，所以在碰撞过程中动能不但在分子之间进行交换，而且还可以从一个平动自由度转移到另一个平动自由度上去。前面已假设分子之间的碰撞满足动量守恒，虽然动量守恒使得每个方向上的动量总和不变，但不同方向上的动能是可以变化的，例如我们学过一个小球以一定速度撞上一个静止的小球，如果不是正碰，那么动能一定不全在原来小球的运动方向上。虽然前面已假设分子是质点，那是因为对于分子之间的平均距离来说它比较小，所以看成质点，但是当考虑它们碰撞的时候就需要考虑它们的结构了。由于碰撞是完全无序的，空间 3 个自由度并没有哪一个具有特别的优势，因此各平动自由度就具有相等的平均动能。

这种能量的分配，在分子有转动的情况下，还扩展到转动自由度。这就是说，在分子的无规则碰撞过程中，平动和转动之间以及各转动自由度之间也可以交换能量，而且就能量来说，这些自由度中也没有哪个是特殊的。能量均分定理更普遍的说法是在温度为 T 的平衡态中，系统中分子的每个自由度都有 $kT/2$ 的平均热运动能量，也就是说每个自由度的平均热运动能量相等。对于任何一个自由度，意味着沿着这个自由度有运动，有运动就有动能。各种振动、转动自由度与平动自由度一样，每个自由度都会有 $kT/2$ 的平均热运动能量。需要注意的是，只有在平衡状态下才能应用能量均分定理，非平衡状态不能应用能量均分定理。能量均分定理本质上是关于热运动的统计规律，是对大量分子统计平均所得的结果；能量均分定理不仅适用于理想气体，一般也可以用于液体和固体的无规则热运动。利用经典统计物理可以严格地证明能量均分定理。

根据能量均分定理，如果一个气体分子的总自由度数是 i，则它的平均总动能就是

$$\bar{\varepsilon}_{\mathrm{k}}=\frac{i}{2}kT \tag{5.6.2}$$

几种气体分子的平均总动能如下：

单原子分子：

$$\bar{\varepsilon}_{\mathrm{k}}=\frac{3}{2}kT$$

刚性双原子分子：

$$\bar{\varepsilon}_{\mathrm{k}}=\frac{5}{2}kT$$

刚性多原子分子：

$$\bar{\varepsilon}_{\mathrm{k}}=3kT$$

我们在第3章学过气体的内能，内能是指它所包含的所有分子的动能（相对于质心参考系）和分子间的相互作用势能的总和。对于理想气体，由于分子之间无相互作用力，所以分子之间无势能，因而理想气体的内能就是它的所有分子的动能的总和。以 N 表示一定的理想气体的分子总数，由于每个分子的平均动能由式（5.6.2）决定，所以理想气体的内能为

$$u=N\bar{\varepsilon}_{\mathrm{k}}=N\frac{i}{2}kT \tag{5.6.3}$$

由于 $k=R/N_{\mathrm{A}}$，$N/N_{\mathrm{A}}=\nu$，即气体的物质的量，所以上式又可写成

$$u=\frac{i}{2}\nu RT \tag{5.6.4}$$

对已经讨论的几种理想气体，它们的内能如下：

单原子分子气体：

$$u=\frac{3}{2}\nu RT$$

刚性双原子分子气体：

$$u=\frac{5}{2}\nu RT$$

刚性多原子分子气体：

$$u=3\nu RT$$

这些结果都说明，一定的理想气体内能只是温度的函数，而且和热力学温度成正比。这个经典统计物理的结果在与室温相差不大的温度范围内和实验近似地符合。在本书中也只按这种结果讨论有关理想气体的能量问题。

下面我们讨论第3章介绍的摩尔热容，由式（3.5.13）和式（5.6.4）可以得到等容摩尔热容为

$$C_{V,m}=\frac{i}{2}R \tag{5.6.5}$$

由式（3.5.24）可以得到等压摩尔热容为

$$C_{p,m}=\frac{2+i}{2}R \tag{5.6.6}$$

比热容比 γ 为

$$\gamma=\frac{2+i}{i} \tag{5.6.7}$$

表5.1列出了单原子分子、刚性双原子分子、刚性多原子分子的理想气体内能、定容摩尔热容、定压摩尔热容以及比热容比。

表5.1 理想气体内能、定容摩尔热容 $C_{V,m}$、定压摩尔热容 $C_{p,m}$ 和比热容比

分子种类	自由度 i	内能	$C_{V,m}$	$C_{p,m}$	γ
单原子分子	3	$\frac{3}{2}\nu RT$	$\frac{3}{2}R$	$\frac{5}{2}R$	1.67
刚性双原子分子	5	$\frac{5}{2}\nu RT$	$\frac{5}{2}\mathrm{R}$	$\frac{7}{2}\mathrm{R}$	1.40
刚性多原子分子	6	$3\nu RT$	$3R$	$4\mathrm{R}$	1.33

以上我们对于刚性分子进行了讨论，没有考虑振动。如果考虑振动自由度 s，那么内能不是简单的加一份振动动能 $skT/2$ 那么简单，因为只要有振动存在，分子中原子之间就一定存在相互作用力，也就是说一定有振动势能存在。在力学中我们学过一个简谐振动的平均动能等于它的平均势能，在简谐振动近似下，也就是在微小振动情况下，对于每一个振动自由度，除去 $kT/2$ 的平均振动动能还有一份平均振动势能 $kT/2$。一般情况下如果分子具有平动自由度 t、转动自由度 r、振动自由度 s，那么一个分子的平均能量（包括动能和势能）为

$$\bar{\varepsilon}_{\mathrm{k}}=\frac{1}{2}(t+r+2s)kT \tag{5.6.8}$$

相应的理想气体内能为

$$u=\frac{1}{2}(t+r+2s)\nu RT \tag{5.6.9}$$

等容摩尔热容为

$$C_{V,m}=\frac{1}{2}(t+r+2s)R \tag{5.6.10}$$

对于由 n 个原子组成的气体分子来讲，总的自由度数目为 $3n$，其中3个为平动自由度，3个为转动自由度，其余（$3n-6$）为振动自由度。有振动自由度的分子称为非刚性分子，而对于刚性分子，原子之间的相对位置不再变化，振动自由度不用考虑。

为了把以上理论和实验进行比较，表5.2给出了室温下几种气体的 $C_{V,m}/R$、$C_{p,m}/R$ 和比热容比 γ。从表中可以看出，对于列出的气体在室温下把分子看成是刚性分子得出的理论结果和实验结果符合得还是很好的，也就是说室温条件下振动自由度没有起作用，好像被冻结了。这在经典理论是不可能解释的，只有量子力学才能给出比较完满的解释。为了更深入地理解这一点，我们以氢气为例来说明。表5.3给出了不同温度

下氢气的定容摩尔热容，从表中可以看出，温度非常低的时候，氢气的 $C_{V,m}$ 近似为 $3R/2$，在室温范围内近似为 $5R/2$，只有在非常高的温度才等于 $7R/2$，这一点也可以从图5.15清楚地看出来。也就是说，在极低温度下，分子的转动和振动被冻结了，不参与分子的热运动，只有平动参与分子的热运动；温度高一些时，只有平动和转动参与分子的热运动，振动还是不参与；只有在极高温条件下，平动、转动和振动才共同参与分子的热运动。对于这一知识点必须利用量子力学的知识才能理解。

表5.2　室温下几种气体的 $C_{V,m}/R$、$C_{p,m}/R$ 和比热容比 γ

气体	理论值			实验值		
	$C_{V,m}/R$	$C_{p,m}/R$	γ	$C_{V,m}/R$	$C_{p,m}/R$	γ
He	1.5	2.5	1.67	1.502	2.521	1.678
Ar	1.5	2.5	1.67	1.502	2.556	1.702
H_2	2.5	3.5	1.40	2.455	3.465	1.411
N_2	2.5	3.5	1.40	2.501	3.499	1.399
O_2	2.5	3.5	1.40	2.516	3.479	1.383
CO	2.5	3.5	1.40	2.526	3.534	1.399
H_2O	3	4	1.33	3.353	4.361	1.301
CH_4	3	4	1.33	3.283	4.291	1.307

表5.3　不同温度下氢气的定容摩尔热容

温度/℃	−233	−183	−76	0	500	1 000	1 500	2 000	2 500
$C_{V,m}/(\mathrm{cal\cdot mol^{-1}\cdot K^{-1}})$	2.98	3.25	4.38	4.849	5.074	5.486	5.990	6.387	6.688
注：1 cal≈4.2 J。									

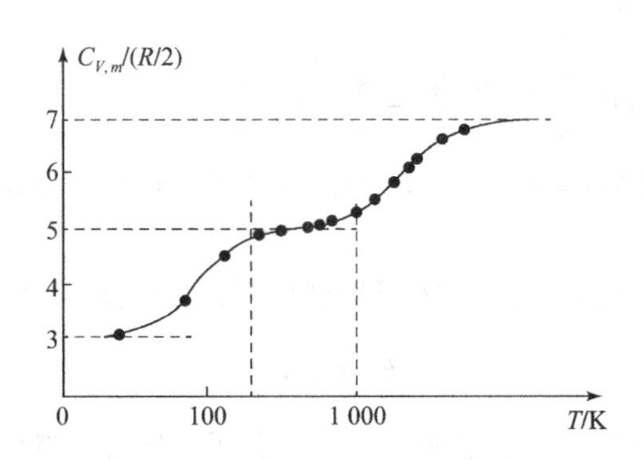

图5.15　氢气的定容摩尔热容随温度的变化曲线

能量均分定理是建立在经典力学的基础之上的，实际上微观粒子的运动是遵从量子力学规律的，量子力学一个重要的特征就是能量取值是量子化的，是分立的，不是连续取值。举个非常通俗的例子，按照量子力学理论，微观粒子能量的取值就像运动场的看台，是台阶状的，当我们站在看台上时，我们的重力势能就不是连续的了。一般情况下，没有外界的打扰，微观粒子都是处于能量最低的状态，称之为基态，不严格的说处于基态可以近似地看成不运动。当有外界打扰时，比如给它加热，对它进行光照等，总的来说就是给它能量，那么一般情况它会从基态跃迁到高的能量状态，我们把它叫作激发态，这是运动被激活。分子的平动、分子的转动，以及分子中原子之间的振动的能量取值都是量子化的。由量子力学可知，原子的平动的能级间隔比较小，转动的能级间隔比平动的能级间隔大，而振动的能级间隔最大，相当于平动的运动场看台的台阶非常低，转动的运动场看台的台阶高一些，振动的运动场看台的台阶最高。温度比较低时的平均热运动能量 kT 只能激发分子的平动，也就是把它从基态激发到激发态，相当于激活了分子的平动，但是转动和振动是不能被激发的，还是处在能量最低的状态，不参与分子的热运动。随着温度的增加，当平均热运动能量 kT 和转动能级差不多时，转动就被激发了，转动就参与到分子的热运动之中了，这时振动还不能被激发，最后随着温度的进一步增加，达到一定温度时，振动也被激发了，振动也就参与到分子的热运动中了。

例 8 质量相同的氢气和氦气分别装在两个容积相同的封闭容器内，温度也相同（氢气视为刚性双原子分子）。求：(1) 氢分子与氦分子的平均平动动能之比；(2) 氢气与氦气的压强之比；(3) 氢气与氦气的内能之比。

解：(1) 由于 $\bar{\varepsilon}_{t}=\dfrac{3}{2}kT$，可以得到$\dfrac{\bar{\varepsilon}_{tH_2}}{\bar{\varepsilon}_{tHe}}=1$。

(2) 假设氢气和氦气的质量为 m，则

$$\nu_{H_2}:\nu_{He}=\frac{M_{H_2}}{\mu_{H_2}}:\frac{M_{He}}{\mu_{He}}=\frac{m}{2\ \text{g/mol}}:\frac{m}{4\ \text{g/mol}}=2$$

$$\frac{n_{H_2}}{n_{He}}=\frac{\nu_{H_2}}{\nu_{He}}=2$$

由于 $p=\dfrac{2}{3}n\bar{\varepsilon}_{t}$，可以得到 $\dfrac{p_{H_2}}{p_{He}}=2$。

(3) 由于 $u=\dfrac{i}{2}\nu RT$，$\dfrac{u_{H_2}}{u_{He}}=\dfrac{i_{H_2}\nu_{H_2}}{i_{He}\nu_{He}}=\dfrac{5}{3}\times 2=\dfrac{10}{3}$。

例 9 氧气罐以速率 $v=100$ m/s 运动，假设该气罐突然停止，求容器中氧气的温度将会上升多少？

解：设容器中氧气的总质量为 M，则其整体的定向运动动能为

$$E_{k}=\frac{1}{2}Mv^{2}$$

假定容器中的氧气是理想气体，是刚性双原子分子，气罐突然停止运动，全部定向运动的动能都变为气体分子热运动的动能，则有

$$E_{k}=\Delta E=\frac{M}{\mu}\frac{i}{2}R\Delta T$$

由此可以得到提高的温度为

$$\Delta T=\frac{\mu v^2}{iR}=\frac{32\times10^{-3}\times100^2}{5\times8.31}=7.7(\mathrm{K})$$

例10 容器内刚性双原子理想气体的温度 $T=273$ K，压强 $p=101.3$ Pa，密度 $\rho=1.25\ \mathrm{g/m^3}$，求：

（1）气体的摩尔质量；

（2）气体分子运动的方均根速率；

（3）气体分子的平均平动动能和转动动能；

（4）单位体积内气体分子的总平动动能；

（5）0.3 mol 该气体的内能。

解：（1）由

$$pV=\frac{M}{\mu}RT,\ \rho=\frac{M}{V}$$

$$\mu=\frac{\rho RT}{p}=\frac{1.25\times10^{-3}\times8.31\times273}{101.3}\approx0.028(\mathrm{kg/mol})$$

（2）方均根速率为

$$\sqrt{\overline{v^2}}=\sqrt{\frac{3RT}{\mu}}=\sqrt{\frac{3p}{\rho}}=\sqrt{\frac{3\times101.3}{1.25\times10^{-3}}}\approx493(\mathrm{m/s})$$

以上利用了对于1 mol 气体 $pV_0=RT$，其中 V_0 为摩尔体积，$\rho=\mu/V_0$。

（3）气体分子的平均平动动能为

$$\bar{\varepsilon}_{\mathrm{t}}=\frac{3}{2}kT=\frac{3}{2}\times1.38\times10^{-23}\times273\approx5.65\times10^{-21}(\mathrm{J})$$

因为是刚性双原子分子，转动自由度为2，所以气体分子的平均转动动能为

$$\bar{\varepsilon}_{\mathrm{r}}=2\times\frac{1}{2}kT=1.38\times10^{-23}\times273\approx3.77\times10^{-21}(\mathrm{J})$$

（4）单位体积内气体分子的总平动动能 E_{t} 可以写为单位体积的分子数乘以每个分子具有的平均平动动能，即

$$E_{\mathrm{t}}=n\bar{\varepsilon}_{\mathrm{t}}$$

由于 $p=nkT$，所以有

$$E_{\mathrm{t}}=\frac{p}{kT}\bar{\varepsilon}_{\mathrm{t}}=\frac{101.3}{1.38\times10^{-23}\times273}\times5.65\times10^{-21}\approx1.52\times10^2\ (\mathrm{J/m^3})$$

（5）0.3 mol 该气体的内能为

$$u=\frac{M}{\mu}\frac{i}{2}RT=0.3\times\frac{5}{2}\times8.31\times273\approx1.7\times10^3(\mathrm{J})$$

附表5.1 积分表

n	0	1	2	3	4	5	6
$\int_0^\infty x^n e^{-\lambda x^2}dx$	$\frac{1}{2}\sqrt{\frac{\pi}{\lambda}}$	$\frac{1}{2\lambda}$	$\frac{1}{4}\sqrt{\frac{\pi}{\lambda^3}}$	$\frac{1}{2\lambda^2}$	$\frac{3}{8}\sqrt{\frac{\pi}{\lambda^5}}$	$\frac{1}{\lambda^3}$	$\frac{15}{16}\sqrt{\frac{\pi}{\lambda^7}}$

小结

（1）热力学系统微观状态：组成系统的大量分子的运动状态，每个分子的位置和速度。

（2）理想气体压强的微观意义：

$$p=\frac{2}{3}n\bar{\varepsilon}_{\mathrm{t}}$$

（3）温度的微观意义：

$$\bar{\varepsilon}_{\mathrm{t}}=\frac{3}{2}kT$$

热力学温度是分子平均平动动能的量度。

（4）速率分布：$f(v)\mathrm{d}v$ 表示分子的速率处于 $v\sim v+\mathrm{d}v$ 的分子数占总分子数的百分比或者分子的速率处于 $v\sim v+\mathrm{d}v$ 的概率，即

$$f(v)\mathrm{d}v=\frac{\mathrm{d}N_v}{N}$$

满足归一化条件：$\int_0^{\infty}f(v)\mathrm{d}v=1$。

（5）平衡态下气体分子满足的麦克斯韦速率分布：

$$f(v)=4\pi\left(\frac{m}{2\pi kT}\right)^{\frac{3}{2}}v^2\mathrm{e}^{-mv^2(2kT)}$$

并且满足归一化条件。

（6）麦克斯韦速度分布：

$$f(v_x,v_y,v_z)=\left(\frac{m}{2\pi kT}\right)^{3/2}\mathrm{e}^{-m(v_x^2+v_y^2+v_z^2)/(2kT)}$$

$f(v_x,\ v_y,\ v_z)\mathrm{d}v_x\mathrm{d}v_y\mathrm{d}v_z$ 表示温度为 T 的平衡态下速度分量处于 $v_x\sim v_x+\mathrm{d}v_x$、$v_y\sim v_y+\mathrm{d}v_y$、$v_z\sim v_z+\mathrm{d}v_z$ 之间的分子数占分子总数的百分比，或者表示一个分子速度分量处于 $v_x\sim v_x+\mathrm{d}v_x$、$v_y\sim v_y+\mathrm{d}v_y$、$v_z\sim v_z+\mathrm{d}v_z$ 的概率，并且满足归一化条件：

$$\int_{-\infty}^{+\infty}\int_{-\infty}^{+\infty}\int_{-\infty}^{+\infty}f(v_x,v_y,v_z)\mathrm{d}v_x\mathrm{d}v_y\mathrm{d}v_z=1$$

（7）三种速率：

平均速率：

$$\bar{v}=\sqrt{\frac{8kT}{\pi m}}=\sqrt{\frac{8RT}{\pi\mu}}\approx1.60\times\sqrt{\frac{RT}{\mu}}$$

最概然速率：

$$v_{\mathrm{p}}=\sqrt{\frac{2kT}{m}}=\sqrt{\frac{2RT}{\mu}}\approx1.41\times\sqrt{\frac{RT}{\mu}}$$

方均根速率：

$$\bar{v}=\sqrt{\frac{3kT}{m}}=\sqrt{\frac{3RT}{\mu}}\approx 1.73\times\sqrt{\frac{RT}{\mu}}$$

（8）麦克斯韦－玻尔兹曼分布律：

$$f(x,y,z,v_x,v_y,v_z)=\frac{n_0}{N}\left(\frac{m}{2\pi kT}\right)^{3/2}\mathrm{e}^{-m(v_x^2+v_y^2+v_z^2)/(2kT)-\varepsilon_p/(kT)}$$

式中，n_0 为 $\varepsilon_p(x,y,z)=0$ 处的分子数密度；N 为分子总数；$f(x,y,z,v_x,v_y,v_z)\mathrm{d}x\mathrm{d}y\mathrm{d}z\mathrm{d}v_x\mathrm{d}v_y\mathrm{d}v_z$ 表示位置空间处于 $x\sim x+\mathrm{d}x$、$y\sim y+\mathrm{d}y$、$z\sim z+\mathrm{d}z$，速度空间处于 $v_x\sim v_x+\mathrm{d}v_x$、$v_y\sim v_y+\mathrm{d}v_y$、$v_z\sim v_z+\mathrm{d}v_z$ 的分子数占总分子数的百分比，也可以说是分子处于以上区间的概率。

（9）地球表面大气层中分子数密度随高度的变化：

$$n(z)=n_0\mathrm{e}^{-mgz/(kT)}$$

压强随高度的变化：

$$p(z)=p_0\mathrm{e}^{-mgz/(kT)}$$

式中，n_0 和 p_0 分别为地面的粒子数密度和压强，选择地面 $z=0$。

（10）自由度：决定一个物体空间位置所需要的独立坐标数。

（11）能量均分定理：在温度为 T 的平衡态下，系统中分子的每个自由度都有 $kT/2$ 的平均热运动能量。

（12）分子的平均动能和理想气体的内能：

在温度为 T 的平衡态下，如果一个气体分子的总自由度数是 i，则分子的平均总动能为

$$\bar{\varepsilon}_k=\frac{i}{2}kT$$

①单原子分子：

$$\bar{\varepsilon}_k=\frac{3}{2}kT$$

②刚性双原子分子：

$$\bar{\varepsilon}_k=\frac{5}{2}kT$$

③刚性多原子分子：

$$\bar{\varepsilon}_k=3kT$$

ν mol 理想气体的内能为

$$u=\frac{i}{2}\nu RT$$

①单原子分子气体：

$$u=\frac{3}{2}\nu RT$$

②刚性双原子分子气体：

$$u=\frac{5}{2}\nu RT$$

③刚性多原子分子气体：

$$u = 3\nu RT$$

思考题

1. 热力学宏观描述和微观描述有什么不同？有什么联系？

2. 如果容器内只有几个分子，能否用 $\bar{\varepsilon}_k = \frac{3}{2}kT$ 计算它们的平均平动动能？

3. 大量分子的热运动能量通过什么过程实现均分？

4. 将 H_2、O_2 的方均根速率与地球表面的逃逸速率（11.2 km/s）进行比较，你会得出什么结论？

5. 推导压强公式的过程中，哪些地方用了统计假设？

6. 利用气体动理论，说明处于同一容器里面的混合气体对于该容器的压强等于每种气体单独存在时对该容器的压强之和。

7. 我们知道温度是分子平均平动动能的标志，平均平动动能大，温度就高，那么高铁车厢里的温度（如果不开空调）会随着高铁的运动温度变高吗？为什么？

8. 一容器的气体，由理想气体状态方程知道，体积不变，温度升高，压强变大，而温度不变，体积减小，压强增大，从微观上看有什么区别？

9. 惰性气体氦是单原子，在 273 K 时，氦的方均根速率为 1 300 m/s，这比起氮气、氧气、氩和水蒸气来说快得多。然而，1 300 m/s 还是远低于从地球表面逃逸的速度，即 11 km/s。那么为什么氦能从大气中逸出，而较重的气体仍然存在？（试从麦克斯韦速率分布解释）

10. 两个容器里分别装了氧气和氢气，它们的压强和温度分别相等，并且达到平衡态，它们的麦克斯韦速率分布一样吗？为什么？

11. 平均速率和最概然速率的物理意义是什么？有什么区别和联系？

12. 麦克斯韦速率分布的实验验证为什么要在高真空下进行？

13. 从微观上看，声波在空气中的传播是靠空气中气体分子间的碰撞实现的，为什么空气中声波的速度和空气分子的方均根速率是同一个数量级？

14. 对某个具体分子，能量均分定理是否成立？

15. 对于非平衡态能量均分定理是否成立？为什么？

习题

5.1　在超高真空压强近似为 10^{-8} Pa 时，77 K 温度下分子数密度是多少？是标准状况时气体分子数密度的多少倍？

5.2　一容器内装有氧气（可以看成是刚性分子），压强为一个大气压，温度为 27 ℃，求：

（1）单位体积内的分子数；

(2) 估计分子间的平均距离；

(3) 分子的平均平动动能和总动能。

5.3　计算氦原子在7 K时的方均根速率，氮气分子在27 ℃时的方均根速率，汞原子在127 ℃时的方均根速率。

5.4　计算电子在1 000 K时的平均能量是电子伏特（eV）的多少倍？此时它的方均根速率是多少？在10 000 K时，方均根速率是光速的几分之一？（电子的质量为9.1×10^{-31} kg）

5.5　已知：有N个假想的气体分子，其速率分布如图5.16所示，$v>2v_0$的分子数为零。N、v_0已知。求：(1) 速率在$v_0\sim2v_0$之间的分子数；(2) 分子的平均速率；(3) 分子的方均根速率。

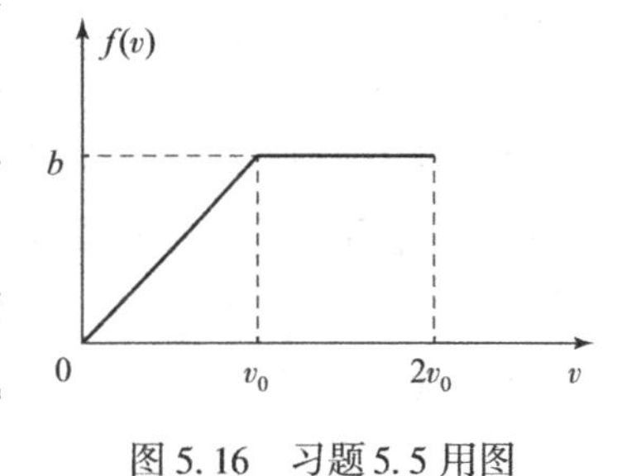

图5.16　习题5.5用图

5.6　利用麦克斯韦速率分布分别在600 K下和300 K下找到速度为476 m/s附近单位速率间隔内的氮分子的概率各是多少？它们之比是多少？

5.7　假设气体的粒子速率分布由下式给出

$$f(v)\,\mathrm{d}v = Av\mathrm{e}^{-v/v_0}\,\mathrm{d}v$$

其中v_0是已知的常量，A为归一化系数。求：

(1) 归一化系数A；

(2) $\bar{v}$ 和v_{rms}，并用v_0表示；

(3) 最概然速率；

(4) 速度与平均值的标准偏差，其定义为$\sigma\equiv[\overline{(v-\bar{v})^2}]^{1/2}$。

5.8　由麦克斯韦速率分布证明速率小于最概然速率的分子数占总分子数的百分比与温度无关，并求出这一常数。$\left(\text{误差函数定义为}\ \mathrm{erf}(x)=\dfrac{2}{\sqrt{\pi}}\displaystyle\int_0^x \mathrm{e}^{-x^2}\mathrm{d}x,\ \text{且}\ \mathrm{erf}(1)=0.842\,7\right)$

5.9　有N个粒子组成的系统的速率分布为

$$f(v)=\begin{cases}C, & 0<v\leqslant v_0\\ 0, & v>v_0\end{cases}$$

其中C是常数，求：

(1) 作速率分布曲线；

(2) 由N和v_0定出C；

(3) 粒子的平均速率和方均根速率。

5.10　根据麦克斯韦速率分布律，求分子平动动能处在$\varepsilon\sim\varepsilon+\mathrm{d}\varepsilon$区间的概率，并且求分子平动动能的最概然值，其中$\varepsilon=\dfrac{1}{2}mv^2$。

5.11　测得某地海平面上的大气压强为750 mmHg，某山顶的压强为610 mmHg，试求该山的高度。已知空气的摩尔质量为28.07 g/mol，并且近似认为地面附近大气是等温的，温度为7 ℃。

5.12　已知空气的摩尔质量为29 g/mol，气球表面的大气压强为1 atm，假设地球大气是等温的，温度为27 ℃，求距离地面高为8 km处的大气压强。

5.13　已知组成氧气的两个氧原子核间距为1.2074×10^{-8} cm，氧原子的质量为16 u，($1\ \mathrm{u}=1.6605\times10^{-27}$ kg)。请估算温度为27 ℃时氧气分子转动角频率的数值。

5.14　在平衡态下，已知理想气体分子的麦克斯韦速率分布为$f(v)$、分子质量为m、最概然速率为v_p，总分子数为N，试写出以上给定条件下的下列物理量的表达式：

(1) 速率大于v_p速率区间的分子数占总分子数的百分比；

(2) 分子的平均平动动能；

(3) 速率$v>v_p$的分子的平均速率；

(4) 速率小于v_p速率区间的分子数。

5.15　在平衡态下，已知某理想气体分子的麦克斯韦速度分布为$f(v_x, v_y, v_z)$、分子质量为m、总分子数为N，试写出用以上给定条件的下列物理量的表达式：

(1) 速度分量v_z位于$-\infty\sim0$的分子数；

(2) 速度分量v_y位于$v_0\sim\infty$的概率；

(3) 速度分量v_x位于$v_x\sim v_x+\mathrm{d}v_x$的分子数；

(4) $\frac{1}{2}mv_x^2$的平均值。

5.16　计算理想气体速率处于$v_p-0.01v_p$到$v_p+0.01v_p$区间内分子数占总分子数的比例。

5.17　一绝热容器被中间的隔板分成相等的两半，一半装有氦气，温度为250 K；另一半装有氧气，温度为310 K，二者压强相等。求：撤去隔板后两种气体混合后的温度是多少？(氦和氧分子均可视为刚性分子)

5.18　0.5 mol氧气的热运动动能的总和为3×10^3 J，求氧气的温度。(氧气分子可看作刚性分子)

5.19　一体积为V的容器，被抽成真空，然后在器壁上开一面积为S的小孔与大气相通，设大气压强和温度始终保持p_0和T不变，求自开小孔后经过多少时间容器内的压强增至$p_0/3$？

5.20　计算氧分子在300 K下的v_p、$\bar{v}$和v_{rms}，在10 000 K时对应的值是多少？

第 6 章

输运过程的分子动理论学基础

“对自然界的深入研究乃是数学发现的最富成果的源泉。”

——傅里叶《热的解析理论》

前面几章中，我们主要讨论了处于平衡态的热力学系统状态变化时所遵循的规律。平衡态是宏观上出现概率最大的状态，我们对处于平衡态系统的定量讨论都是基于等概率假设，虽然平衡态的情况非常重要，但它们只是热力学系统状态的一个特殊情况，很多情况下热力学系统都处于非平衡态，比如当系统的外部条件有所改变并保持均匀且恒定时，系统会偏离平衡态而处于非平衡态。当我们处理的问题涉及处于非平衡态的宏观系统时会遇到许多比平衡态时更为复杂的问题。

非平衡态的一个明显特征是在热力学系统内部的不同区域，温度、流速、分子数密度等宏观性质呈现出不均匀性的分布，这种不均匀性会导致系统的局部能量、动量、物质等在热力学系统的内部不同区域进行传递，进而使得系统中各部分之间的宏观温差、相对运动、密度差异逐渐减小直至消失，热力学系统也将从非平衡态过渡到平衡态。我们称这种宏观的能量、动量、物质的传递的过程为输运过程，称相应的现象为输运现象。输运现象普遍存在于自然界中，例如热传导现象、黏滞现象、扩散现象、化学反应、生物体中养料的吸收和传递等都含有输运过程。

在处理非平衡的热力学系统时，通常需要研究使系统趋于最终平衡的具体相互作用，因此，讨论非平衡过程往往比讨论平衡态情况时困难得多。然而，对于气体，当其浓度非常小且处于非平衡态时，其输运过程都是通过分子的热运动与其频繁碰撞这种微观机制进行的，对于这种情况的讨论会相对简单一些。本章中我们将重点讨论气体内部的输运现象，并尽量简化所使用的方法来得到一些普适性的规律，尽管其推导过程在严格和定量方面略显不足，但也通过非常简洁的论证得到了许多有物理意义的结果。

本章中我们先介绍分子自由程的概念，然后分别从宏观和微观两个不同的角度讨论热传导、黏滞现象和扩散三种输运过程的规律；然后通过比较两种不同角度所得到的结果来认识三种迁移系数的微观实质以及它们之间的内在联系。

6.1 气体的平均自由程

我们知道，在气体中，气体分子之间的主要相互作用形式是分子之间的碰撞，如果气体最初处于非平衡状态，气体分子之间的碰撞将会使分子达到最终的平衡状态，此时分子的速率分布最终趋于满足麦克斯韦速度分布。然而实际气体分子之间的相互作用力非常复杂，因此它们之间的碰撞过程也非常复杂，所以讨论起来也非常麻烦。这里我们希望通过不太复杂的讨论来得到一些普适的结论，因此需假定气体满足以下条件：

（1）单个分子在大部分时间都远离其他分子，因而不会与其他分子发生相互作用。换句话说，两次碰撞之间的时间间隔远远大于碰撞所需的时间间隔。

（2）三个或三个以上的分子彼此接近到足够近从而发生多体碰撞的概率比只有两个分子发生碰撞的概率要小得多，以至于可以忽略不计。换句话说，三体碰撞与两体碰撞相比发生的概率非常小，因此对碰撞的分析可以简化为只有两体相互作用的相对简单的力学问题。

（3）分子间的平均间隔比较大，分子在碰撞之外的行为利用牛顿力学描述就足够了。

做了这样的近似之后，下面先给出几个描述碰撞的重要参数。

6.1.1 碰撞截面

我们将从考虑气体中分子间的碰撞开始。对于碰撞问题，在宏观世界中我们最常见到的就是两个刚性球的碰撞，如图 6.1（a）所示，两个半径分别为 r_1 和 r_2 的刚性球模型，当它们的球心之间最接近的距离 $r > r_1 + r_2$ 时，两球之间没有力的作用，但是如果 $r \leqslant r_1 + r_2$，则它们之间会有很大的相互作用力，即发生碰撞。这样的相互作用可以用势能函数 $U(r)$ 来表示，其值随两球心之间的距离的变化关系为

$$U(r) = \begin{cases} 0, & r > r_1 + r_2 \\ \infty, & r \leqslant r_1 + r_2 \end{cases} \tag{6.1.1}$$

其图示如图 6.1（b）所示。

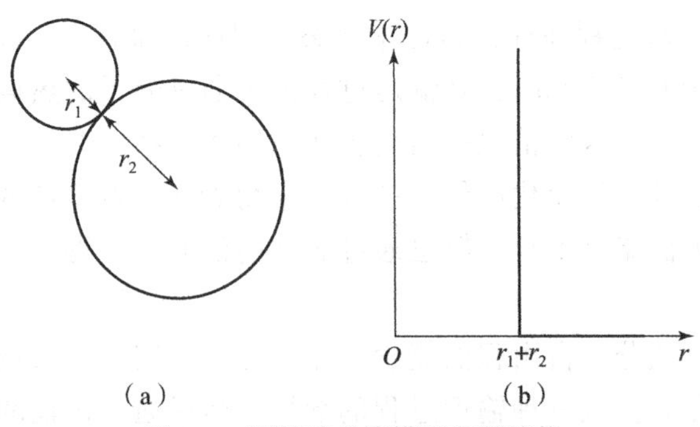

图 6.1 刚性球碰撞模型和硬球势

考虑如图 6.2 所示的情况，选择半径为 r_1、速度为 v 的分子为研究对象，为了清楚地描述它与其他分子的碰撞，我们设想在它的附近有半径为 r_2 的其他分子，如果这些分子的中心处于以第一个分子为圆心，以 $r_1 + r_2$ 为半径的圆盘扫过的柱体内部，则两个分子将会发生碰撞，图中标记为 B 和 C 的分子将会与第一个分子发生碰撞，A 分子则不会。我们把柱体的横截面称为碰撞截面，用 σ 来表示，描述两个分子碰撞的总散

射截面，它的面积为

$$\sigma = \pi (r_1 + r_2)^2 \tag{6.1.2}$$

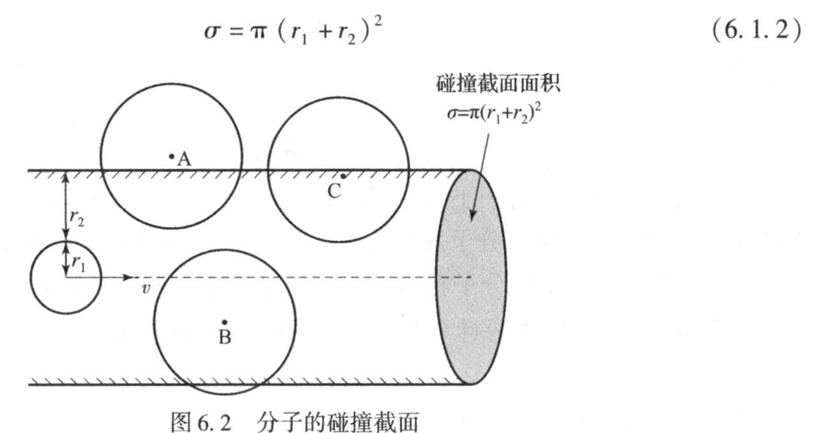

图 6.2　分子的碰撞截面

或者，对于两个分子完全一样的情况，$r_1 = r_2$，则有

$$\sigma = \pi d^2 \tag{6.1.3}$$

式中，$d = 2r_1$，是分子的直径。

在第 1 章中曾讨论过真实分子之间的作用力，当两个分子靠得足够近时它们之间会产生非常大的斥力，这与硬球碰撞非常相似；不同的是，当真实情况下分子稍微分开一些距离时它们间也存在较弱的引力。尽管有这些不同，但两个真实分子之间的碰撞仍然可以用有效碰撞截面 σ 来严格描述，如果分子之间的势是已知的，则可用量子力学定律来计算这个截面，结果将与式（6.1.2）或式（6.1.3）有所不同，其值一般也是分子相对速度 v 的函数。然而，作为近似估计，式（6.1.2）或式（6.1.3）仍然有效。

6.1.2　平均自由程

仍然考虑气体中分子间的碰撞。假定分子与其他分子的碰撞是一个随机发生的过程，我们称分子在经受下一次碰撞之前所经过的平均时间 τ 为分子的平均自由时间（因为与过去相比，未来没有什么特别之处，所以 τ 也是分子在经历前一次碰撞后所走过的平均时间）。我们还可以定义单位时间内的平均碰撞次数为碰撞频率，用 $\bar{Z}$ 表示，它与平均碰撞时间的关系是 $\bar{Z} = 1/\tau$。同样，我们称分子在经受下一次碰撞前所走过的平均距离 $\bar{\lambda}$ 为分子的平均自由程。它也是在前一次碰撞后所走过的平均距离。由于将忽略分子速度分布的具体细节，因此，我们将简单地把分子看作是以相同的平均速率 $\bar{v}$ 随机向着某个方向运动。通过这些近似，可以得到平均自由程 $\bar{\lambda}$ 和平均自由时间 τ 存在如下关系

$$\bar{\lambda} = \bar{v}\tau \tag{6.1.4}$$

下面将计算分子数密度为 n 的气体中单个分子中的平均自由时间 τ。假设分子的碰撞截面 σ 已知，我们考察特定的分子 A，先假定其他的分子固定在空间不动，分子 A 以平均相对速度 $\bar{u}$ 相对于别的分子比如 B 运动并与其发生碰撞，A 分子所携带的面积为 σ 的假想圆盘向分子 B 移动，在 t 时间内扫过的体积为$\sigma \bar{u} t$的柱体。平均自由时间 τ

的意义是，在这段时间内，扫出的体积只包含一个其他的分子，因此

$$\sigma \bar{u} \tau n = 1 \tag{6.1.5}$$

可以得到

$$\tau = \frac{1}{\sigma \bar{u} n} \tag{6.1.6}$$

我们可以定性地分析一下这个结果的合理性。可以看出如果分子数密度 n 很大，则有更多的分子可以与 A 分子发生碰撞；如果分子碰撞截面 σ 很大，则任意的两个分子更容易发生碰撞；如果分子相对于彼此的平均速度较大，那么分子遇到其他的分子的频率就高，这些情况都意味着平均自由时间 τ 很小（或者等价地说，它的碰撞频率 $\bar{Z}$ 很大）。

根据式（6.1.4），可以给出平均自由程 $\bar{\lambda}$ 为

$$\bar{\lambda} = \frac{\bar{v}}{\bar{u}} \frac{1}{\sigma n} \tag{6.1.7}$$

由于这两个发生碰撞的分子都在运动，它们的平均相对速度 $\bar{u}$ 与单个分子的平均速度 $\bar{v}$ 不相等，也就是说上式中的 $\bar{v}/\bar{u}$ 不等于1，我们需要给出这个比值的大小。考虑两个分子 A 和 B，它们的速度分别为 $\vec{v}_1$ 和 $\vec{v}_2$，A 相对于 B 的速度 $\vec{u}$ 等于

$$\vec{u} = \vec{v}_1 - \vec{v}_2$$

所以有

$$u^2 = v_1^2 + v_1^2 - 2\vec{v}_1 \cdot \vec{v}_2 \tag{6.1.8}$$

如果对等式两边取平均值，由于对在随机运动的分子来说，$\vec{v}_1$ 和 $\vec{v}_2$ 之间的夹角余弦可能是正的，也可能是负的，所以平均以后$\overline{\vec{v}_1 \cdot \vec{v}_2} = 0$，因此式（6.1.8）变成

$$\overline{u^2} = \overline{v_1^2} + \overline{v_1^2}$$

忽略平方的平均值与平均值的平方之间的区别，这个关系可以近似为

$$\bar{u}^2 = \bar{v}_1^2 + \bar{v}_2^2 \tag{6.1.9}$$

当所有的分子都一样时，$\bar{v}_1 = \bar{v}_2 = \bar{v}$，则式（6.1.9）变成

$$\bar{u} = \sqrt{2}\,\bar{v} \tag{6.1.10}$$

因此式（6.1.7）变成

$$\bar{\lambda} = \frac{1}{\sqrt{2} n \sigma} \tag{6.1.11}$$

这就是平均自由程的表达式。对于理想气体来说，其状态方程允许用气体的压强 p 和绝对温度 T 来表示分子数密度 n，即 $n = p/(kT)$，式（6.1.11）变成

$$\bar{\lambda} = \frac{kT}{\sqrt{2}\sigma p} \tag{6.1.12}$$

也就是说，在给定温度下，平均自由程与气体压强成反比。

例1　计算室温（$T = 300$ K）和 $p = 10^5$ Pa 的条件下，空气分子中平均自由程和碰撞频率 $\bar{Z}$。已知空气分子的平均相对分子质量为 29，取分子的有效直径为 $d = 3.5 \times 10^{-10}$ m。

解：已知 $T=300\ \mathrm{K}$，$p=10^5\ \mathrm{Pa}$，$d=3.5\times10^{-10}\ \mathrm{m}$，$k=1.38\times10^{-23}\ \mathrm{J/K}$，代入平均自由程公式可得

$$\begin{aligned}\bar{\lambda}&=\frac{kT}{\sqrt{2}\sigma p}=\frac{kT}{\sqrt{2}\pi d^2 p}\\&=\frac{1.38\times10^{-23}\times300}{1.41\times3.14\times(3.5\times10^{-10})^2\times10^5}=7.6\times10^{-8}(\mathrm{m})\end{aligned}$$

已知空气的平均摩尔质量为 $2.9\times10^{-3}\ \mathrm{kg/mol}$，代入平均速率公式 $\bar{v}=\sqrt{\frac{8RT}{\pi\mu}}$ 可以得出分子的平均速度 $\bar{v}=448\ \mathrm{m/s}$，则分子的碰撞频率为

$$\bar{Z}=\frac{1}{\tau}=\frac{\bar{v}}{\bar{\lambda}}=5.9\times10^9(\mathrm{s}^{-1})$$

因此平均地讲，一分子每秒钟与其他分子碰撞59亿次。

由这个例子可以看出，在常温常压下，空气分子的平均自由程约为其有效直径的200倍，也就是说

$$\bar{\lambda}\gg d \tag{6.1.13}$$

这意味着，在通常条件下，气体确实足够稀薄，因此一个分子在遇到另一个分子之前会经过相对较长的距离。

6.2　热传导现象及其微观解释

6.2.1　热传导现象的宏观规律

热传导现象是热传递的三种方式（热传导、对流、热辐射）之一，它是当物质各处温度不均匀时热量由高温区域传到低温区域的输运过程。如图6.3所示的容器，其侧面为绝热壁，上、下底为导热壁，上、下底分别与温度为 T_1、$T_2(T_1>T_2)$ 的恒温热源热接触，内充有气体。由于上下两底温度的差异，气体系统处于由上而下温度逐次降低的非平衡稳定状态，若选竖直向上方向为 z 轴正方向，则气体内各个部分的温度只与该处的高度即 z 坐标有关，也就是说温度是坐标 z 的函数 $T=T(z)$，由于系统内不同高度 z 处温度 $T(z)$ 不同且 z 越大温度越高，所以气体内部会出现与 z 轴正方向相反的热流 J_Q，即发生热传导现象。如果我们在气体内部 z_0 处取一个与 z 轴垂直的横截面 $\mathrm{d}S$，设单位时间内流过该截面的热量为 Q，实验发现：Q 与两个热源之间的温差 $\Delta T=T_1-T_2$ 和系统上、下底面间的距离 L 有关，L 一定时 ΔT 越大 Q 也越大；ΔT 一定时 L 越小 Q 也越大。这表明，Q 与 z_0 处温度沿轴方向单位距离的温度改变量，即与温度沿 z 轴的梯度 $\left(\frac{\mathrm{d}T}{\mathrm{d}z}\right)_{z_0}$ 有关，当温差 ΔT 不太大（即系统稍微偏离平衡态）时，实验发现 Q 与 $\left(\frac{\mathrm{d}T}{\mathrm{d}z}\right)_{z_0}$ 成比例关系，即 $Q\propto\left(\frac{\mathrm{d}T}{\mathrm{d}z}\right)_{z_0}$。同时，$Q$ 也与横截面的面积 $\mathrm{d}S$ 成正比。综合实验结果，热传导遵守如下实验规律：

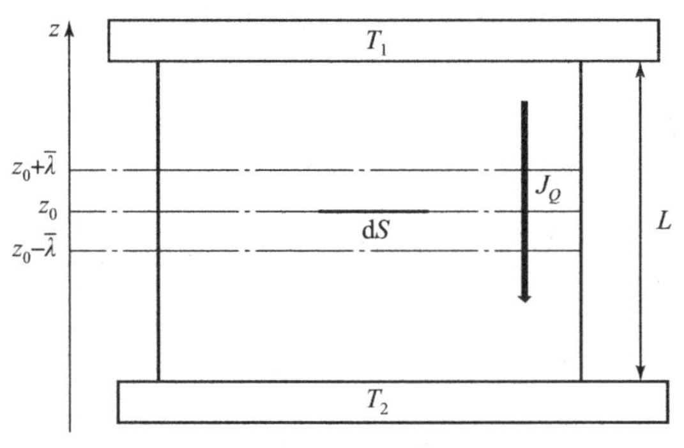

图 6.3　热量的输运

$$Q = -\kappa \left(\frac{\mathrm{d}T}{\mathrm{d}z}\right)_{z_0} \mathrm{d}S \tag{6.2.1}$$

这里的负号表示实际的热流方向与温度梯度$\left(\frac{\mathrm{d}T}{\mathrm{d}z}\right)_{z_0}$方向相反，虽然这个结果是由稀薄气体为例给出来的，但是这个结果对于各向同性的物质都成立。我们定义单位时间内通过 z_0 处单位横截面的热量（称为热流强度）为 J_Q，则

$$J_Q = -\kappa \left(\frac{\mathrm{d}T}{\mathrm{d}z}\right)_{z_0} \tag{6.2.2}$$

公式中的比例常数 κ 是反映这种物质导热性能好坏的重要物理量，称为物质的热传导系数或热导率，其单位为 $\mathrm{W \cdot m^{-1} \cdot K^{-1}}$。式（6.2.1）和式（6.2.2）称为热传导的傅里叶（Fourier）定律。

例 2　如图 6.4 所示，两个长圆筒共轴套在一起，两筒的长度均为 L，内筒和外筒的半径分别为 R_1 和 R_2。内筒和外筒分别保持在恒定的温度 T_1 和 T_2，且 $T_1 > T_2$。已知每秒由内筒通过空气传到外筒的热量为 Q。试证明：两筒间空气的导热系数为 $\kappa = \dfrac{Q\ln(R_2/R_1)}{2\pi L(T_1 - T_2)}$。

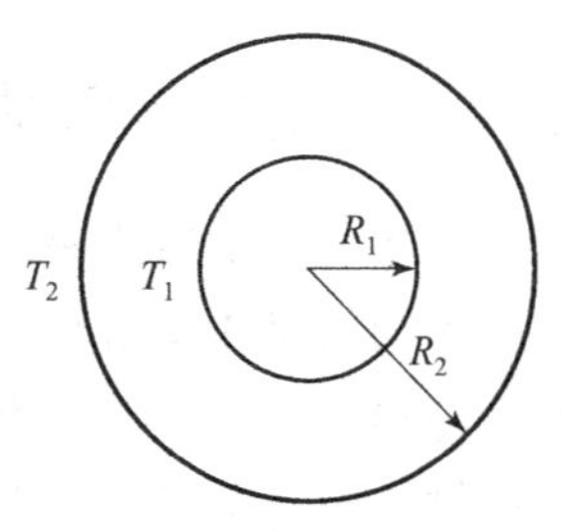

图 6.4　热传导率的测量图示

证明： 由热传导的傅里叶定律可知

$$Q = -\kappa \left(\frac{\mathrm{d}T}{\mathrm{d}R}\right) \cdot 2\pi RL$$

整理得到

$$\frac{Q}{2\pi\kappa L}\frac{\mathrm{d}R}{R} = -\mathrm{d}T$$

两边积分得到

$$\frac{Q}{2\pi\kappa L}\ln\frac{R_2}{R_1} = T_1 - T_2$$

整理得

$$\kappa = \frac{Q\ln(R_2/R_1)}{2\pi L(T_1 - T_2)}$$

得证。

傅里叶定律是热传导过程中的宏观规律，下面我们从分子热运动的观点，来讨论气体系统热传导过程的微观机理。

6.2.2　气体导热系数的微观机理

从分子动理论的观点定性地来看，热传导的微观机理是这样的：高温区域的分子无规则运动的平均能量大，低温区域的分子平均能量小。由于分子的无规则运动，高温区域的分子携带较大的能量进入低温区域，而低温区域的分子携带较小的能量进入高温区域，因此产生了能量的不等值交换，结果使一定的分子无规则运动，能量从高温区域输运到了低温区域，宏观上就形成了热量的传导。

在定量地讨论导热系数的微观解释之前我们先做些假设，假定容器内部的稀薄气体满足6.1节开始给出的三个条件。而容器之间的距离远大于分子的平均自由程，在这种情况下，平均自由程满足条件

$$d \ll \bar{\lambda} \ll L \tag{6.2.3}$$

式中，d 为气体分子的有效直径；L 为容器的线度。因此除了碰撞瞬间外，分子间的相互作用可以忽略；分子从容器上部运动到容器的下部，要经过许多次碰撞。下面我们利用气体动理论来推导导热系数。

如图6.3所示，考虑气体中垂直于 z 轴的平面 $\mathrm{d}S$，气体内部温度随高度变化 $T=T(z)$，由于上底为高温热源，故有 $\mathrm{d}T/\mathrm{d}z>0$，即来自上方的分子的平均能量 $\bar{\varepsilon}_{上}(T)$ 大于来自下方的分子的平均能量 $\bar{\varepsilon}_{下}(T)$，因此产生了从平面上方到平面下方的净能量输运。在温差不是太大的情况下，我们假设所有分子的运动速度都等于其平均速度 $\bar{v}$，假定气体内部单位体积内有 n 个分子，由气体的各向同性可知，全部分子中有1/3的分子的速度主要沿 z 方向，其中的一半（或者每单位体积中有 $n/6$ 分子）沿 $+z$ 方向，而另一半沿 $-z$ 方向，在单位时间内，从下面穿过 $\mathrm{d}S$ 平面单位面积的分子数和从上面穿过它的分子数相同，也是 $n\bar{v}/6$。平均来说，从下面穿过 $\mathrm{d}S$ 平面到上面的分子，在平面下一个平均自由程 $\bar{\lambda}$ 的距离上，经历了最后一次碰撞，但由于温度 T 是 z 的函数，而且分子的平均能量依赖于 T，因此分子的平均能量 $\bar{\varepsilon}$ 取决于最后一次碰撞的位置 z，即 $\bar{\varepsilon}=\bar{\varepsilon}(z)$，因此，从下面穿过平面的分子携带着它们在先前碰撞位置（$z_0-\bar{\lambda}$）所在处的平均能量 $\bar{\varepsilon}(z_0-\bar{\lambda})$，所以单位时间内从下方穿越平面 $\mathrm{d}S$ 输运的平均能量为

$$\frac{1}{6}n\bar{v}\mathrm{d}S\bar{\varepsilon}(z_0-\bar{\lambda})$$

类似地，考虑来自平面上方的分子，携带着它们在先前碰撞位置（$z_0+\bar{\lambda}$）处的平均能量 $\bar{\varepsilon}(z_0+\bar{\lambda})$，也就是说单位时间内从上方通过平面 $\mathrm{d}S$ 到平面下方的平均能量为

$$\frac{1}{6}n\bar{v}\mathrm{d}S\bar{\varepsilon}(z_0+\bar{\lambda})$$

两式相减，就得到了能量 Q 沿 $+z$ 方向从下方穿过 $\mathrm{d}S$ 平面的净通量。因此

$$Q=\frac{1}{6}n\bar{v}\mathrm{d}S[\bar{\varepsilon}(z_0-\bar{\lambda})-\bar{\varepsilon}(z_0+\bar{\lambda})] \tag{6.2.4}$$

但是由于平均自由程 $\bar{\lambda}$ 很小，可以认为，在这个区间内，温度梯度 $\mathrm{d}\bar{\varepsilon}/\mathrm{d}z$ 为常量，则

可以有

$$\bar{\varepsilon}(z_0+\bar{\lambda})=\bar{\varepsilon}(z_0)+\left(\frac{\mathrm{d}\bar{\varepsilon}}{\mathrm{d}z}\right)_{z_0}\bar{\lambda} \tag{6.2.5}$$

和

$$\bar{\varepsilon}(z_0-\bar{\lambda})=\bar{\varepsilon}(z_0)-\left(\frac{\mathrm{d}\bar{\varepsilon}}{\mathrm{d}z}\right)_{z_0}\bar{\lambda} \tag{6.2.6}$$

把式（6.2.5）和式（6.2.6）代入式（6.2.4）可得

$$Q=\frac{1}{6}n\bar{v}\mathrm{d}S\left[-2\bar{\lambda}\left(\frac{\mathrm{d}\bar{\varepsilon}}{\mathrm{d}z}\right)_{z_0}\right]=-\frac{1}{3}n\bar{v}\mathrm{d}S\bar{\lambda}\frac{\mathrm{d}\bar{\varepsilon}}{\mathrm{d}T}\left(\frac{\mathrm{d}T}{\mathrm{d}z}\right)_{z_0} \tag{6.2.7}$$

这里 $\bar{\varepsilon}$ 随温度 T 的变化而变化，因此 $\bar{\varepsilon}$ 也随 z 的变化而变化，其中 $\mathrm{d}\bar{\varepsilon}/\mathrm{d}T$ 表示平均单个分子的能量随温度的变化率，我们称之为单分子的热容，用 $c_{分子}$ 来表示它。这样式（6.2.7）就变成傅里叶定律的形式

$$Q=-\frac{1}{3}n\bar{v}c_{分子}\bar{\lambda}\left(\frac{\mathrm{d}T}{\mathrm{d}z}\right)_{z_0}\mathrm{d}S \tag{6.2.8}$$

如果令

$$\kappa=\frac{1}{3}n\bar{v}c_{分子}\bar{\lambda} \tag{6.2.9}$$

就得到了式（6.2.1），即 Q 与温度梯度成正比。

我们把 $n=p/(kT)$，$\bar{v}=\sqrt{8kT/(\pi m)}$，$\bar{\lambda}=1/(\sqrt{2}\sigma n)$ 代入式（6.2.9），可得

$$\kappa=\frac{2}{3}c_{分子}\sqrt{\frac{k}{\pi m}}\frac{T^{1/2}}{\sigma} \tag{6.2.10}$$

从式（6.2.10）可以得到一些有意思的推论：

（1）κ 与压强无关。乍看起来很难理解这个结论，对于理想气体，压强与分子数密度成正比，当压强变小、分子数密度变小时，参与输运的分子数减小，κ 似乎应该减小，但是实验证明，κ 与压强无关。我们可以这样来理解：当压强降低时，n 减少，虽然使通过 $\mathrm{d}S$ 面两边的分子对数目减少了，但也使 $\mathrm{d}S$ 面两边的分子能够从相距更远的气层无碰撞地通过 $\mathrm{d}S$ 面（因 $\bar{\lambda}\propto 1/n$），因而每交换一对分子，所输运的能量增大，由于存在着这两种相反的作用，结果使 κ 与 p 无关。

（2）$\kappa\propto T^{1/2}$。这是由于 κ 与平均速度成正比，而 $\bar{v}\propto T^{1/2}$。这个结果对许多气体都适合。

6.3 黏滞现象及其微观解释

6.3.1 黏滞力的宏观规律

把一个宏观物体浸入静止的流体中，如果物体静止不动，它与流体都处于平衡态。但是，如果物体刚浸入流体时有一个特定的速度运动，则它就不再处于平衡态了，它的速度会逐渐变慢，这是由原来处于平衡态的流体的分子会在宏观尺度上产生作用在

运动物体上的黏滞力引起的。这个黏滞力近似地与宏观物体的运动速度成正比，因此当物体静止时，这个力则变成零，而这个力的实际大小还取决于流体的一种特性，即黏度。在相同的条件下同一物体在蜂蜜中受到的黏滞力比在水中受到的黏滞力大得多，因此我们说蜂蜜的黏性比水的黏性大得多。下面我们将更精确地定义黏度的概念，并试图阐明它在气体中的微观起源。

首先讨论黏滞力的宏观规律。如图 6.5 所示，在两个相距 L 的板之间充满着流体，$z=0$ 处的下板是静止的，$z=L$ 处的上板以恒定速度 u_m 沿 x 方向运动，用 u 来表示流体内部各区域的宏观流速，则经过足够长的时间后，流体内部达到稳定，紧靠 $z=L$ 处板的流体层的流速为 u_m；紧靠 $z=0$ 处板的流体层的流速基本上为 0，中间流体 z 值不同的地方平均流速则各不相同，即流速 u 是 z 的函数 $u=u(z)$，其大小在 0 到 u_m 之间变化。

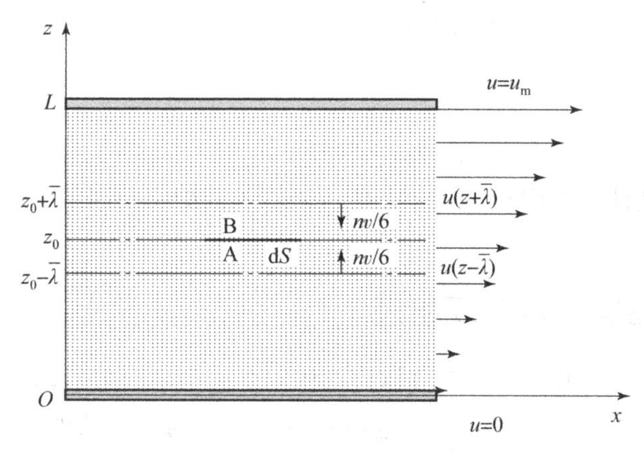

图 6.5　两个板之间的流体

（下板静止，上板以速度 u_m 沿 x 方向运动，流体中因而存在速度梯度（du/dz））

设想在 $z=z_0$ 处有一个平面 dS，它将流体分为 A、B 两个部分。由于各层流体流速的不同，dS 下面近邻处的 A 部分气体将受到 dS 上面近邻处 B 部分流体的垂直于 z 轴且沿 x 方向的黏滞力的作用，而 dS 上面近邻处 B 部分气体也会受到 dS 下面近邻处的 A 部分流体的垂直于 z 轴且与 x 方向相反的黏滞力的作用。一般情况下黏滞力 F 应该是 du/dz 的函数，当 du/dz 的值相对较小时，我们给出黏滞力关于 du/dz 的泰勒级数展开，展开式中的第一项可以作为很好的近似，得到线性关系

$$F=-\eta\frac{du}{dz}dS \tag{6.3.1}$$

式中，比例常数 η 称为流体黏度系数，它与气体的性质和状态有关，其单位是 $N\cdot s\cdot m^{-2}$。如果 u 随 z 的增加而增加，则 A 部分的流体趋向于减慢平面上方 B 部分的流体在 x 方向上的速度，从而对 B 部分气体施加的力沿 $-x$ 方向，换句话说，如果 $du/dz>0$，则 $F<0$。因此，为了确保系数 η 为正数，在式（6.3.1）右端添上了负号“－”。实验表明当速度梯度不太大的很多情况，大多数液体和气体都很好地满足式（6.3.1）。

例 3　将一圆柱体沿轴悬挂在金属丝上，在圆柱体外面套上一个共轴的圆筒，两者之间充以空气，当圆筒以一定的角速度转动时，由于空气的黏性作用，圆柱体将受到

一力矩 M，由悬丝扭转程度可测定此力矩，从而求出空气的黏滞系数。设圆柱体的半径为 R，圆筒的内半径为 $R+\delta$（$\delta \ll R$），两者的长度均为 L，圆筒的角速度为 ω，试证明：黏滞系数 $\eta=\dfrac{M\delta}{2\pi R^3 L\omega}$。

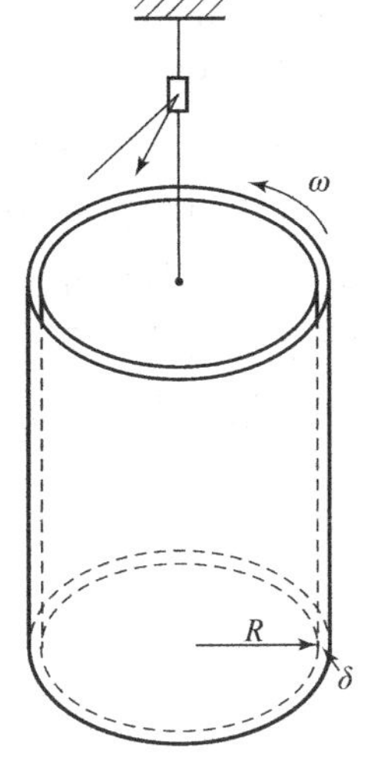

图 6.6 旋转黏度计

证明：两筒之间所夹的空气在圆筒径向上有宏观速度梯度 $\dfrac{\mathrm{d}u}{\mathrm{d}r}$。由于两筒间距很近，故可认为

$$\frac{\mathrm{d}u}{\mathrm{d}r}=\frac{\omega(R+\delta)}{\delta}\approx\frac{\omega R}{\delta}$$

按牛顿黏性定律，圆柱体受到的黏性力为

$$\begin{aligned} f&=\eta\frac{\mathrm{d}u}{\mathrm{d}r}\Delta S=\eta\cdot\frac{\omega R}{\delta}\cdot 2\pi RL \\ &=2\pi\eta R^2 L\omega/\delta \end{aligned}$$

由力矩 $M=fR$ 可得

$$\eta=\frac{M\delta}{2\pi R^3 L\omega}$$

这个就是旋转黏度计（见图6.6）的原理，由这种方法可以比较准确地测出待测气体的黏度系数。

6.3.2 气体黏滞系数微观机理

与导热系数相似，我们来探究气体内部作用在这个平面上的黏滞力 F 的微观来源。从微观的角度看，系统各处的分子在进行着各向同性的热运动外，还附加了一个 x 方向上大小与 z 有关的定向速度，一般情况下气体在 x 方向的平均速度分量比分子的平均热运动速度小。考虑图6.5中的平面 $\mathrm{d}S$ 两侧近邻处气体，B 部分气体的分子比 A 部分的分子在 x 方向的动量大，由于热运动，两边的分子会穿越平面 $\mathrm{d}S$ 到对面去，因为来自 B 部分的分子携带着更大的动量，所以每交换一对分子，A 部分的气体在 x 方向上获得一部分净动量，B 区的分子将损失一部分动量。根据牛顿第二定律，A 部分气体对 B 部分气体单位时间的净动量增量等于 A 部分气体对 B 部分气体施加的力。

为了定量地计算黏滞系数，我们假设所有分子的运动速度都等于其平均速度 $\bar{v}$，假定每单位体积有 n 个分子，类似热传导部分的分析，由于气体分子的热运动，$\mathrm{d}t$ 时间内有 $n\bar{v}\mathrm{d}S\mathrm{d}t/6$ 分子从 A 区域穿过平面 $\mathrm{d}S$ 到达 B 区域；同样，$\mathrm{d}t$ 时间内有 $n\bar{v}\mathrm{d}S\mathrm{d}t/6$ 的分子从 B 区域穿过平面 $\mathrm{d}S$ 到达 A 区域。但是平均自由程 $\bar{\lambda}$ 的定义意味着，从 A 区域穿过平面的分子，平均来说，在平面下方的距离 $\bar{\lambda}$ 处经历了最后一次碰撞，因为平均速度 $u(z)$ 是 z 的函数，则（$z_0-\bar{\lambda}$）位置的分子的平均速度为 $u(z_0-\bar{\lambda})$。设分子的质量为 m，所以 $\mathrm{d}t$ 时间内从平面 $\mathrm{d}S$ 下传递到上方的平均动量为

$$\frac{1}{6}n\bar{v}\mathrm{d}S\mathrm{d}t[mu(z_0-\bar{\lambda})] \tag{6.3.2}$$

类似地，考虑来自平面上方的分子，携带着它们在先前碰撞位置（$z_0+\bar{\lambda}$）处的平均速度 $u(z_0+\bar{\lambda})$，也就是说 $\mathrm{d}t$ 时间内从上方通过平面 $\mathrm{d}S$ 到平面下方的平均动量为

$$\frac{1}{6}n\bar{v}\mathrm{d}S\mathrm{d}t[mu(z_0+\bar{\lambda})] \tag{6.3.3}$$

两式相减，就得到了动量 $\mathrm{d}P$ 沿 $+z$ 方向从下方穿过 $\mathrm{d}S$ 平面的净通量：

$$\begin{aligned}\mathrm{d}P &= \frac{1}{6}nm\bar{v}\mathrm{d}S\mathrm{d}t[u(z_0-\bar{\lambda})-u(z_0+\bar{\lambda})]\\ &= \frac{1}{6}nm\bar{v}\mathrm{d}S\mathrm{d}t\left\{\left[u(z_0)-\bar{\lambda}\left(\frac{\mathrm{d}u}{\mathrm{d}z}\right)_{z_0}\right]-\left[u(z_0)+\bar{\lambda}\left(\frac{\mathrm{d}u}{\mathrm{d}z}\right)_{z_0}\right]\right\}\end{aligned}$$

因此

$$\mathrm{d}P=-\frac{1}{3}nm\bar{v}\,\bar{\lambda}\left(\frac{\mathrm{d}u}{\mathrm{d}z}\right)_{z_0}\mathrm{d}S\mathrm{d}t \tag{6.3.4}$$

由力学的知识可知，动量的变化率 $\mathrm{d}P/\mathrm{d}t$ 对应某种力。由前面的分析可知，它的物理意义是 $\mathrm{d}S$ 面下方流层对 $\mathrm{d}S$ 面上方流层的黏滞力，因此我们在式（6.3.4）两端同除以 $\mathrm{d}t$ 后，得到

$$F=\frac{\mathrm{d}P}{\mathrm{d}t}=-\frac{1}{3}nm\bar{v}\,\bar{\lambda}\left(\frac{\mathrm{d}u}{\mathrm{d}z}\right)_{z_0}\mathrm{d}S \tag{6.3.5}$$

它表明黏滞力 F 确实与速度梯度 $\mathrm{d}u/\mathrm{d}z$ 成正比，这就是牛顿黏滞性定律。比较式（6.3.1）和式（6.3.5），可以得到黏滞系数 η 为

$$\eta=\frac{1}{3}n\bar{v}m\bar{\lambda}=\frac{1}{3}\rho\bar{v}\,\bar{\lambda} \tag{6.3.6}$$

可见，气体的黏滞力与 ρ、$\bar{v}$、$\bar{\lambda}$ 有关，与气体的性质和状态有关。

我们把 $n=p/(kT)$，$\bar{v}=\sqrt{8kT/(\pi m)}$，$\bar{\lambda}=1/(\sqrt{2}\sigma n)$ 代入式（6.3.6），可得

$$\eta=\frac{2}{3}\sqrt{\frac{mk}{\pi}}\frac{T^{1/2}}{\sigma} \tag{6.3.7}$$

与热传导的情况类似，可以从式（6.3.7）得到一些有意思的推论：

（1）η 与压强无关。这个结果的论证与对 κ 与压强无关的论证一样。黏度与压强无关的结论最初是麦克斯韦于1860年从理论上得出来的，当时包括麦克斯韦本人在内的许多人都认为，在讨论中一定有错误，因为这一结论是难以置信的。但是迈耶以及麦克斯韦的实验都表明，在很大范围内（实验由大气压强开始直到13.3 Pa）动量的输运是与气体的压强无关的，因此，这一实验为气体动理论的正确性提供了一个重要的证明。

（2）$\eta\propto T^{1/2}$。值得注意的是，这个结果只对气体适合。实验表明，液体黏度随温度升高而降低，其原因在于：液体黏性主要来源于分子之间的作用力，温度越高，分子力相对越弱，因而 η 越小；而气体黏性来源于动量在不同区域间定向输运，温度越高，分子运动越快，单位时间内交换分子对的数目越多，定向输运的动量越多，因而 η 越大。

例4　已知氮的分子量为28，估算 $T=288$ K 时氮气的黏度系数。取氮分子的有效直径 $d=3.8\times10^{-10}$ m。

解：$T=288$ K，$m=28\times10^{-3}/(6.02\times10^{23})$ kg $=4.7\times10^{-26}$ kg，代入式（6.3.7）

可得

$$\eta = \frac{2}{3}\sqrt{\frac{mk}{\pi}}\frac{T^{1/2}}{\sigma} = \frac{2}{3}\sqrt{\frac{4.7\times10^{-26}\times1.38\times10^{-23}}{3.14}}\frac{\sqrt{288}}{3.14\times(3.8\times10^{-10})^2}$$
$$=1.1\times10^{-5}\ (\text{Pa}\cdot\text{s})$$

所以其黏度系数是 1.1×10^{-5} Pa · s。

6.4　气体扩散现象及微观解释

6.4.1　气体扩散的实验规律

当不同种类的气体混合时，由于各种气体的密度不均匀，则气体将从密度大的地方向密度小的地方转移，这种现象叫扩散现象。比如在海洋表面蒸发出来的水汽分子不断地进入大气中去，就是依靠扩散来完成的。一般的扩散过程中，密度的不均匀往往会产生宏观的气体流动，因而不是单纯扩散，这种过程比较复杂。本节我们只研究单纯的扩散过程。

我们把两种气体（都是二氧化碳气体，但两种气体是不同的同位素，一种是 ^{12}C，另一种是具有放射性的 ^{14}C）放在一个容器里，如图 6.7（a）所示，中间用隔板先将它们隔开，使两边气体的温度和压强都相同，然后如图 6.7（b）所示把隔板抽掉，让它们开始进行扩散。由于两边气体压强相同，温度也相同，两种气体中每种气体将因其自身的分子数密度分布不均匀而进行纯扩散。下面讨论其中的 ^{12}C 二氧化碳气体的扩散问题。

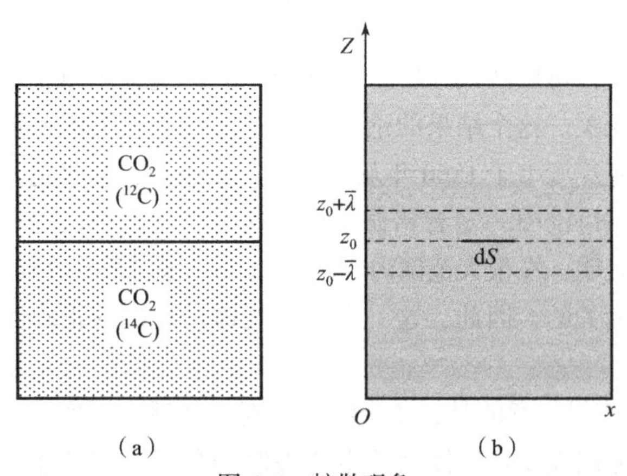

图 6.7　扩散现象

纯扩散现象的基本规律在形式上与前面两种输运现象的相似。^{12}C 二氧化碳气体的密度沿 z 轴正方向逐渐加大，如果我们在气体内部 z_0 处取一个与 z 轴垂直的横截面 dS，实验发现，单位时间内通过 z_0 处横截面 dS 的扩散的质量 dm_g 与 z_0 处分子数密度的梯度 $(\mathrm{d}\rho/\mathrm{d}z)_{z_0}$ 成比例，也与横截面 dS 的大小成比例，即

$$\mathrm{d}m_g = -D\left(\frac{\mathrm{d}\rho}{\mathrm{d}z}\right)_{z_0}\mathrm{d}S \tag{6.4.1}$$

式中，比例系数 D 称为气体的扩散系数，在国际单位制中单位为 m^2/s；式中的负号表示分子扩散的方向与分子数密度增大的方向相反，即在图6.7（b）中与 z 轴方向相反。式（6.4.1）表述的扩散现象实验规律，称为菲克（Fick）定律。值得指出的是，这个定律对任意的两种不同的气体的互相扩散过程同样适用。

6.4.2　气体扩散系数的微观机理

对于气体，在简单情况下，扩散系数可以很容易地通过与讨论热传导和黏滞现象类似的方法来讨论其微观机制。考虑图6.7（b）中气体垂直于 z 轴的平面 dS，由于粒子数密度 $n=n(z)$，单位时间内从平面下方穿过该平面的 ^{12}C 二氧化碳分子的平均数等于 $\bar{v}n(z_0-\bar{\lambda})/6$；单位时间内从平面上方穿过该单位面积平面单位面积的 ^{12}C 二氧化碳分子的平均数为 $\bar{v}n(z_0+\bar{\lambda})/6$，因此可以得到 ^{12}C 二氧化碳分子在 $+z$ 方向上从下方穿过平面 dS 的净通量，即

$$
\begin{aligned}
dm_g &= m\left[\frac{1}{6}\bar{v}n(z-\bar{\lambda})-\frac{1}{6}\bar{v}n(z+\bar{\lambda})\right]dS \\
&= \frac{1}{6}dS\bar{v}\left[-2\left(\frac{\partial\rho}{\partial z}\right)_{z_0}\bar{\lambda}\right] \\
&= -\frac{1}{3}\bar{v}\bar{\lambda}\left(\frac{\partial\rho}{\partial z}\right)_{z_0}dS
\end{aligned}
\tag{6.4.2}
$$

将上式与宏观规律比较，可以得到扩散系数为

$$D=\frac{1}{3}\bar{v}\bar{\lambda} \tag{6.4.3}$$

我们把 $\bar{v}=\sqrt{8kT/(\pi m)}$，$\bar{\lambda}=1/(\sqrt{2}\sigma n)$ 代入式（6.4.3），可得

$$D=\frac{2}{3}\sqrt{\frac{k^3}{\pi m}\frac{T^{3/2}}{\sigma p}} \tag{6.4.4}$$

从式（6.4.4）可以得到一些重要的推论：

（1）自扩散系数 D 依赖于气体的压强。在给定温度 T 不变时，

$$D\propto\frac{1}{n}\propto\frac{1}{p} \tag{6.4.5}$$

D 与 p 成反比，这也与实验结果相符。

（2）给定压强不变时 $D\propto T^{3/2}$。

6.5　关于三种输运系数的讨论

6.5.1　理论与实验结果的比较

到目前为止，气体动理论在解决气体输运过程这类由非平衡态向平衡态过渡的问题上也是相当成功的，它能用简单的物理图像说明输运现象的微观本质，并且由此理

论计算出的三个系数 η、κ 和 D 具有与实验结果相同的数量级，所以这是一个成功的理论。但是这种初级理论的结果不够精确，用所得的结果进行预测的细节与实验事实并不完全相符。

首先，实验数据表明，三个输运系数表达式中的系数实际并不严格等于1/3，它们的值都与气体的性质有关；其次，三式分别表明，η 和 κ 与 $T^{1/2}$ 成正比，D 与 $T^{3/2}$ 成正比，但实验结果是 η 和 κ 约与 $T^{0.7}$ 成正比，D 与 $T^{1.75\sim2.0}$ 成正比，都比理论值大；最后，根据以上三式，可以通过测定 η、κ 和 D 来计算出 $\bar{\lambda}$，从而求出分子碰撞截面 σ。但用三种方法求同一种气体分子的 σ 所得结果并不完全相同。

理论与实验结果偏离的原因来自不同的方面。第一，我们对非平衡态过程近似地使用了在平衡态条件下得出的公式，这隐含假设了速度满足麦克斯韦分子速度分布以及速度 $\vec{v}$ 的不同分量彼此之间没有关联，故而可以把各分量看作独立的随机变量，这与非平衡态的情况有所不同；第二，我们把气体分子间的相互作用力简化为钢球模型，认为分子间无引力，并且分子有效直径与 T 无关，实际上分子间除了在极接近时有很强的斥力作用外，在比较接近时还有较弱的引力作用，且分子有效直径随 T 的增大而减小，因而碰撞截面随 T 的增大而减小。这些都是造成理论结果对于实际发生偏离的原因。查普曼（Champan）和恩斯库格（Enskog）曾做过更精确的处理，结果是修正分子力模型和采用精确的统计方法可以使理论与实验结果符合得更好。

另外，在压强小的情况下，边界的影响就会突出出来，分子与容器壁的碰撞细节就变得非常重要，随着压强降低导致平均自由程增加，这种碰撞也变得更为重要。由此，对于低压情况下需要特殊处理。

6.5.2 低压下气体的黏滞现象和热传导

在前面讨论输运过程的微观理论时，我们实际上对气体的密度范围做了规定：既假定气体足够稀薄，以致分子间的吸引力可以忽略不计，又假定气体足够稠密，以致分子间碰撞的机会远大于分子与器壁碰撞的机会，即假定分子的平均自由程 $\bar{\lambda}$ 远小于容器的线度 L。也就是说，平均自由程要满足式（6.2.3），就是在这些条件下得出三个迁移系数公式的。气体的黏度和导热系数与压强无关的结论，也只能在这个范围内才能成立。

实验事实表明，当压强足够低时，气体极度稀薄，以致分子平均自由程 $\bar{\lambda}$ 增大到 $\bar{\lambda}\geqslant L$ 时，η 和 κ 随压强的降低而减小。这是因为：一方面，这时气体分子间不发生碰撞，而直接在温度不同（或流速不同）的两层器壁间来回输运能量或动量，因此每交换一对分子所输运的物理量是一定的，与压强无关。而另一方面，担任输运任务的分子数却随压强的降低而减小，因此在低压条件下，黏度 η 和导热系数 κ 将随压强的降低而减小。

因此，高度稀薄的气体的导热性能极差。日常生活使用的保温瓶，其瓶胆是由两层玻璃组成，两层玻璃之间的距离约为2 mm，中间抽成真空（ 13.3 Pa 以下）可以很好地起到保温的作用，其原理就在于此。

小结

（1）平均自由程 $\bar{\lambda}=\frac{1}{\sqrt{2}n\sigma}$，其中 $\sigma=\pi d^2$ 为碰撞截面，n 为气体的分子数密度。

（2）热传导的傅里叶定律：$Q=-\kappa\left(\frac{\mathrm{d}T}{\mathrm{d}z}\right)_{z_0}\mathrm{d}S$，其中导热系数 $\kappa=\frac{1}{3}n\bar{v}c_{分子}\bar{\lambda}$。

（3）动量输运的牛顿黏性定律：$F=-\eta\frac{\mathrm{d}u}{\mathrm{d}z}\mathrm{d}S$，其中黏度系数 $\eta=\frac{1}{3}\rho\bar{v}\bar{\lambda}$。

（4）气体扩散的菲克定律：$\mathrm{d}m_{\mathrm{g}}=-D\left(\frac{\mathrm{d}\rho}{\mathrm{d}z}\right)_{z_0}\mathrm{d}S$，其中扩散系数 $\eta=\frac{1}{3}\bar{v}\bar{\lambda}$。

思考题

1. 用哪些方法可使气体分子的平均碰撞频率减小？用哪些方法可使分子的平均自由程增大？这种增大有没有一个限度？

2. 为什么在日光灯管中为了使汞原子易于电离而对灯管抽成真空？为什么大气中的电离层出现在离地面很高的大气层中？

3. 如果认为两个分子在离开一定距离时，相互间存在有心力作用，则这时分子的有效直径、碰撞截面和平均自由程等概念是否还有意义？

4. 用微观理论推导傅里叶定律及热传导公式所采用的基本观点和方法是什么？推导中经过了哪几个步骤？

5. 分子热运动和分子间的碰撞在输运过程中各起什么作用？哪些物理量体现它们的作用？

6. 在讨论扩散问题时，为什么要用分子质量相等、分子大小差不多的两种气体进行互扩散？不满足此条件可以进行扩散吗？

7. 既然空气的导热系数与压强无关，为什么杜瓦瓶的夹层内部要抽成真空？

8. 从三个迁移系数与气体分子微观量的统计平均值间的关系分别理解它们的物理意义。

习题

6.1　真空管的真空度约为 1.33×10^{-3} Pa，设空气分子的有效直径为 $d=3\times10^{-10}$ m，求在 27 ℃时单位体积中的分子数及分子平均自由程和碰撞时间。（已知，空气的平均摩尔质量 $M=28.9$ g/mol）

6.2　某种气体分子在 25 ℃时的平均自由程为 2.63×10^{-7} m。

（1）已知分子的有效直径为 2.6×10^{-10} m，求气体的压强。

（2）求分子在 1.0 m 的路程上与其他分子的碰撞次数。

6.3　容器中有质量一定的气体，问分子平均自由程 $\bar{\lambda}$ 和平均碰撞频率 $\bar{Z}$ 在①等温过程中如何随 p 变化？②等压过程中如何随 T 变化？③等体过程中如何随 T 变化？

6.4　在室温（$T=300$ K）和大气压条件下，把空气视为分子量为 29 的双原子分子，试估算空气的热传导系数。设分子的有效直径为 $d=3.5\times10^{-10}$ m。

6.5　实验测得氮气在 0 ℃时的导热系数为 0.023 7 $\mathrm{W\cdot m^{-1}\cdot K^{-1}}$，摩尔热容量为 $C_{V,m}=20.9\ \mathrm{J\cdot mol^{-1}\cdot K^{-1}}$。试计算其分子的有效直径。

6.6　氮在 54 ℃的黏度为 $1.9\times10^{-5}\ \mathrm{N\cdot s\cdot m^{-2}}$，求氮分子在 54 ℃和压强为 6.66×10^{4} Pa 时的平均自由程和分子有效直径。

6.7　氧在标准状态下的扩散系数为 $1.9\times10^{-5}\ \mathrm{m^2\cdot s^{-1}}$，试求氧分子的平均自由程。

6.8　一定量气体先经过等体过程使其温度升高一倍，再经过等温过程使其体积膨胀为原来的 2 倍，问后来的平均自由程 $\bar{\lambda}$、黏度 η、导热系数 κ、扩散系数 D 各为原来的多少倍？

6.9　利用共轴圆筒法测氮气的热导率，两圆筒内外半径分别为 $r_1=0.5$ cm 和 $r_2=0.2$ cm，在两圆筒之间注入氮气，在内筒的筒壁上绕上电阻丝进行加热。已知内筒每米长度上所绕电阻丝的阻值 $R=0.1\ \Omega$，加热电流 $I=1.0$ A，外筒保持恒温 $T_2=273$ K，过程稳定后内筒的温度 $T_1=366$ K。求 κ 的数值。

6.10　试讨论气体的热传导系数 κ 和黏滞系数 η 在一定温度下为何与气体压强无关。

6.11　已知氦气和氩气的相对原子质量分别为 4 和 40，它们在标准状态下的黏度分别为 $\eta_{\mathrm{He}}=1.89\times10^{-5}\ \mathrm{kg\cdot m^{-1}\cdot s^{-1}}$ 和 $\eta_{\mathrm{Ar}}=2.08\times10^{-5}\ \mathrm{kg\cdot m^{-1}\cdot s^{-1}}$，求：

（1）氩分子与氦分子的碰撞截面之比 $\sigma_{\mathrm{Ar}}/\sigma_{\mathrm{He}}$；

（2）氩气与氦气的导热系数之比 $\kappa_{\mathrm{Ar}}/\kappa_{\mathrm{He}}$；

（3）氩气与氦气的扩散系数之比 $D_{\mathrm{Ar}}/D_{\mathrm{He}}$。

6.12　热水瓶内胆的两壁间相距 $L=0.4$ cm，其间充满温度 $t=27$ ℃的氮气，氮分子的有效直径 $d=3.1\times10^{-8}$ cm。问内胆两壁间的压强降低到多大数值以下时，氮的导热系数才会比它在大气压下的数值小？

第 7 章

物态与相变

境自远尘皆入咏，物含妙理总堪寻。

——颐和园宝云阁对联

在大气压强下，当温度降低到 0 ℃时，水会结成冰，当温度升高到 100 ℃时沸腾成气，这种气、液、固三态的变化很早就为人类所观察并记录下来。随着经验的积累，人们还逐步认识到，物质的三态变化是自然界中非常普遍的现象。雾、霜的形成是常见的自然现象；在足够高的温度下，质地坚硬的金属物体，也能熔化为液态。这些过程背后的奇妙物理本质，吸引着人们不断地深入探索，追根溯源。

气、液、固三态是我们常见的物质形态，液体和固体呈现出许多与气体不同的热物理性质，丰富多彩的液体和固体结构、性质和相变现象构成了凝聚态物理学的主要研究内容。本章首先介绍固体与液体的结构特征与热力学性质，讨论液态、固态和气态两两共存的物理条件是什么？相应的压强、温度等状态参量应该满足什么样的关系？

7.1 固体

7.1.1 晶体的结构

（一）晶格与对称性

气体的分子在空间中呈现完全无序的分布，分子间的范德瓦尔斯力是主要的作用形式。尽管液体中的分子间距离与固体中的相近，但其空间分布仍然是无序的。晶体的分子空间分布呈现出截然不同的形式，它们以有规律的、周期性的排列布满整个空间。若把每一个分子或原子看作一个质点，则这些质点形成的空间周期性点阵称为空间点阵或晶格。

空间周期性是指在空间平移操作下的对称性。如图 7.1 所示，晶格中最小的周期性单元称为原胞。在晶格中，选取某个格点 O 为原点，并选包含原点的原胞的边矢量 a_1、a_2、a_3 为基矢，则任何形式的平移操作

$$R(l_1, l_2, l_3) = l_1 a_1 + l_2 a_2 + l_3 a_3 \quad (l_1、l_2、l_3 \text{ 为整数}) \tag{7.1.1}$$

都不会改变晶格结构，或者说晶格中任何一个格点的位置坐标都可以写成上式的形式。

除了空间平移对称性外，晶体还具有旋转对称性。旋转对称性是指晶体围绕某个旋转对称轴旋转 $2\pi/n$（n 为整数）角度后与自身重合。例如二维正方形点阵只有旋转

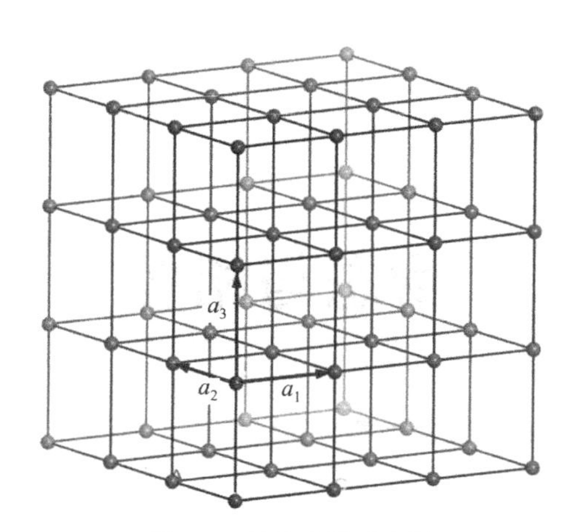

图 7.1　晶格点阵示意图

π/2、π、3π/2 后才与自身重合。对于具有平移对称不变性的晶体而言，只有二、三、四、六重旋转对称轴（n 只能取 2、3、4、6），不具备五次对称轴以及六次以上的对称轴。1982 年以色列科学家 Shechtman 首先在快速冷却的铝锰合金中发现了具有五次对称性的相，随后我国郭可信等人在钛钒镍合金中也观察到同样的结构，并且进一步发现了八次和十二次对称性。这些旋转对称性不具备严格的周期性，只出现在合金的某些相中，因此也被称为准晶相。准晶的发现大大拓展了人们对物质结构的认知，2011 年 Shechtman 因此获得了诺贝尔化学奖。除了旋转对称性外，晶体还有空间反演对称性和镜面反射对称性。

晶体学中，根据对称性确定了晶格标准的单胞和基矢，将晶体划分为 7 个晶系，每个晶系包含不止一种晶格子，总共 14 种格子，如表 7.1 和图 7.2 所示。表中 a_1、a_2、a_3 分别表示单胞中三边的长度，α、β、γ 分别表示 a_2/a_3边、a_3/a_1 边和 a_1/a_2 边的夹角。自然界中有成千上万种晶体，任何一种晶体的晶格结构都可以归纳为这 14 种格子中的一种。这里介绍最常见的三种晶体结构：

（1）体心立方结构。立方体晶胞的 8 个顶点各放置一个原子，立方体中心位置放置一个原子。Cr、V、Mo、W、α – Fe 等 30 多种金属都是这种结构。

（2）面心立方结构。在立方晶胞 8 个顶点各有一个原子，在立方体六个面的中心各有一个原子。Cu、Ni、Al、Ag、γ – Fe 等 20 多种金属属于这种结构。

（3）密排六方结构。在六方棱柱晶胞的 12 个顶点上各有一个原子，上、下底面各有一个原子，晶胞内还有三个原子，根据对称性它属于六角格子。具有密排六方结构的金属有 Zn、Mg、Be、Cd、α – Ti、α – Co 等。

表 7.1　7 类晶系和 14 种点阵格子

晶系	原胞特征	格子类型
三斜晶系	$a_1 \neq a_2 \neq a_3$；$\alpha \neq \beta \neq \gamma \neq 90°$	简单三斜
单斜晶系	$a_1 \neq a_2 \neq a_3$；$\alpha = \beta = 90°$，$\gamma \neq 90°$	简单单斜 底心单斜

续表

晶系	原胞特征	格子类型
正交晶系	$a_1 \neq a_2 \neq a_3$；$\alpha = \beta = \gamma = 90°$	简单正交 底心正交 体心正交 面心正交
三角晶系	$a_1 = a_2 = a_3$；$\alpha = \beta = \gamma < 120°$，$\neq 90°$	三角
四方晶系	$a_1 = a_2 \neq a_3$；$\alpha = \beta = \gamma = 90°$	简单四方 体心四方
六方晶系	$a_1 = a_2 \neq a_3$；$\alpha = \beta = 120°$，$\gamma = 90°$	六角
立方晶系	$a_1 = a_2 = a_3$；$\alpha = \beta = \gamma = 90°$	简单立方 体心立方 面心立方

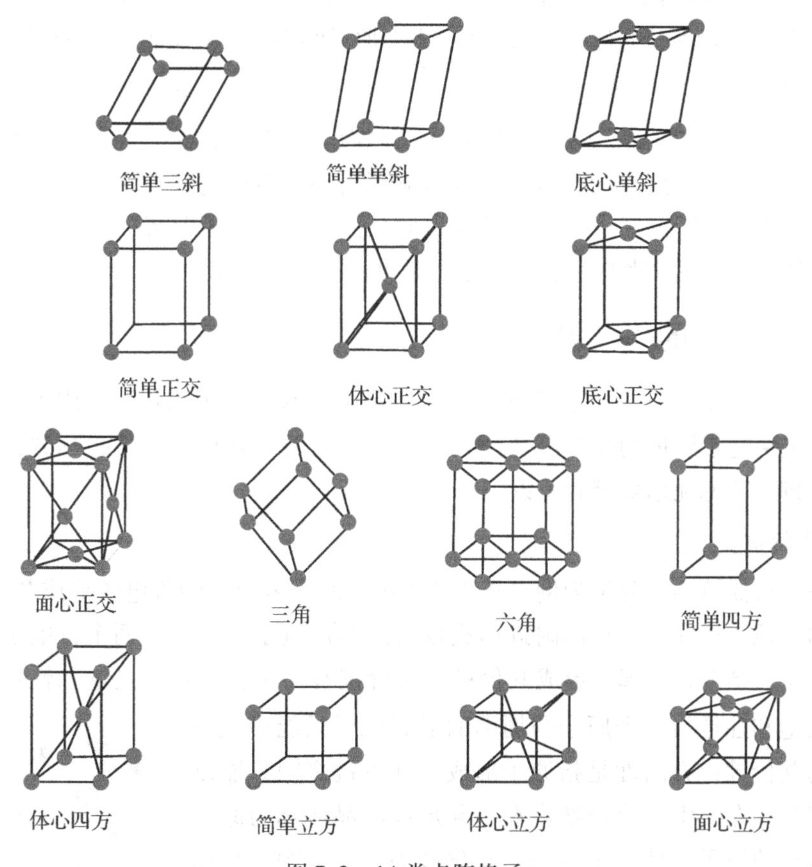

图7.2　14类点阵格子

（二）晶体的缺陷

在实际的晶体材料中，完美的晶格结构是不存在的，总是不可避免地存在一些原子排列不规则、不完整的区域，形成晶体缺陷。晶体缺陷的数量在整个晶体中占很少的一部分，但它对晶体的强度、塑性、电学性质等有重要的影响，在晶体的扩散、相变和塑性变形方面扮演着关键角色。目前，晶体的缺陷研究已经发展了一套完整、成熟的理论体系，是晶体学研究领域的一个重要分支。

晶体缺陷根据其形态特征，可以分为三类，即点缺陷、线缺陷和面缺陷。

1. 点缺陷

顾名思义，缺陷的尺度很小，在一个原子的尺寸范围内。典型的点缺陷有空位、间隙原子和置换原子等。空位是指由于热运动，在某一时刻原子摆脱周围原子对它的束缚，脱离格点位置，迁移到晶体其他位置；间隙原子是指形成空位的原子迁移到周围其他原子之间的间隙位置，间隙原子会造成严重的晶格畸变；置换原子是指原子占据晶格中异类原子的位置。由于置换原子与原来的原子大小不同，置换后也会造成晶格畸变。

2. 线缺陷

线缺陷主要是指晶体中的各种位错。位错是指晶体中某一列或几列原子整体发生错排现象，位错涉及的长度有几百到上万个原子间距，它是晶体塑性变形的主要机制。

3. 面缺陷

面缺陷主要是指晶体的表面、界面和晶界面等。表面和界面处的原子由于两侧力场环境不对称使其偏离平衡位置，并且影响到表面、界面附近的多层原子，造成晶格畸变。晶体中由于不同区域之间原子排列的晶向不同形成了晶界。晶界处存在大量的空位和位错，原子的扩散较快，晶体熔化时也往往从晶界开始。

7.1.2 固体中的化学键

固体中的分子与分子、原子与原子之间存在着不同形式的相互作用力，这种相互作用本质上决定了固体的物理和化学性质。粒子间的相互作用主要包括共价键、离子键、金属键、范德瓦尔斯键和氢键。

1. 共价键

首先以最简单的氢分子为例来介绍共价键。两个氢原子的价电子形成共用电子对，通常在两个原子连线的中垂面附近形成较大的共用电子密度区，两个价电子将两侧带正电的原子核结合在一起，形成共价键。共价键有两个特点：一是饱和性；二是方向性。所谓饱和性是指一个原子与周围的近邻原子只能形成一定数目的共价键；方向性是指原子形成的共价键之间只能以特定的键角存在。由共价键结合在一起形成的晶体称为原子晶体。典型的原子晶体有金刚石、碳化硅等。在金刚石晶体中，每个碳原子以 sp^3 杂化的方式形成 4 个价电轨道，分别与周围的 4 个碳原子以共价键的形式结合，4 个共价键之间键角为 120°，形成四面体结构（见图 7.3）。共价键的键能很

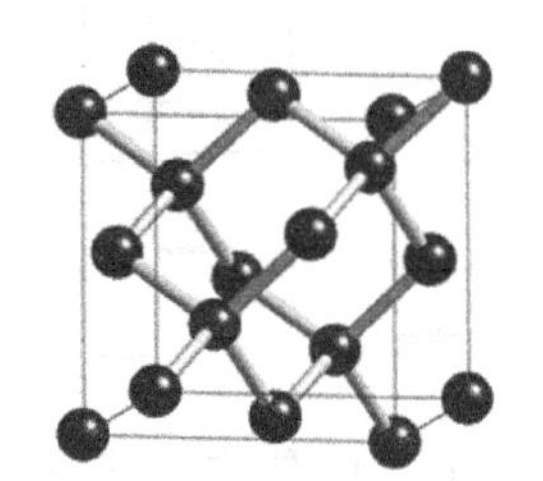

图 7.3 金刚石晶体结构

强，导致了原子晶体硬度大、熔点高。表7.2列出了一些典型共价键的摩尔键能。

表7.2 典型共价键的摩尔键能 $kJ\cdot mol^{-1}\cdot bond^{-1}$

共价键	键能	共价键	键能
H—O	461	C—C C=C	348 314
H—C	410	N=N	209
H—N	389	O=O	247

2. 离子键

离子键是由两种具有较强正电性和负电性元素之间形成的化学键。正电性元素失去电子而成为正离子，负电性元素得到电子而形成负离子，正负离子之间通过静电相互作用结合在一起，即为离子键。由离子键结合形成的晶体称为离子晶体。最典型的离子晶体是NaCl晶体，Na^+和Cl^-离子相间排列成具有面心立方点阵的晶体结构（见图7.4）。离子键的键能较强，这决定了离子晶体具有较高硬度和熔点。表7.3列出了一些典型离子键的摩尔键能。

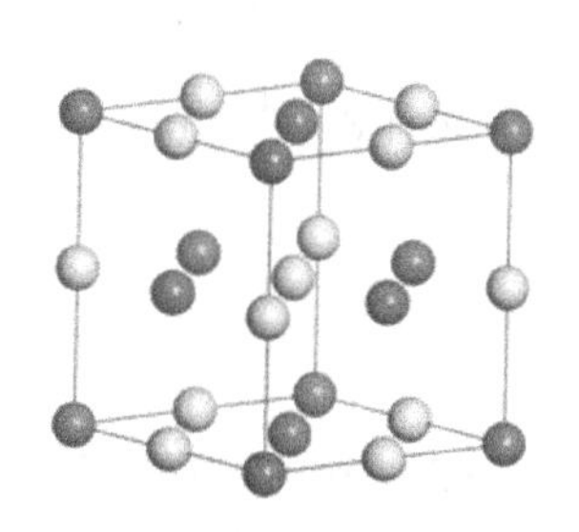

图7.4 NaCl晶体结构

表7.3 典型离子键的摩尔键能 $kJ\cdot mol^{-1}\cdot bond^{-1}$

离子键	键能	离子键	键能
NaCl	314	KF	360
NaF	368	KCl	322
NaBr	281	KBr	285

3. 金属键

金属晶体中原子之间通过金属键结合在一起。金属原子可以近似看作是由外层较为松散、自由的电子和由内层电子和原子核组成的原子实构成。在晶体中，外层的自由电子被所有的原子实共用，形成电子云，将原子结合在一起，形成晶体。金属键主要存在于金属中，没有方向性和饱和性，因此金属原子要尽可能多地与周围原子接触，形成密排结构。原子排列的紧密程度可以用原子自身占据的体积与晶胞体积之比，即堆积度来表示。密排面心立方和密排六方结构的堆积度要大于密排体心立方的堆积度。

一些金属键具有很高的键能，所以硬度和熔点很高，例如W、Ta、Ir。金属区别于共价晶体的一个性质是具有良好的延展性。由于自由电子“共用化”，在外界应力作用下形成滑移带，造成了良好的宏观塑性变形效果。当然，由于存在大量的自由电子，金属具有良好的导电性和导热性。

例1 计算密排体心立方、密排面心立方和密排六方的原子堆积度。

解：(1) 体心立方晶格：

设体心立方晶格的晶格常数为 a，则原子半径为 $r=\sqrt{3}a/4$；

在体心立方晶胞中，顶角原子与周围 8 个晶胞公用，每个晶胞占有 1/8，8 个顶角原子总共有一个原子完全属于该晶胞，再加上体心一个原子，每个晶胞有 2 个原子。根据堆积度的定义，$K=$原子体积/晶胞体积，有

$$K=\frac{2\times\frac{4}{3}\pi\left(\frac{\sqrt{3}}{4}a\right)^3}{a^3}\approx 0.68$$

(2) 面心立方晶格：

在面心立方晶胞中，原子半径为 $r=\sqrt{2}a/4$，8 个顶角原子，6 个面心原子，每个晶胞中共有 $8\times\frac{1}{8}+6\times\frac{1}{2}=4$ 个原子，因此

$$K=\frac{4\times\frac{4}{3}\pi\left(\frac{\sqrt{2}}{4}a\right)^3}{a^3}\approx 0.74$$

(3) 密排六方晶格：

密排六方晶格中，六方棱柱每个顶角原子为相邻六个晶胞共有，上下面心处原子被相邻两个晶胞共有，再加上晶胞内 3 个原子，故每个晶胞有 $12\times\frac{1}{6}+2\times\frac{1}{2}+3=6$ 个原子。设六边形边长为 a，上下两底面的距离为 c，六边形面心处的原子不仅与六边形顶角原子接触，还与体心的 3 个原子接触，所以 $c/a=\sqrt{\frac{8}{3}}$，原子半径 $r=a/2$，堆积度为

$$K=\frac{6\times\frac{4}{3}\pi\left(\frac{a}{2}\right)^3}{\frac{3\sqrt{3}}{2}a^2\sqrt{\frac{8}{3}}a}\approx 0.74$$

4. 范德瓦尔斯键

惰性气体原子，如 Ne、Ar、Kr 等，外层电子饱和，两个原子之间无法形成强的键合作用，但是当两个原子接近时，仍然有一定的微弱吸引力，这种结合力称为范德瓦尔斯键。晶体中的范德瓦尔斯键与气体分子或原子间的范德瓦尔斯键性质上是一致的。范德瓦尔斯键本质上可以认为是一种瞬时的电偶极矩的相互作用。两个原子相互接近时，原子中电子的分布由于量子涨落效应会产生瞬时的偶极矩，即造成正、负电荷中心不完全重合，使得两个原子之间产生微弱的静电相互作用。这种相互作用既有排斥效果也有吸引效果。但是，由于相互吸引的情况对应的势能更低，出现的概率也更大，因此，从平均效果来看，两个分子之间是以吸引力为主的。

由范德瓦尔斯键结合而成的晶体称为分子晶体，例如在极低温下惰性气体会结晶形成分子晶体。范德瓦尔斯键很弱，例如 Ar 的键能为 9.73 kJ/mol，这要比典型的离子键能低 1 ~ 2 个数量级，这也就决定了分子晶体熔点低、硬度小的特征。

5. 氢键

氢键是一种具有中等强度的分子间相互作用。当一个氢原子被其他两个原子或原子团所强烈吸引，那么该氢原子可以看作是一座“桥梁”键合其他两个原子，用X—H…Y表示。氢键是一个动态的键，它不断地断开、重合（时间尺度在皮秒量级）。典型的氢键是正电性的氢原子位于两个负电性的氧原子或单原子之间，在水分子与卤素离子 F^-、Cl^-、Br^-之间也可以形成氢键 HO—H…F^-。氢键的强度在不同的体系中变化很大，比如在HF_2^- 中的氢键键能可以高达 163 kJ/mol，水中和冰中的氢键键能在 4~120 kJ/mol范围，C—H…OH_2 之间的氢键键能只有 4 kJ/mol。总的来说，氢键的键能介于范德瓦尔斯键和共价键之间，具体键能大小与氢键的键长与键角有一定关系。氢键在理解水和冰的特殊物理化学性质中扮演着重要的角色。目前，研究者总结出关于水和冰的奇异物理化学性质有 74 种之多，其中大部分与氢键有关。

需要指出的是，很多晶体中并不是只存在一种化学键，而是多种相互作用共存。例如，冰中水分子与水分子之间通过氢键结合在一起，水分子内部氢、氧原子通过共价键结合，另外由于分子极性还存在静电相互作用。再例如石墨晶体中，层内碳原子之间通过共价键结合，而层与层之间有范德瓦尔斯键相互作用。这些晶体往往表现出更为复杂的宏观性质。

7.1.3 晶体中的热运动

晶体中大部分原子没有长距离的扩散运动，主要的热运动形式是在晶格格点处做小幅振动，即热振动。热振动的剧烈程度随着温度的升高而加剧，它直接决定了晶体的热容，也导致了热膨胀等现象。

晶体的热容主要有两部分贡献：一是来源于原子的热振动，称为晶格热容；二是来源于电子的运动，即电子热容。在温度较低的条件下，电子热容的贡献很小，可忽略不计。原子在平衡位置处的微小热振动可以近似为简谐振动。根据能量均分定理，每个简谐振动均分的包括动能和势能在内的总能量是 k_BT。1 mol 晶体中有 N_A 个原子，每个原子的热振动有三个自由度，所以 1 mol 晶体总的振动能量为

$$U = N_A \cdot 3k_BT = 3RT \tag{7.1.2}$$

因此，定容热容为

$$C_V = \left(\frac{\partial U}{\partial T}\right)_V = 3R \tag{7.1.3}$$

上式表明晶体的热容是一个与温度无关的常量，这就是杜隆－珀蒂定律。事实上，该定律在高温范围内与实验结果符合得很好，如表 7.4 所示，但是在低温区，热容不再是常数，而是随温度的降低而迅速减小。这一反常现象在经典统计理论框架内是无法解释的，爱因斯坦和德拜在量子假说的基础上，发展了晶体量子热容理论，较好地解释了晶体低温热容。关于晶格热容的量子理论可参考《固体物理》等相关书籍，本书不再做详细讨论。需要指出的是晶体中原子的振动并不是相互独立的。原子间存在相互作用，而相互作用与原子间距有关系。这意味着一个原子的振动会影响周围原子的

振动状态。事实上，晶体中所有原子的振动是耦合在一起的，原子的热振动会以波的形式在晶格间传播，这称为格波。格波的数量与晶体中原子总的自由度相等，在简谐振动近似下格波是相互独立的。按照量子理论，简谐振动的能级是量子化的，格波的量子称为声子。晶格的热运动状态就是这些格波的组合，热运动的能量等于这些格波的总能量。

表 7.4　一些晶体的热容

物质	C_{mol}/R	物质	C_{mol}/R
Al	3.09	Cu	2.97
Fe	3.18	Sn	3.34
Au	3.20	Pt	3.16
Cd	3.08	Ag	3.09
Si	2.36	Zn	3.07

热膨胀现象是大部分物质的一个基本热物理属性，即系统的体积会随着温度的升高而增大。下面我们从热振动角度解释晶体热膨胀的机理。图 7.5 所示为原子间的相互作用势能曲线。原子的热振动主要是围绕着平衡位置，即晶格格点位置 $r=r_0$ 进行。在振动过程中，动能和势能间进行不断转化，在 $r=r_0$ 处动能最大，势能最低，总能量保持守恒。假设原子振动过程中偏离平衡位置的最大距离分别是 r' 和 r''，对应的势能最大，动能为零。当温度较低时，原子在其平衡位置附近做小幅振动，体现在势能曲线上就是在势能谷底附近振动，这时两原子之间的最小间距 r' 和最大间距 r'' 偏离平衡位置 r_0 的距离近似相等，从平均结果来看，温度的变化对原子间距影响不大。当温度升高时，由于势能曲线在 r_0 两侧的不对称性加剧，导致原子间远离的距离大于靠近的距离，即 $r''>r'$。从平均效果来看，两原子间的距离增大，如图 7.5 中的实线所示，这导致了晶体体积增大，即热膨胀现象。

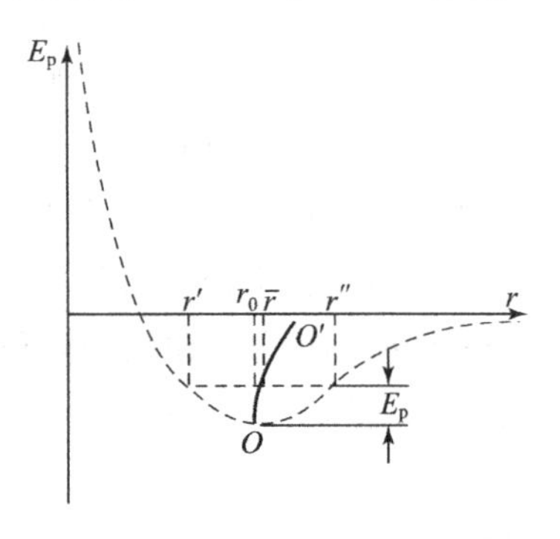

图 7.5　热膨胀中分子间势能变化

7.1.4　非晶态固体

固体除了晶体外，还有一大类就是非晶态固体。非晶态固体在我们的生活中广泛存在，例如火山玻璃、琥珀、天然橡胶都是天然非晶态物质；塑料、普通玻璃、非晶合金都是人造非晶态物质。

人类利用非晶态材料有非常悠久的历史。玻璃可能是人类最早制造出的材料之一，世界上第一块人造玻璃可以追溯到距今五千年前的古代巴比伦时期，公元前 16 世纪至 12 世纪，玻璃已在古代埃及广泛使用了。我国玻璃的制造历史也有两千多年，最早记载始见于《尚书·禹贡》，据称在冶炼青铜过程中出现类似玉的副产品。然而，玻璃材料在我国历史中一直没有得到重视，应用也很有限。当代玻璃在科学技术领域最重要的应用之一是光纤。1966 年，高锟提出了利用极高纯度的玻璃纤维传送光波的思想，这为日后通信技术的突飞猛进奠定了理论基础。相对而言，非晶态金属还很“年轻”，1960 年美国冶金学家 Duwez 采用超高速冷却方法首次在 Au－Si 合金中得到非晶态金属，到现在只有 60 多年的历史。目前，科学家们在 1 000 多个合金体系中实现了非晶态，非晶态金属现在已成为凝聚态物理和材料科学研究中的一个重要分支。

非晶态固体最主要的特征是原子的排列不具有空间对称性，呈无序状态。如果观察 X 射线衍射谱，就会发现非晶材料呈现一个很宽的衍射峰，与晶体的许多尖锐衍射峰形成鲜明对比；若用电子显微镜观察，非晶金属的电子衍射花样是较宽的晕和弥散的环，没有晶体具有明亮斑点的特征。这些现象都说明非晶态物质的原子排列是长程无序的。但是，在结构长程无序的表象下面非晶态物质隐藏着短程有序，这与气体的完全长程无序不同。研究发现，非晶态合金中最近邻和次近邻原子的键合和排列具有一定的相似性，在几个原子的尺度内结构具有有序性，称为短程有序。

非晶态物质的宏观物理化学性质是各向同性的，这与晶体不同，是长程无序的结果。非晶态材料有许多独特的性能，下面以非晶态合金为例做简单介绍。非晶态合金具有很高的强度和硬度，锆基块体非晶合金的断裂强度可达 6. 0 GPa，这是目前金属材料强度的最高纪录；铁基非晶合金的断裂强度达到 3. 6 GPa，是一般合金钢的数倍。非晶合金还具有很高的弹性极限，一般可以达到 2%，远高于传统晶态合金。另外，铁、镍、钴基非晶合金具有优异的软磁性能，已经广泛应用于变压器、电感器等产品。非晶合金还具有良好的生物兼容性，加之高强度、高弹性，使其在人体可替代材料领域具有很大的应用潜力。当然，大部分非晶合金也有明显的缺陷，如塑性变形能力差、非晶形成能力差等。在这方面，我国研究人员制备出了具有优异塑性的 La 基非晶合金，如图 7. 6 所示，将材料的塑性和强度有机地结合在一起。总之，非晶态物质特殊的结构使得它呈现出许多与晶体不同的规律与性质，对此的理论与应用研究方兴未艾。

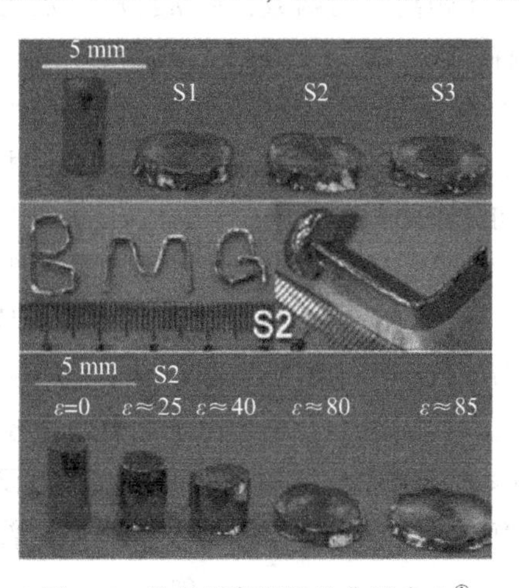

图 7. 6　具有超高塑性的非晶合金[①]

7. 2　液体

液体的结构与性质介于固态与气态之间。它既像固体一样不宜压缩，也像气体一样没有固定形状，可在应力作用下发生流动。与晶体不同，液体的物理化学性质

---

① Y. H. Liu, G. Wang, M. X. Pan, W. H. Wang, Science, 315, 1385 (2007)。

呈现各向同性。在结构方面，液体的 X 射线衍射谱中没有尖锐的布拉格衍射峰，这意味着不具有类似晶体那样的长程有序结构。另外，液体中的原子间的平均距离与其对应的晶体只相差 3% 左右，原子间的结合力更接近于晶相而远远强于气相，从这个角度讲，液体与晶体更为相近，而与气相差异较大，这也是将固态和液态通称为凝聚态的主要原因。本节将探讨液体的一般性结构特征，并介绍液体的一些典型的物理化学性质。

7.2.1　液体的结构

1. 径向分布函数

液体的结构特征用简单的一句话来概括就是长程无序、短程有序。该结构特征可以从径向分布函数(Radial Distribution Function，RDF) $g(r)$ 中反映出来。我们将液体看作是由大量原子通过原子间相互作用力结合在一起的凝聚系。在众多原子中，我们任意挑选某个原子作为目标原子，在某一时刻记录下该原子的空间坐标作为初始位置。假设液体中原子的空间分布是均匀的，则原子的数密度为 $n=N/V$，这里 N 表示液体中原子的数量，V 表示液体的体积。我们定义距离目标原子 r 处发现另一个原子的概率为 $g(r)$，则以目标原子为中心，液体的平均数密度可以表示为关于距离 r 的函数，即 $ng(r)$。从另一个角度来理解，以目标原子为球心，划定一个半径为 r、厚度为 $\mathrm{d}r$ 的球壳，如图 7.7 所示，则在该球壳内发现原子的平均数目为 $4\pi ng(r)r^2\mathrm{d}r$，这里的 $g(r)$ 称为径向分布函数。径向分布函数是统计平均的结果，它能够形象地反映出原子的平动有序性。

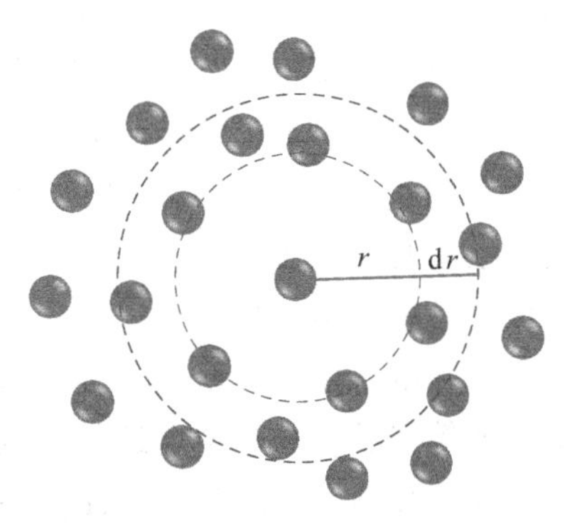

图 7.7　液相中原子的分布示意图

图 7.8 (a) 所示为液态水中氧原子间的径向分布函数。由于原子之间存在相互作用势，两个原子之间的间距不会小于原子的有效直径 d，因此在 $0\leqslant r<d$ 范围内，$g(r)$ 等于零。$g(r)$ 函数最重要的信息反映在第一峰上，第一峰的出现意味着距离中心原子某个距离存在着原子密集的壳层，第一峰对应的距离称为最近邻距离。将第一峰积分，$\int_0^{r_0}4\pi ng(r)r^2\mathrm{d}r$，即为最近邻原子数或称为配位数。第一峰的出现表明液体具有短程有序的结构特征。图 7.8 (b) 同时给出了六方晶态冰中氧原子间的径向分布函数，从图中可以看出，液体与晶体的最近邻距离相近，但晶体的径向分布函数除第一峰外呈现出多个尖锐的峰，这是晶体结构长程有序的体现。对于液体，次近邻峰就变得较弱了。随着距离的增大，峰越来越微弱直至消失，$g(r)$ 的值趋于 1，即原子排列处于完全无序的状态。

径向分布函数不易直接从实验中获得，但可由衍射实验数据通过傅里叶变换后得到。通过 X 射线和中子衍射实验得到液体的结构因子 $S(q)$，再由结构因子借助傅里叶变换得到径向分布函数的信息。

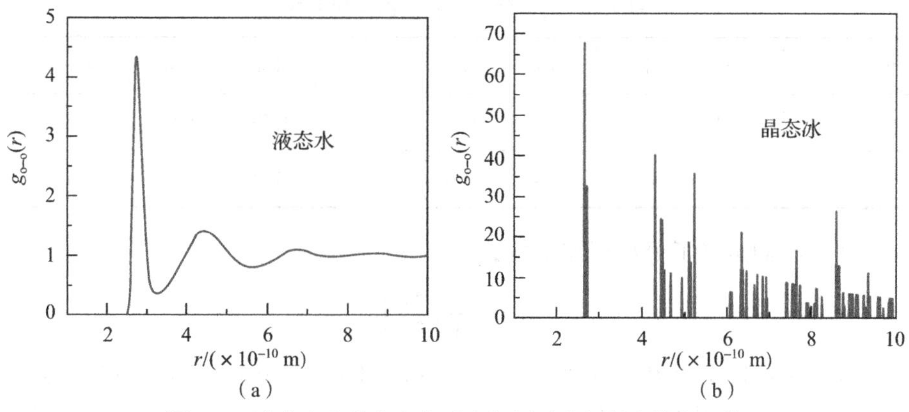

图 7.8　液态水和晶态六方冰中氧原子之间径向分布函数

2. 液体的结构因子

确切地说，$S(q)-1$ 可由 $g(r)-1$ 通过下列傅里叶变换获得：

$$S(q)-1=\rho\int[g(r)-1]\mathrm{e}^{\mathrm{i}\boldsymbol{q}\cdot\boldsymbol{r}}\mathrm{d}\boldsymbol{r} \tag{7.2.1}$$

这里 q 表示波数，$S(q)=1$ 时表示完全无序的系统，这与 $g(r)=1$ 的含义类似。因为 $g(r)$ 是一个球对称函数，因此上述积分可以简化为沿径向积分，即

$$S(q)-1=4\pi n\int_0^{\infty}r^2\mathrm{d}r\int[g(r)-1]\frac{\sin(qr)}{qr} \tag{7.2.2}$$

图 7.9 所示为 100 ℃液态钠的结构因子。对应着径向分布函数的第一峰，结构因子的第一峰也反映了最近邻原子的分布信息。液体的短程有序性随着温度的降低而增强，反映在结构因子的变化上就是主峰变得更高、更尖锐。在实验上，结构因子信息可以直接通过 X 射线或中子衍射获得。相较于 X 射线衍射，中子衍射具有更佳的衍射对比度，对于多组元液体，例如液态合金而言，是一种更有效的结构分析工具。

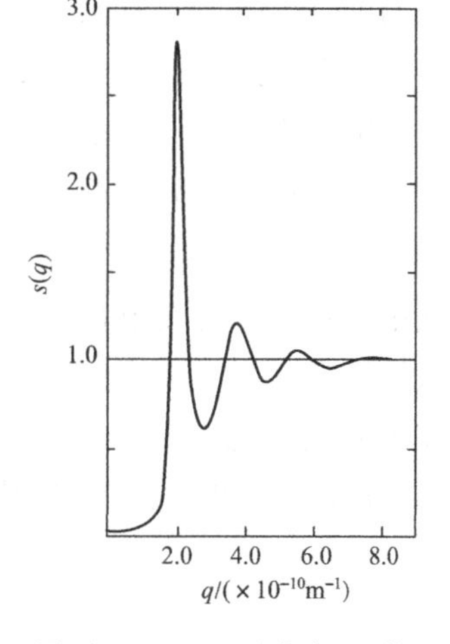

图 7.9　100 ℃下液态 Na 的结构因子

7.2.2　液体的体热物理性质

1. 比热与等温压缩系数

第 3 章在讨论理想气体的热力学第一定律时，推导出 $C_p-C_V=\nu R$ 的关系式。但对于大部分液体，C_p 和 C_V 的差异并不大。以液态金属为例，表 7.5 给出了几种液态金属温度在熔点附近的泊松比 $\gamma=C_p/C_V$ 以及液体的 C_V/R。可以看出，γ 值略大于 1，而 C_V 值接近于 $3R$。实验表明，在熔化前后，固体和液体的热容相差很小，这时液体热运动的主要形式是热振动，可以近似认为是在简谐振动基础上的热扰动。

表 7.5 熔点附近一些液态金属的热容

项目	Na	K	Rb	Zn	Cd	Ga	Sn	Pb	Bi
$\gamma = C_p/C_V$	1.12	1.11	1.15	1.25	1.23	1.08	1.11	1.20	1.15
C_V/R	3.4	3.5	3.4	3.1	3.1	3.2	3.0	2.9	3.1

在第 2 章我们定义了等温压缩系数χ:

$$\chi = -\frac{1}{V}\left(\frac{\partial V}{\partial p}\right)_T \tag{7.2.3}$$

类似地，可以定义绝热压缩系数，$\chi_S = -(1/V)(\partial V/\partial p)_S$，即在可逆绝热条件下(等熵)，改变单位压强引起的体积相对变化。可以证明，定压比热与定容比热之比等于等温压缩系数与绝热压缩系数之比，即 $C_p/C_V = \chi/\chi_S$。一般而言，气体的等温压缩系数要比液体和固体大得多，而液体的等温压缩系数与固体的值相近。

2. 扩散

扩散现象广泛存在于气体、液体和固体中，它是分子热运动的一个重要表现。液体中物质的扩散过程要慢于气体中的扩散，但要快于固体中的扩散。对于扩散过程，我们可以采用一个简单的微观模型来描述。在系统中选定一个目标粒子，记录下初始时刻的空间位置 $r(t=0)$，跟踪并记录该粒子在长时间内的运动轨迹，若将该操作遍历系统中每个粒子，对粒子在各个时刻的位移的平方进行统计平均，得到均方位移 $\langle r^2 \rangle$，均方位移在长时极限下会正比于时间 t，即 Einstein 关系式:

$$\langle r^2 \rangle = \lim_{t\to\infty} 6Dt \tag{7.2.4}$$

式中，系数 D 是在第 6 章讨论过的自扩散系数。在常温常压下，气体的自扩散系数的数量级是 $10^{-4} \sim 10^{-5}\ \mathrm{m^2/s}$，一般低黏度液体的扩散系数位于 $10^{-8} \sim 10^{-9}\ \mathrm{m^2/s}$，两者相差 4 ~ 5 个数量级。

从宏观角度，液体中物质的扩散过程仍要遵循 Fick 扩散定理，即

$$J = -D\frac{\partial c}{\partial z} \tag{7.2.5}$$

式中，c 表示浓度，表明扩散驱动力是浓度梯度。当浓度梯度不稳定时，Fick 继续提出了含时的扩散方程，即

$$\frac{\partial c}{\partial t} = D\frac{\partial^2 c}{\partial z^2} \tag{7.2.6}$$

扩散系数与温度有着密切的关系。实验测量表明，液体的扩散系数与温度满足 Arrhenius 方程

$$D = D_0 e^{-\frac{Q}{RT}} \tag{7.2.7}$$

式中，D_0是一个与温度关系不大的系数；Q 为扩散激活能。从上式可以看出，温度越高，扩散系数越大，扩散过程越迅速，这与我们的日常生活观察是相符的，例如一滴墨水在热水中向周围扩散的速度要比在冷水中快许多。

实验上，扩散系数的测量有多种方法，例如应用于一般液体的非相干中子散射方法、应用于聚合物液体的动态光散射方法以及核磁共振方法。计算机模拟是一种虚拟实验研究方法，现在日益成为实验研究的重要补充。采用分子动力学模拟方法，可以轻易地跟踪到系统中每个粒子的运动轨迹，因此利用式（7.2.4）可以获得扩散系数。

3. 黏度

黏滞性是流体重要的物理属性。对于一般液体，黏滞现象可由牛顿黏性定律来描述，即不同流速流层之间的流速梯度是驱动力，由此可以定义剪切黏度。事实上，包括扩散系数和黏度在内的输运性质都可以定义为系统对外界干扰的响应，例如扩散系数是粒子流对浓度梯度的响应，剪切黏度是剪切应力对速度梯度的响应。若只考虑外界干扰的线性部分，则输运系数都可写成时间关联函数的积分形式，即

$$\zeta = \int_0^{\infty} \langle \dot{A}(t)\dot{A}(0) \rangle \mathrm{d}t \tag{7.2.8}$$

式中，ξ 表示输运系数；A 是某个响应函数变量。具体来看，扩散系数除了式（7.2.4）的 Einstein 形式外，还可以定义为速度关联函数的积分形式，即

$$D = \frac{1}{3}\int_0^{\infty} \langle v(t) \cdot v(0) \rangle \mathrm{d}t \tag{7.2.9}$$

而剪切黏度可以写为应力关联函数的积分形式，即

$$\eta = \frac{V}{k_{\mathrm{B}}T}\int_0^{\infty} \langle \sigma_{\alpha\beta}(t)\sigma_{\alpha\beta}(0) \rangle \mathrm{d}t \tag{7.2.10}$$

式中，$\sigma_{\alpha\beta}(\alpha\beta = xy, yz, zx)$ 的负值表示应力张量，压强 $p = \frac{1}{3}\sum_{\alpha}\sigma_{\alpha\alpha}$。在此基础之上，可以进一步定义液体的体黏度 η_V，即

$$\eta_V = \frac{V}{9k_{\mathrm{B}}T}\sum_{\alpha\beta}\int_0^{\infty} \langle \delta\sigma_{\alpha\alpha}(t)\delta\sigma_{\beta\beta}(0) \rangle \mathrm{d}t \tag{7.2.11}$$

式中，$\delta\sigma_{\alpha\alpha}(t) = \sigma_{\alpha\alpha}(t) - \langle \sigma_{\alpha\alpha} \rangle = \sigma_{\alpha\alpha}(t) - p$。需要指出的是，体黏度往往与液体的流动无关，它影响着诸如声波传播过程中的衰减，与液体中局域压强的不均匀性有关。

液体中的自扩散系数与剪切黏度之间的关系可近似用 Stokes - Einstein 关系表示，即

$$D = \frac{k_{\mathrm{B}}T}{6\pi a\eta} \tag{7.2.12}$$

式中，a 表示溶质分子的半径。Stokes - Einstein 关系成立的一个前提是溶质分子的尺寸要显著大于周围溶剂分子的大小。对于一般液体，在温度不太低时，Stokes - Einstein 关系能够被较好地满足，但当液体进入过冷态，并且过冷度较大时，实验研究表明 D 和 η 之间偏离 Stokes - Einstein 关系，液体呈现出更复杂的动力学行为。

与气体相比，液体的黏度与温度的关系截然相反。根据第 6 章的讨论，气体的黏度随着温度的升高而增大，与温度的平方根成正比；而液体的黏度随温度的升高而降低，遵循 Arrhenius 关系，即

$$\eta = \eta_0 \mathrm{e}^{\frac{Q}{RT}} \tag{7.2.13}$$

式中，η_0 是一个与温度无关的系数；Q 是激活能。表 7.6 列出了一些液态金属在熔点附近的密度、扩散系数和黏度。

表 7.6 金属的熔点 T_m 及熔点附近的密度(ρ)、扩散系数(D) 和黏度(η)

金属元素	T_m/K	ρ/(g·cm^{-3})	D/(×10^{-5} cm^2·s^{-1})	η/(×10^{-3} Pa·s)
Li	453.7	0.515	5.96	0.60
Na	371.0	0.925	4.23	0.69
K	336.4	0.829	3.70	0.54
Rb	312.6	1.479	2.72	0.67
Cu	1 357.0	8.000	3.98	4.1
Ag	1 234.0	9.346	2.55	3.9

7.2.3 液体的表面性质

1. 表面张力与表面自由能

在没有外场作用下，含有自由表面的液体具有收缩成液滴的趋势，例如附着在荷叶表面的水自发收缩成小水滴。造成这种现象的主要原因是液体表面存在着表面张力。在第 3 章中我们曾介绍过一个附着液膜的金属框拉伸实验（见图 3.4），定义了作用于液膜表面的表面张力。从能量角度理解，在拉伸过程中外力做的功完全用于克服表面张力（做功的大小由式（3.2.7）给出），进而转化为所谓的表面能。在等温条件下，该表面能实际上就是表面自由能。表面张力在数值上等于增加单位表面积时所增加的表面能。

表面张力的起源可以从分子层次给出一个定性的解释。在不考虑表面的液体中，一个分子受到的周围分子施加的分子间吸引力是各向同性的。然而，位于表面层附近的液体分子，一侧受到液体内部水分子较强的吸引力作用，而另一侧受到气相分子较弱的作用，这种力场环境的不对称导致了液体表面附近分子受到指向液体内部的作用力，如图 7.10 所示。增大表面积意味着部分液体内部的分子转移到表面层，该过程要克服来自内部的吸引力，表现为表面收缩的趋势，即表面张力。表 7.7 所示为常见液体的表面张力。需要特别指出的是水的表面张力，水是自然界中最常见的一种液体，但它有许多奇特的物理、化学性质。在室温下，水的表面张力为 7.3×10^{-2} N/m，要显著地大于许多简单液体，

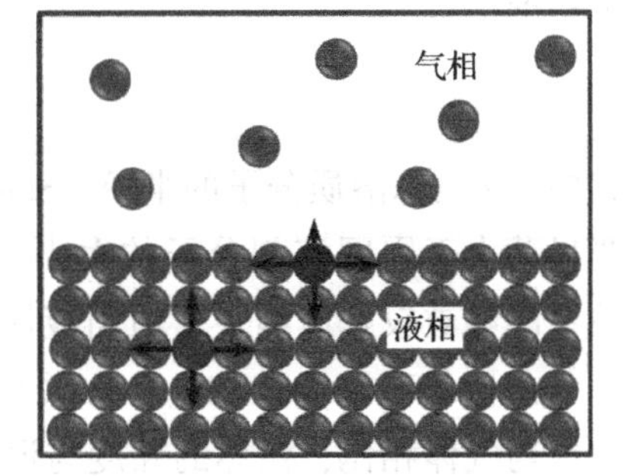

图 7.10 液体表面受力示意图

其主要原因是表面的水分子在相当程度上与内部水分子仍保留着较强的氢键结合，这比一般简单分子液体的分子间相互作用强，造成了水呈现出异常高的表面张力。

表 7.7　几种液体的表面张力系数

液体名称	温度 t/℃	表面张力 σ/($\times 10^{-2}$ N·m^{-1})
水	18	7.3
酒精	18	2.3
苯	18	2.9
醚	20	1.7
汞	18	49
铅	335	47.3

表面张力与液体的成分有关。一些液态合金中，例如 Cu－Zr 合金，低表面能的 Cu 组元会趋向于在表面富集，造成表面成分偏析，从而降低了表面张力。同样的机理，液体中若含有低表面能的杂质，杂质也会向表面聚集，从而降低表面张力，例如日常生活中常用的洗涤剂等。液体的表面张力一般随温度的升高而减小。

2. 球形液面的表面附加压强

上节讲到在表面张力的作用下，液体有收缩成球形表面的趋势，以追求最小的面体比和最低的表面自由能。在另外一些情况下，例如水中的气泡，会形成凹液面。表面张力的存在使得这些曲液面内外两侧出现压强差，称为表面附加压。凸形液面表面附加压为正值，凹形液面的表面附加压为负值。下面以凸球形液面为例，讨论表面附加压。

图 7.11 所示为半径为 R 的球形液面的一部分球冠。球冠底面圆半径为 r，圆心位于 O 点，球形液面的球心位于 C 点。首先分析该球冠受到的表面张力。表面张力作用在底面边缘的圆上，方向是圆周任意一点的法向方向。在圆上任意一点处取一长度为 dl 的微段，其所受的表面张力为 $\mathrm{d}F=\sigma\mathrm{d}l$，将力分解在垂直于底面和平行与底面方向，分别得到

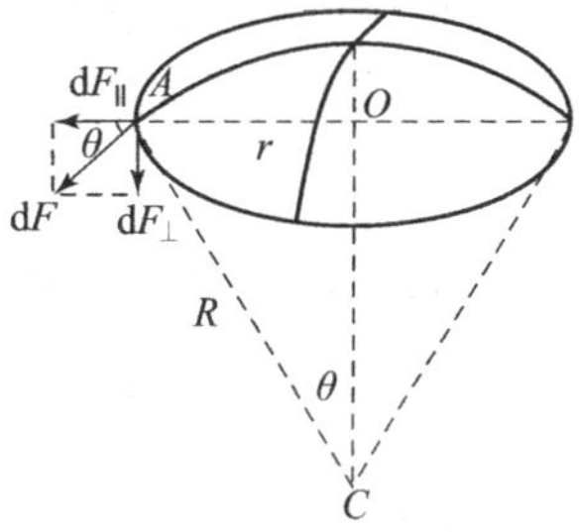

图 7.11　球形液面表面张力分析

$$\mathrm{d}F_{\perp}=\sigma\sin\theta\mathrm{d}l \tag{7.2.14a}$$

$$\mathrm{d}F_{\parallel}=\sigma\cos\theta\mathrm{d}l \tag{7.2.14b}$$

式中，θ 是$\overset{\frown}{AO}$对应的圆心角。加载在底面边缘的表面张力具有轴对称性，因此平行于底面的分力的合力等于零；垂直于底面方向的力方向都相同，总的合力等于

$$\int\mathrm{d}F_{\perp}=\int\sigma\sin\theta\mathrm{d}l=\sigma\sin\theta\cdot 2\pi r \tag{7.2.15}$$

由于 $\sin\theta\approx r/R$，上式可以写为

$$F_{\perp}=\frac{\sigma\cdot 2\pi r^{2}}{R} \tag{7.2.16}$$

这里忽略液体球冠自身的重力。整个球冠保持受力平衡，为了平衡表面张力，一定存

在着作用于球冠底面，方向与 $F_{\perp}$ 相反的压力，确切地讲是两侧的压力差，即表面附加压。设附加压强为 p，则根据平衡条件，有

$$p\pi r^2 = \frac{\sigma \cdot 2\pi r^2}{R}$$
$$p = \frac{2\sigma}{R} \tag{7.2.17}$$

若球面是凹球面，则表面附加压为负值。从上式可以看出，表面附加压与液滴半径呈反比。当液滴尺寸很小时，以半径为 10 nm 的水滴为例，表面附加压可以超过 700 个大气压，这样高的压强值足以影响表面层附近水的物理化学性质，例如降低水的熔点。另外一个典型的例子是肥皂泡的附加压强。肥皂泡有两个自由表面，外侧的表面是凸液面，内侧的表面是凹液面。凸液面造成的附加压强为 $2\sigma/R$，凹液面的附加压强为 $-2\sigma/R$，因此肥皂泡的内外压强差为 $4\sigma/R$，气泡在长大过程中内外压强差逐渐减小。

例 2 通过一导管将压强为 $p_0 = 10^5$ Pa 的空气等温地压缩进肥皂泡内，分别吹成半径为 $r_1 = 2.0$ cm 和 $r_2 = 3.0$ cm 的肥皂泡。设肥皂泡膨胀过程是等温的，试求做的功分别是多少？设肥皂泡的表面张力 $\sigma = 4.5 \times 10^{-2}$ N/m。

解： 假设气泡外的环境压强是大气压强，则 $r =$ 2.0、3.0 cm 时气泡内的压强为

$$p_1 = p_0 + \frac{4\sigma}{r_1},\ p_2 = p_0 + \frac{4\sigma}{r_2}$$

气泡的膨胀过程中外力做功有两部分：一是由于表面积增大，克服表面张力做功；二是等温过程中压缩气体做功。下面分别求解两个阶段的做功。

（1）由于内外表面积增大，克服表面张力做功，即

$$W_1 = \sigma \cdot 8\pi r^2$$

（2）将气体近似为理想气体，则理想气体等温压缩做功为

$$W_2 = pV\ln\frac{p}{p_0} = \left(p_0 + \frac{4\sigma}{r}\right) \cdot \frac{4}{3}\pi r^3 \ln\left(1 + \frac{4\sigma}{rp_0}\right)$$

由于 $\frac{4\sigma}{rp_0} \ll 1$，上式可近似为

$$W_2 \approx p_0 \cdot \frac{4}{3}\pi r^3 \frac{4\sigma}{rp_0} = \frac{16}{3}\pi r^2 \sigma$$

总功为

$$W = W_1 + W_2 = \frac{40}{3}\pi r^2 \sigma$$

对于 $r_1 = 2.0$ cm，$W = 7.5 \times 10^{-4}$ J；对于 $r_2 = 3.0$ cm，$W = 1.7 \times 10^{-3}$ J。

可以看出气泡膨胀过程中做的功与 r^2 成正比，随着气泡的增大，需要做的功越来越多。

3. 接触角与润湿现象

液体与固体接触形成液固界面，类似于自由表面的表面张力，液固界面之间也存

在界面张力或界面自由能。当液滴附着在固体表面并达到平衡后，在液、固、气三相的交点处，液-气界面的切线与液-固界面的切线之间形成的夹角称为接触角。若接触角 $\theta=0$，称为完全润湿；若 $\theta=\pi$，称为完全不润湿；若 $0<\theta<\pi/2$，称为润湿；$\pi/2<\theta<\pi$，称为不润湿，如图7.12所示。润湿行为本质上决定于液体分子之间以及液体分子和固体分子之间相互作用力的竞争关系。一般而言，液体分子之间的相互作用若大于液体和固体分子之间的相互作用，液体与固体之间的接触角较大，润湿性倾向于变差。

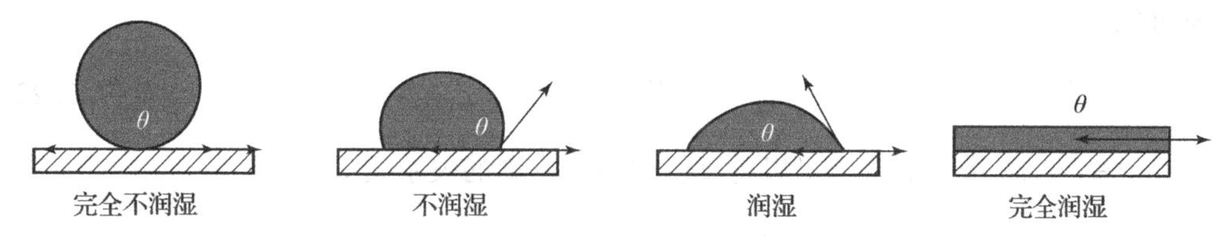

图7.12 液体润湿性示意图

设液体的表面张力为 σ_L，液-固界面张力为 σ_{LS}，固体与气体之间的表面张力为 σ_{SV}，在三相交界处，表面/界面张力受力平衡，在水平方向可以得到如下等式：

$$\sigma_L\cos\theta+\sigma_{LS}=\sigma_{SV} \tag{7.2.18}$$

上式也被称为Young-Dupre方程，可以用来确定接触角 θ 的值。表7.8给出了水和己烷在云母表面的表面/界面张力。竖直方向的表面张力分量由于较小，其对固体的影响通常被忽略了。事实上，当固体基底很薄时，表面张力的竖直分量也可以对基底造成可见的形变。

表7.8 水和己烷的表面张力及在云母表面的界面张力 $\times10^{-3}\ N\cdot m^{-1}$

液体	σ_{SV}	σ_{SL}	$\sigma_{SV}-\sigma_{SL}$	σ_{LV}
水	183	107	76	73
己烷	271	255	16	18

4. 毛细现象

将毛细管插入一盛满液体的容器内，由于液体与毛细管之间的润湿行为将造成液体在管内的上升或下降现象，称为毛细现象。例如，将极细的玻璃管插入水中，管中的水面会上升，而将玻璃管插入水银中，管内水银面会降低，而且上升或下降的高度随管变细而增大。下面我们以液柱在管内上升情况为例进行讨论。如图7.13所示，当毛细管壁与液体较好润湿时，毛细管内的液柱表面形成凹面，设凹面对应的球半径为 R，壁面到管中心轴线间的距离为 r，管内液柱高为 h，接触角为 θ，p_0 为大气压，管内凹液面下 A 点处的压强等于外界大气压与液面附加压强之和，即

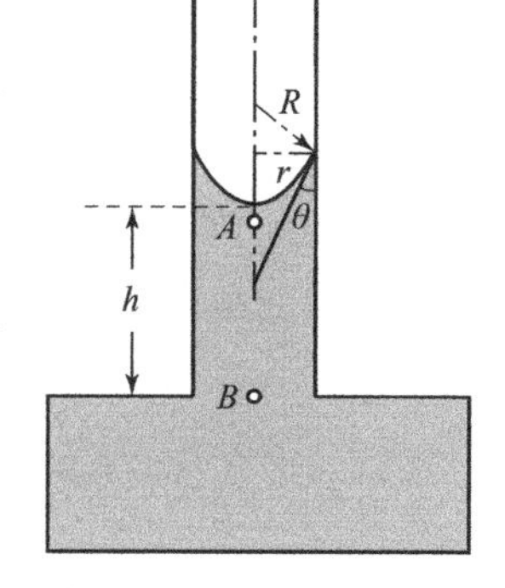

图7.13 毛细管示意图

$$p_A = p_0 - \frac{2\sigma}{R} \tag{7.2.19}$$

管内与管外液面同高的 B 点处压强为

$$p_B = p_0 - \frac{2\sigma}{R} + \rho g h \tag{7.2.20}$$

p_B 与管外容器中液面处的压强 p_0 相同，所以

$$p_B = p_0 - \frac{2\sigma}{R} + \rho g h = p_0 \tag{7.2.21}$$

于是可知

$$\frac{2\sigma}{R} = \rho g h \tag{7.2.22}$$

将关系 $R = r/\cos\theta$ 带入上式，可以得到管内液柱高度的关系式

$$h = \frac{2\sigma\cos\theta}{\rho g r} \tag{7.2.23}$$

当 $\theta < \pi/2$，即液体与管壁润湿时，$h > 0$，液柱上升；$\theta > \pi/2$，液体与管壁不润湿时，$h < 0$，液柱下降。上升或下降的高度除了与润湿属性相关外，与毛细管的内径和液体的密度也有关系。

5. 过冷态液体与非晶态转变

在常压下冷却液体至熔点温度 T_m，达到固液两相共存态，继续降低温度，发生结晶，关于相变的基本原理我们会在下一节中详细讨论。若液体以较快的冷却速度冷却，则可以避免结晶的发生，此时的液体在低于熔点温度下仍能稳定存在，称为过冷态液体，将液体的平衡熔点与实际温度之间的差值 $\Delta T = T_m - T$，定义为过冷度。从动力学上看，液体分子的热运动在冷却过程中逐渐减慢。若冷却速度足够快，在某个温度下，液体的分子将会被完全“冻结”，只在固定位置做振动，此时系统发生非晶态转变，进入非晶态。图 7.14 所示为过冷液体、结晶和非晶态转变中体积或焓随温度变化的示意图。可以看出，非晶态转变过程并没有出现类似结晶过程那样体积和焓的不连续变化。需要指出的是，非晶态转变温度 T_g 并不是传统意义上的相变温度，它会随着冷却速率的增大而升高。非晶态在热力学上是非平衡的亚稳定态，重新升温或在外界干扰下会发生结晶。

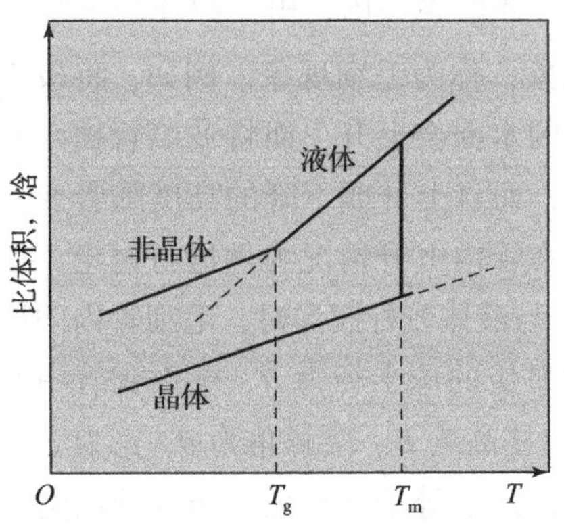

图 7.14 非晶态转变中比体积、焓随温度变化示意图

结构上，过冷液态和非晶态并没有明显的区别，因此非晶态也常常被称为“冻结”的液体。具体看，在径向分布函数上，过冷液体和平衡态液体形状大致相似，都没有类似晶体那样长程有序性的特征。相比较而言，过冷液体的第一峰更加尖锐，这表明过冷液体具有更加明显的短程有序特征。实验和计算机模拟研究表明，在过冷的单原子液体（如液态金属）中存在大量的局域有序原子团簇，甚至一些团簇结合在一起形成中程有序结构。这些局域有序结构对过冷液体的动力学和热力学性质有着重要的影响，也是液态物理和非晶态物理研究中的一个重要内容。

过冷液体的动力学性质随着温度的变化关系发生奇异的变化，特别是在过冷度较大的深过冷态，更为明显。例如，某些过冷液体的黏度随着温度的降低不再符合式（7.2.13）的 Arrhenius 关系，而是更为迅速地增大，直至非晶态。扩散系数也有类似的非 Arrhenius 温度行为。Angell 等人根据动力学性质的温度依赖行为，将过冷液体分为两类：“强”性液体和“脆”性液体。所谓“强”性液体是指在冷却过程中黏度等动力学行为始终符合 Arrhenius 关系，例如 SiO_2等；“脆”性液体是指明显偏离 Arrhenius 关系，例如大部分液态金属。图 7.15 所示为一些典型的“强”性和“脆”性液体的黏度随温度的变化关系。由于动力学性质出现反常行为，一些液体在过冷区不再遵循式（7.2.12）所示的 Stokes – Einstein 关系。

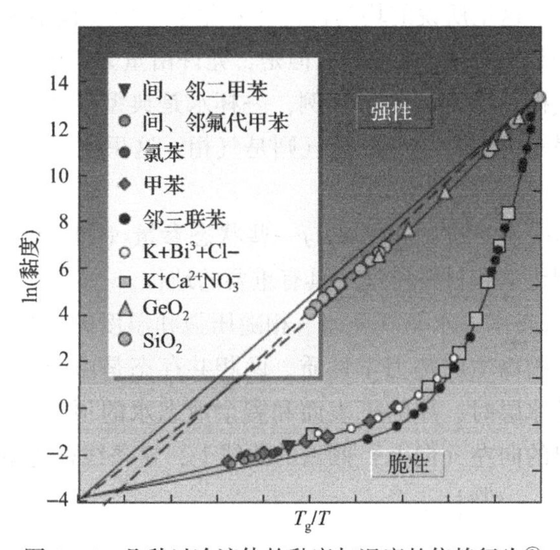

图 7.15　几种过冷液体的黏度与温度的依赖行为①

在热力学上，液体的焓和熵在熔点处要高于晶体的焓和熵，若发生结晶，它们会出现不连续变化。对于过冷液体，随着过冷度的增大，焓和熵逐渐减小，直到发生非晶态转变。在非晶态转变过程中，焓和熵是连续变化的，但比热 C_p、等温压缩系数 κ_T 等二级热力学变量不连续变化。图 7.16 所示为 AuSiGe 液态合金在非晶态转变中的比热变化。比热台阶ΔC_p的出现是形成非晶态最有力的证据之一。总之，过冷液体有着新颖的结构和特殊的热力学、动力学性质，对于理解晶态和非晶态本质都有着重要的意义。

---

① P. G. Debenedettiand F. H. Stillinger, Nature 410, 259 (2001)。

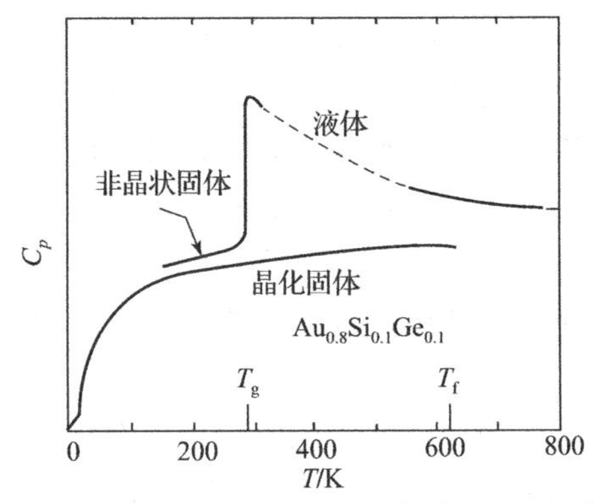

图 7.16 非晶合金 AuSiGe 非晶态转变的比热特征

7.3 相与相变

7.3.1 相与相图

相，是指系统或系统的一部分在空间上物理性质均匀，并且有明确的边界与其他部分隔离开来的部分。这里所说的均匀性意味着化学成分（包括相对含量）、晶体结构（如有）和质量密度在空间上是均匀的。但是，允许由重力产生的连续变化，例如地球引力场中有限的空气柱。以常见的水为例，一杯水是典型的液相；一块冰是典型的固态相；蒸气发电厂涡轮机中的“干”蒸气则是气相，这里所说的“干”指的是不含水滴的蒸气。

相图是用来表示平衡系统的相组成与一些状态参量（如温度、压强等）之间关系的一种图，它在物理化学和材料科学中具有重要的地位。

图 7.17 给出了液态水、水蒸气和冰三相随压强和温度的变化。本章中我们感兴趣的是两相平衡共存时的物质的热力学性质。两相共存态是由图中的曲线所代表，当池塘结冰并形成厚厚的冰层时，冰的下表面和剩余液态水的顶部共存，对应的温度和压强位于从三相点发出的向左（向上）倾斜的曲线上，这条线称为熔化曲线。

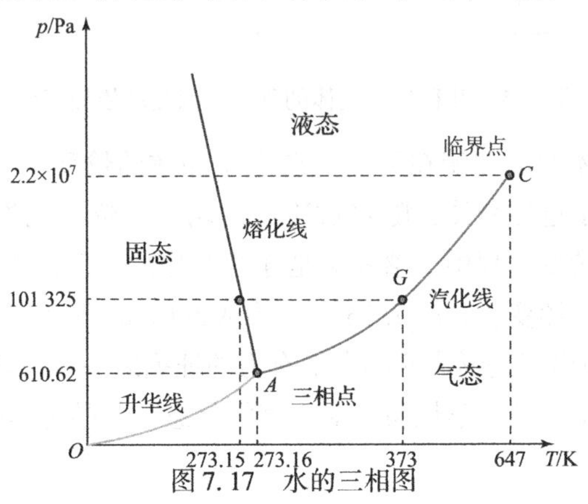

图 7.17 水的三相图

当温度低于三相点时，例如在一个密封的容器中放入大量的冰，并抽出其中的空气，那么一些水分子就会从冰的表面逸出而形成气态，这种直接由固态蒸发的过程称为升华。这种气态水与剩余的冰形成固相和气相的平衡。我们称从原点到三相点的曲线为升华曲线。[顺便说一句，你可能已经注意到，从托盘里倒出来的冰块，散落在冰箱的碗里，如果放在那里很长时间，冰块的尺寸会慢慢减小。冰正在升华，但从未达到与它的蒸气共存（因为太多的蒸气泄漏出冷冻室）。另一个例子是草坪上的霜冻，如果早晨阳光强烈，但气温仍保持在零度以下，那么霜冻就会通过升华而消失。]

沿着连接三相点和临界点的曲线，液体和蒸汽共存，这条曲线叫作汽化线。在三相点处，所有三个相同时存在。临界点是一个特殊的热力学状态，只有当温度低于临界温度 T_c 时，才能对气相和液相进行有意义的区分。蒸汽的体积是由容器的大小决定的；气体膨胀以充满整个容器的空间。液体则不同，其体积由温度、压强和分子数决定。如果从蒸发曲线上的三相点开始（三相点处液相密度为 10^3 kg/m^3，蒸汽密度为 5×10^{-3} kg/m^3），沿着蒸发曲线移动，我们发现液体密度降低（随着温度升高和压强增加，液体膨胀）。同时，蒸汽密度增加（压强的增大，蒸汽收缩）。当接近临界点时，两个密度趋于同一个值：400 kg/m^3。当高于临界温度时，分子间的吸引力无法形成液滴，无法区分液相和气相。综上所述，临界点是沿汽化曲线的一个极限点：在临界点温度以下，液体和蒸汽以不同的、不均匀的密度共存；在临界温度以上，这种不同消失，变成了一个单一的“流体”相。

表7.9给出了一些常见物质的临界点和三相点的实验数据。在 $p-T$ 图上画出压强等于一个大气压的等压线，如图7.17所示，它将与熔化曲线相交于273.15 K（冰的正常熔点），略低于三相点温度。同一条线与汽化线相交于373 K（这是水的正常沸点）。一般来说，当液体被充分加热到其蒸气压等于环境压强时，就会发生沸腾。因此，无论何时发生沸腾，它都会在汽化曲线的某个点上发生。如果你曾经在海拔3 000 m的地方露营和煮饭，那你就知道那里的沸水温度低于373 K。3 000 m的高度对应于大约0.7大气压强，在该压强下绘制的线与汽化曲线更接近于三相点，在大约363 K，比在海平面的情况低10 K。

表7.9　常见物质的临界点和三相点数据（c下标表示临界点参数，t. p. 下标表示三相点参数）

物质	T_c/K	p_c/atm	$(V/N)_c$/($\times10^{-30}$ m^3)	$T_{t.p.}$/K	$p_{t.p.}$/atm
水	647	218	91.8	273.16	0.006 0
二氧化硫	431	77.8	203	200	0.02
二氧化碳	304	72.9	156	217	5.11
氧	155	50.1	130	54.8	0.002 6
氩	151	48.0	125	83.8	0.68
氮	126	33.5	150	63.4	0.127
氢	33.2	12.8	108	14.0	0.071 2

7.3.2 潜热

当炉子上的茶壶由于水的沸腾而发出响声时，炉火正在源源不断地向水供应能量，这种能量使处于液态中的一些分子能够摆脱其他分子的引力而变成气体，这个过程发生在恒温（$T=373$ K）和恒压（$p=1$atm）下。简言之，该过程发生在图 7.17 汽化线上的一个点上。

一般情况下，液体汽化时要从外界吸收热量，我们用 L_v 来表示所需要的热量，对于 1 mol 分子，我们定义

$$L_v = 1 \text{ mol 分子从液体转化为蒸气所吸收的热量} \tag{7.3.1}$$

根据热力学第一定律，

$$L_v = \Delta(u + pv) \tag{7.3.2}$$

上式中，

$$\begin{cases} u = 1 \text{ mol 分子的平均内能} \\ v = 1 \text{ mol 分子占据的体积} \end{cases} \tag{7.3.3}$$

因为汽化发生在恒压下，式（7.3.4）可以重新整理为

$$L_v = \Delta u + p\Delta v \tag{7.3.4}$$

这里

$$\begin{aligned} \Delta u &= u_v - u_l \\ \Delta v &= v_v - v_l \end{aligned} \tag{7.3.5}$$

因为蒸汽的摩尔体积大于液体的摩尔体积，所以差值 Δv 是正值。输入能量的一部分被用作体积膨胀时抵抗外部压强 p 而做的功，只有一部分由加热提供的能量变成了分子能量的变化。显然，L_v 等于 1 mol 分子平均焓的变化。类似的定义和关系也适用于熔化和升华。表 7.10 列出了一些常见物质的潜热值。

表 7.10 一些常见物质的潜热值

物质	熔点/K	熔化热/（eV · $molecule^{-1}$）	沸点/K	蒸发热/（eV · $molecule^{-1}$）
二氧化碳	217	0.086		
氯气（Cl_2）	172	0.067	239	0.21
氦（^4He）	1.76	8.7	4.2	0.000 87
铁	1 810	0.14	3 140	3.6
水银	234	0.024	630	0.61
氮	63	0.007 5	77	0.058
银	1 230	0.12	2 440	2.6
钨	3 650	0.37	5 830	8.5
水	273	0.062	373	0.42

7.3.3 化学势与吉布斯-杜亥姆（Gibbs-Duhem）关系

如果系统是开放系统，并且只存在单一分子时，吉布斯自由能的全微分表达式为

$$\Delta G = -S\Delta T + V\Delta p + \mu\Delta\nu \tag{7.3.6}$$

式中，ν 是物质的量；μ 表示摩尔吉布斯自由能，它的严格定义为温度和压强保持不变的情况下，增加 1 mol 时吉布斯自由能的改变，称为化学势，

$$\mu = \left(\frac{\partial G}{\partial \nu}\right)_{T,p} \tag{7.3.7}$$

吉布斯自由能是广延量，而化学势是强度量，是 T 和 p 的函数，$\mu=\mu(T,\ p)$。于是吉布斯自由能可以写为

$$G(T,p,\nu) = \mu(T,p)\nu \tag{7.3.8}$$

将上式全微分，得

$$\Delta G = \left(\frac{\partial\mu}{\partial T}\Delta T + \frac{\partial\mu}{\partial p}\Delta p\right)\nu + \mu\Delta\nu \tag{7.3.9}$$

与式（7.3.6）进行比较，得到

$$\begin{aligned}\frac{\partial\mu}{\partial T} &= -\frac{S}{\nu} = -s\\ \frac{\partial\mu}{\partial p} &= -\frac{V}{\nu} = -v\end{aligned} \tag{7.3.10}$$

式中，s 表示单位物质量的熵。化学势的微分表达式是

$$\Delta\mu = -s\Delta T + v\Delta p \tag{7.3.11}$$

这个方程叫作 Gibbs-Duhem 关系。化学势是一个强度量，因此它对 T 和 p 的偏导数也是强度量。

7.3.4 两相共存条件

是什么决定了 $p-T$ 相图中不同相边界的斜率？本节将从化学势和吉布斯自由能极小原理来回答这个问题。

考虑在 $p-T$ 平面中汽化线上的一个点，即液态和气态的共存态。根据吉布斯自由能最小原理，如果我们把水分子可逆地从液相变到气相，吉布斯自由能不变，也就是说方程

$$\Delta G = \frac{\partial G}{\partial \nu_v}\Delta\nu_v + \frac{\partial G}{\partial \nu_l}\Delta\nu_l = 0 \tag{7.3.12}$$

一定成立。在转变过程中 $\Delta\nu_v = -\Delta\nu_l$，同时根据化学势的定义式（7.3.7），可以得到

$$\mu_v(T,p) = \mu_l(T,p) \tag{7.3.13}$$

这个关系决定了相图中的汽化线。

对于单元闭系，化学势只取决于 p 和 T。然而，对于单元开系，化学势从一个相到下一个相发生了变化，式（7.3.13）精确地确定了汽化线，即它对变量 T 和 p 提供了一个约束条件，从而确定了 $p-T$ 平面上的一条气、液两相共存曲线。对于液、固两相，根据吉布斯自由能极小原理很容易得到两相共存的条件：

$$\mu_{l}(T,p)=\mu_{s}(T,p) \tag{7.3.14}$$

方程将决定 $p-T$ 平面上的熔化曲线。类似地，我们也可以确定升华曲线条件：

$$\mu_{v}(T,p)=\mu_{s}(T,p) \tag{7.3.15}$$

如果液相、气相和固相三相共存，则式（7.3.13）~式（7.3.15）必须同时成立。这三个方程互相独立，同时约束两个变量：T 和 p。方程组的解将是汽化曲线、熔化曲线和升华曲线的交点：三相点。

总之，两相共存的条件是它们的化学势相等。

7.3.5 相变的分类

相变有多种分类方法，例如气、液之间的转变伴随着体积的突变和相变潜热的释放，这类相变称为不连续相变；而像临界点之上的气-液转变、铁磁-顺磁转变、超导转变等并不伴随着体积的突变和潜热，因此也被称为连续相变。目前，使用最广泛的相变分类标准是1933年爱伦菲斯特提出的。他将化学势及化学势的1、2、…、$n-1$ 阶偏导数连续，但 n 阶及以上偏导数不连续的相变称为 n 级相变。具体来说，一级相变是指化学势在相变过程中连续变化，但化学势的一阶偏导数发生突变；二级相变指化学势及化学势的一阶偏导数连续，但二阶偏导数不连续的相变。体积、焓、熵都可写为化学势的一阶偏导形式，热容、压缩系数等都是化学势的二阶偏导，如图7.18所示。包括液化、结晶、升华等在内的相变都伴随着焓和体积的突变，属于一级相变；铁磁-顺磁转变、超导转变伴随着热容和压缩系数的突变，属于二级相变。目前，已知的大部分相变属于一级相变，少部分是二级相变，而二级以上的高级相变在自然界中还未观察到。需要指出的是，前节谈到的非晶态转变尽管没有体积的突变，且具有热容的突变，但研究者认为它仍不属于二级相变。

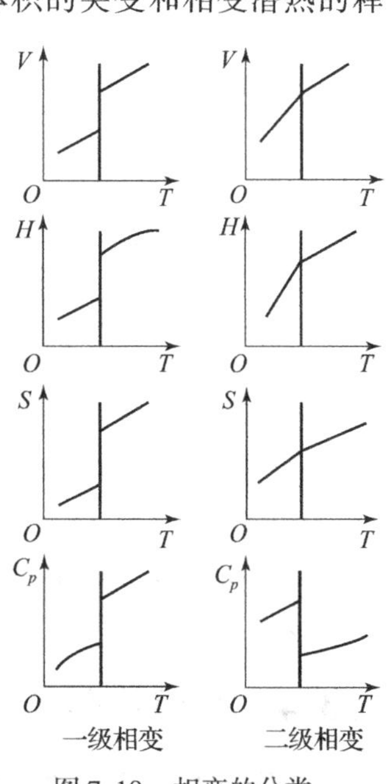

图7.18 相变的分类

7.3.6 克劳修斯-克拉珀龙（Clausius-Clapeyron）方程

本节我们来讨论 $p-T$ 相图中两相共存曲线的斜率。这里以汽化曲线为例，但所用的推导方法是普遍适用于任何其他共存曲线。在图7.19中，在汽化曲线的 A 点，气相和液相的化学势相等，即

$$\mu_{v}(T_A,p_A)=\mu_{l}(T_A,p_A) \tag{7.3.16}$$

邻近 B 的两个化学势相等，即

$$\mu_{v}(T_A+\Delta T,p_A+\Delta p)=\mu_{l}(T_A+\Delta T,p_A+\Delta p) \tag{7.3.17}$$

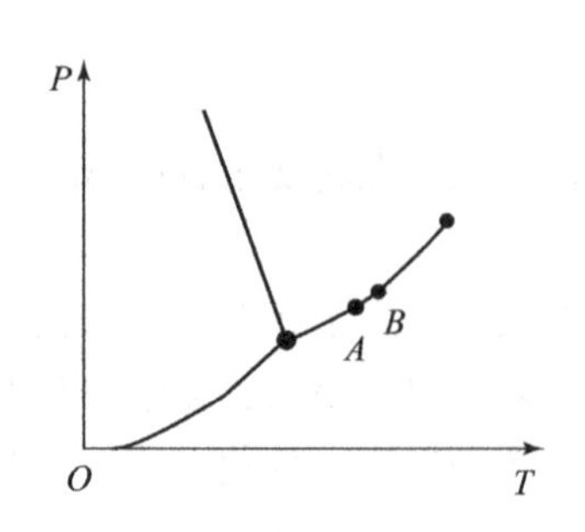

图7.19 气化曲线上的两个相邻点 $(T_A,\ p_A)$ 和 $(T_B,\ p_B)$

用等式（7.3.16）减去等式（7.3.17），得到 $\Delta\mu_v=\Delta\mu_l$，使用 Gibbs - Duhem 关系可以得到

$$-s_v\Delta T+v_v\Delta p=-s_l\Delta T+v_l\Delta p$$

求解比率 $\Delta p/\Delta T$，然后取极限 $\Delta T\to 0$（当点 B 趋近 A 时），可以得到

$$\frac{\mathrm{d}p}{\mathrm{d}T}=\frac{s_v-s_l}{v_v-v_l} \tag{7.3.18}$$

上式即为在共存曲线的斜率。熵差进一步写成蒸发潜热 L_v 与共存温度 T 的比值，则上式重新写为

$$\frac{\mathrm{d}p}{\mathrm{d}T}=\frac{L_v}{(v_v-v_l)T} \tag{7.3.19}$$

上式叫作克劳修斯 - 克拉珀龙方程。

若将气相近似为理想气体，则我们可以将克劳修斯 - 克拉珀龙方程继续写下去。理想气体的状态方程给出气相中单分子的平均体积为

$$v_v=\frac{V}{N}=\frac{kT}{p} \tag{7.3.20}$$

它要比液体中分子的平均体积大得多（临界点附近除外），因此我们可以合理地忽略 v_l 的影响。平均潜热可以近似认为是恒定的，所以我们将方程（7.3.19）简化为

$$\frac{\mathrm{d}p}{\mathrm{d}T}=\frac{L_v}{(kT/p)T} \tag{7.3.21}$$

积分这个微分方程可以得到

$$p=\frac{p_A}{\exp(-L_v/kT_A)}\exp[-L_v/(kT)] \tag{7.3.22}$$

上式表明，$\ln p$ 是 $1/T$ 的线性函数。真实气体，如 Ar、Xe、N_2、O_2、CO 和CH_4，在大温度范围内与上式符合很好，都表现出近似线性的行为。当然，上式做了许多近似处理，后续的修正可以考虑以下三点：

（1）L_v 随温度的实际变化；

（2）考虑 v_l 的影响；

（3）临界点附近理想气体状态方程的修正。

例3 求半径为 10 nm 的水滴表面附加压强，该压强如何影响表层附近水的熔点？在标准状况下，冰和水的比体积分别为 $v_s=1.09\times10^{-3}\ \mathrm{m^3/kg}$，$v_l=1.00\times10^{-3}\ \mathrm{m^3/kg}$，熔化热 $L_m=3.34\times10^5\ \mathrm{J/kg}$，水的表面张力 $\sigma=7.3\times10^{-2}\ \mathrm{N/m}$。

解：根据表面附加压公式

$$p=\frac{2\sigma}{r}=1.46\times10^7(\mathrm{Pa})$$

根据克劳修斯 - 克拉珀龙方程

$$\frac{\mathrm{d}T}{\mathrm{d}p}=\frac{(v_s-v_l)\ T}{L_m}=-\frac{273.15\times0.09\times10^{-3}}{3.34\times10^5}=-7.36\times10^{-8}\ (\mathrm{K/Pa})$$

造成熔点的变化为

$$\Delta T = p\frac{\mathrm{d}T}{\mathrm{d}p} = -1.46\times10^{7}\times7.36\times10^{-8} = -1.07\ (\mathrm{K})$$

即水滴的表面附加压造成水滴的熔点降低 1.07 K。

7.3.7 范德瓦尔斯气体等温线

回顾本书第 2 章的内容，在理想气体状态方程的基础上，通过修正气体分子的体积和分子间的吸引力作用，得到了范德瓦尔斯气体状态方程。相比于理想气体，范德瓦尔斯气体（以下简称范氏气体）状态方程可以成功地再现气 – 液相变过程，本节就此问题展开讨论。

图 7.20 所示为理想气体的一组等温线。不同温度间的等温线互不相交，等温线的形状相似，随着温度的降低并没有观察到气 – 液相变的发生。图 7.21 是基于范德瓦尔斯状态方程的气体等温线。温度低于某一温度时，等温线出现拐点，继续降低温度，等温线上出现一极大值和极小值。实际气体的气 – 液相变过程伴随着体积的突变，在 $p-V$ 图的等温线上出现一平台区，如图 7.21 虚线所示，平台将等温线划分为两个区域，平台左侧为液相区，平台右侧为气相区，平台两端所表示的状态为气、液两相共存态。范德瓦尔斯气体等温线上气 – 液相变是一个连续转变过程，并没有体积突变，尽管如此，它已经能够描述出相变的部分特征。

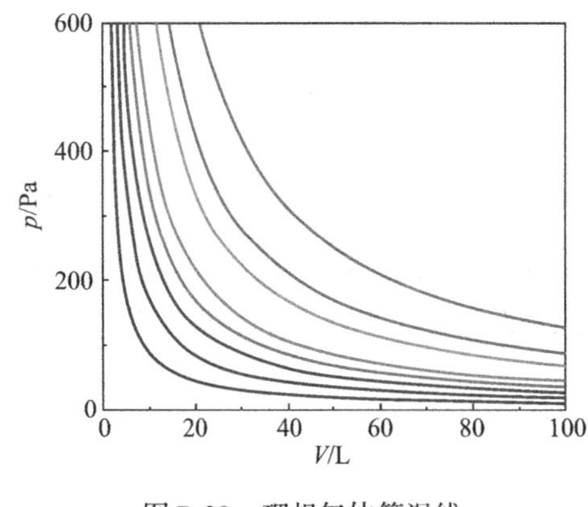

图 7.20 理想气体等温线

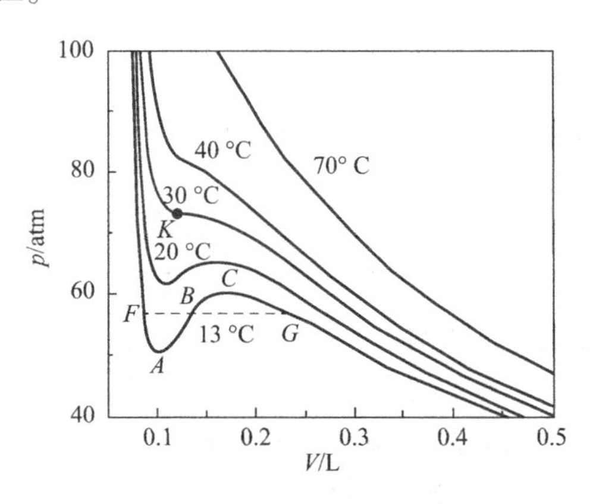

图 7.21 范德瓦尔斯气体等温线

将范氏气体等温线上两相共存段划分为三个区域：*FA* 区、*ABC* 区和 *CG* 区，如图 7.22 所示。*FA* 区反映的是过热液体，*CG* 区表示的是过饱和气体。它们都是亚稳态，在外界干扰下会迅速汽化或凝结。范氏气体方程成功地预测了亚稳态的存在。*ABC* 区中随着体积的增大压强反而增大，在热力学上 *ABC* 区不满足平衡稳定性条件，实际并不能观察到这样的状态，这是范氏气体的一个缺陷。

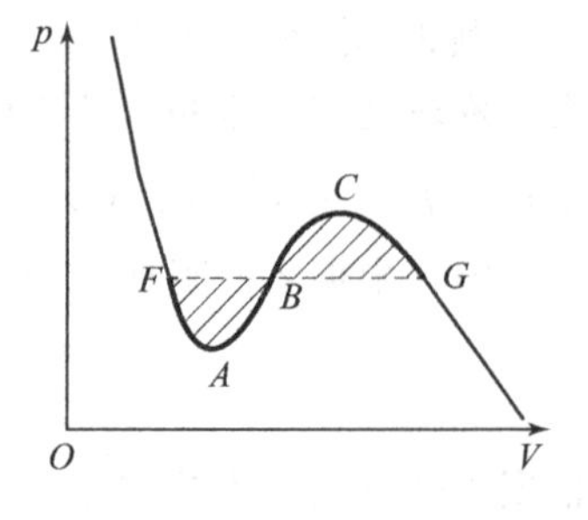

图 7.22 等面积法则示意图

已知范氏气体等温线，如何确定两相共存线 *FBG* 的位置？*G*、*F* 两点需要满足相平衡条件，即两点化学势相等：

$$\mu_G = \mu_F \tag{7.3.23}$$

根据式（7.3.11）$\Delta\mu = -s\Delta T + v\Delta p$，在等温条件下

$$\mu = \mu_0 + \int_{p_0}^{p} v\mathrm{d}p \tag{7.3.24}$$

在等温线气相区任选一个 O 点，F、G 两点的化学是可以写为

$$\mu_F = \mu_0 + \int_{OGCBAF} v\mathrm{d}p$$

$$\mu_G = \mu_0 + \int_{OG} v\mathrm{d}p \tag{7.3.25}$$

根据相平衡条件（7.3.23），得到

$$\int_{GCBAF} v\mathrm{d}p = 0$$

这意味着

$$\text{面积}(GCBG) = \text{面积}(FABF) \tag{7.3.26}$$

式（7.3.26）称为麦克斯韦等面积法则。根据等面积法则，就可以唯一地确定直线 BF 在范氏气体等温线上的位置了。

在等温线上，极大值 C 点满足的条件是

$$\left(\frac{\partial p}{\partial v}\right)_T = 0,\left(\frac{\partial^2 p}{\partial v^2}\right)_T < 0 \tag{7.3.27}$$

极小值 A 点满足的条件是

$$\left(\frac{\partial p}{\partial v}\right)_T = 0,\left(\frac{\partial^2 p}{\partial v^2}\right)_T > 0 \tag{7.3.28}$$

临界点满足的条件是

$$\left(\frac{\partial p}{\partial v}\right)_T = 0,\left(\frac{\partial^2 p}{\partial v^2}\right)_T = 0 \tag{7.3.29}$$

利用范氏状态方程，可得到

$$\begin{aligned}\left(\frac{\partial p}{\partial v}\right)_T &= -\frac{RT}{(v-b)^2} + \frac{2a}{v^3} = 0\\ \left(\frac{\partial^2 p}{\partial v^2}\right)_T &= \frac{2RT}{(v-b)^3} - \frac{6a}{v^4} = 0\end{aligned} \tag{7.3.30}$$

于是，临界点处的温度 T_c、压强 p_c 和体积 v_c 分别为

$$T_c = \frac{8a}{27Rb},\ p_c = \frac{a}{27b^2},\ v_c = 3b$$

三者之间存在有以下关系

$$\frac{RT_c}{p_c v_c} = \frac{8}{3} = 2.667 \tag{7.3.31}$$

这个无量纲的比值称为临界系数。根据范氏方程，临界系数与气体的种类无关。事实上，与实际气体的临界系数（见表7.11）相比，范氏气体的预测有一定的差距。

表 7.11 几种气体的临界系数

气体	He	H_2	N_2	O_2	CO_2	H_2O
临界系数	3.13	3.03	3.42	3.41	3.49	4.46

例 4 将范氏气体在不同温度下的等温线的极大值点 N 与极小值点 J 连起来，可得一条曲线 NCJ（见图 7.23），试证明这条曲线的方程为

$$pv^3 = a(v-2b)$$

其中，v 是气体的摩尔体积，a 和 b 是范式状态方程参数。

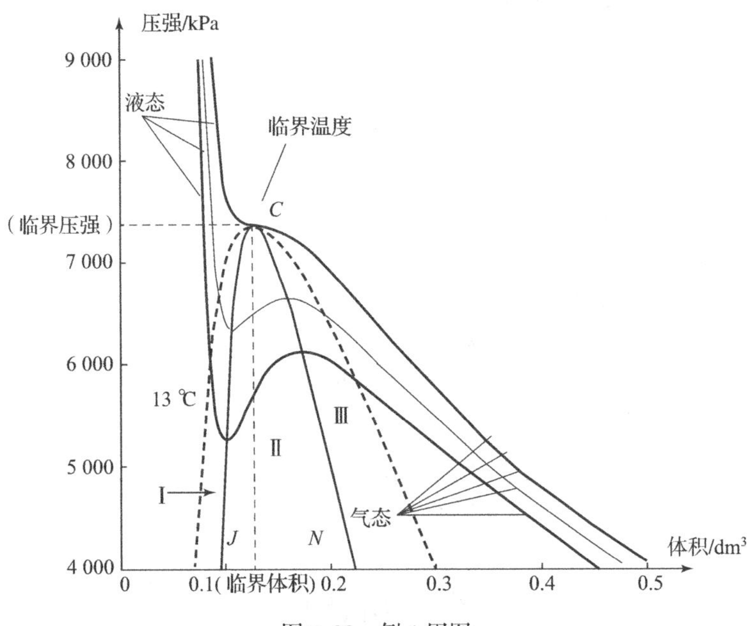

图 7.23 例 4 用图

证明：范氏气体状态方程为

$$p = \frac{RT}{v-b} - \frac{a}{v^2}$$

对 v 求偏导可得

$$\left(\frac{\partial p}{\partial v}\right)_T = -\frac{RT}{(v-b)^2} + \frac{2a}{v^3}$$

等温线极大值与极小值满足的条件为

$$\left(\frac{\partial p}{\partial v}\right)_T = 0$$

即

$$\frac{RT}{(v-b)^2} = \frac{2a}{v^3}$$

将上式带入状态方程，得到

$$p=\frac{2a}{v^{3}}(v-b)-\frac{a}{v^{2}}$$

$$pv^{3}=2a(v-b)-av$$
$$=a(v-2b)$$

即为曲线 NCJ 方程。

7.3.8　液固相变

液相向固相的转变称为结晶或凝固；反之，称为熔化。结晶与熔化都是一级相变，相变伴随着体积和焓的突变，其中焓变称为结晶潜热或熔化热。

液固共存线也称为熔化线或结晶线，它的斜率同样可以由克劳修斯－克拉珀龙方程得到

$$\frac{\mathrm{d}p}{\mathrm{d}T}=\frac{L_{\mathrm{m}}}{(v_{\mathrm{l}}-v_{\mathrm{s}})T} \tag{7.3.32}$$

式中，L_{m} 是熔化热。由于固相的体积与液相的体积差别不大，因此熔化线斜率一般较大，意味着熔点随压强的变化不显著。

结晶过程一般分为两个阶段：形核与晶体生长。当液体温度低于平衡熔点后进入过冷区域，这时过冷液相的化学势高于相应的晶相化学势，根据吉布斯自由能最小原理，液相将向固相转化。结晶的第一个阶段是形核，即形成稳定的晶核。过冷液相中的原子仍然在做无序的长程热运动，但液相中出现了短程有序的原子团簇，这些团簇处于不稳定状态，不断地形成，又不断地消失。同时，液体中还存在能量起伏。随着温度的降低，结构和能量起伏愈加剧烈，为晶核的形成创造了条件。

液相中产生晶核的驱动力是液相转变为固相后系统自由能的降低；另外，由于晶核的出现，形成了新的液固界面能，这使得系统的自由能升高，它是形核的阻力。若晶核的体积为 V，表面积为 S，液固两相单位体积自由能差为ΔG_V，界面能为 σ_{SL}，则系统自由能总的变化为

$$\Delta G=-V\Delta G_V+\sigma_{\mathrm{SL}}S$$

上式右端第一项是形成晶核引起的体积自由能的降低，是形核的驱动力；第二项表示形成液固界面后出现的界面能项，是形核的阻力。假设形成的晶核是半径为 r 的球体，则上式可写为

$$\Delta G=-\frac{4}{3}\pi r^{3}\Delta G_V+4\pi r^{2}\sigma_{\mathrm{SL}} \tag{7.3.33}$$

图7.24所示为形核过程中总的自由能变化与晶核半径的关系，图中也分别给出了形核驱动力项和阻力项的变化。可以看出，ΔG 存在一极大值，这意味着晶核在进入自发生长阶段($\partial\Delta G/\partial r<0$)前必须要克服一个自由能势垒 ΔG_{c}，称为形核功，对应的晶核半径称为临界晶核半径 r_{c}。这里的“临界”与气－液共存线上的临界点无关，只是说明当 $r>r_{\mathrm{c}}$ 后晶核才能稳定地长大。求式（7.3.33）的极大值，可得 $r_{\mathrm{c}}=2\sigma_{\mathrm{SL}}/\Delta G_V$，并且将 $\Delta G_V\approx L_{\mathrm{m}}\Delta T/T_{\mathrm{m}}$ 代入，得到

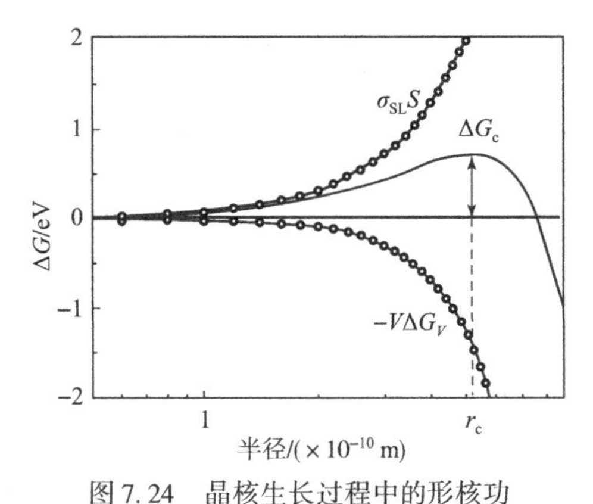

图 7.24 晶核生长过程中的形核功

$$r_{\mathrm{c}}=\frac{2\sigma_{\mathrm{SL}}T_{\mathrm{m}}}{L_{\mathrm{m}}\Delta T} \tag{7.3.34}$$

可见，晶核的临界半径与过冷度成反比，增大过冷度能够有效地降低临界晶核尺寸，从而促进形核。

通常，用形核率来衡量形核能力。所谓形核率是指在单位时间内单位体积液相中形成的稳定晶核的数目。温度较高时，形核率主要由形核功主导，增大过冷度，形核功减小，进而增大形核率。当温度较低时，动力学因素开始主导形核过程，原子的扩散越来越慢，晶核的形成越来越困难，形核率降低。因此，形核率随着过冷度的增大出现峰值，如图 7.25 所示。抑制形核，提高过冷能力能够有效地细化结晶后晶粒的尺寸，提高材料的力学性能。

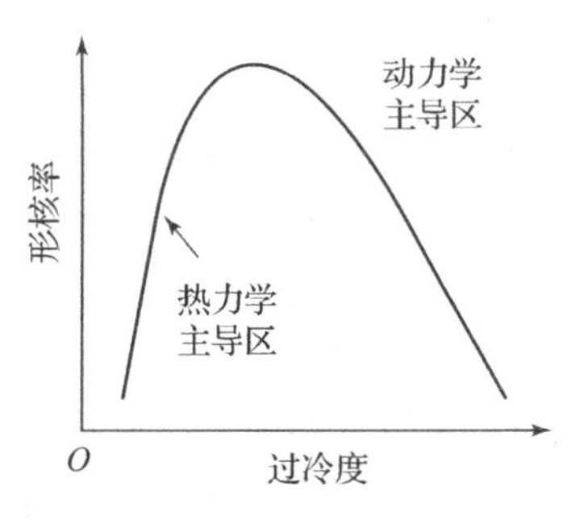

图 7.25 形核率与过冷度的关系

对于一般的液态系统，当过冷度增大到某一值后，形核率急剧增大，发生形核并结晶，这样的形核称为均质形核。过冷能力与系统的属性有关，常见的金属均质形核能达到的过冷度大约在 $0.2T_{\mathrm{m}}$，但是液态水的最大过冷度只有 30 K 左右，大约 $0.1T_{\mathrm{m}}$。

实验上实现均质形核其实较难，液相中或多或少地总存在一些固体杂质，液相有可能附着在固相基底上优先形核，这种形核方式称为异质形核。异质形核的形核功相对要小得多，形核率除了受温度（过冷度）影响外，还受固体杂质的数量、结构及其他一些因素的影响，例如，杂质与液相的润湿性、杂质的表面形貌等。

稳定的晶核形成后，晶核开始长大，即进入晶体生长阶段。晶体的生长速度要受到液－固界面能、原子的扩散能力以及液－固生长界面的形貌等因素影响。温度较高时，热力学驱动力占主导，造成晶体生长速度随过冷度的增大而增大；温度较低时，扩散等动力学因素占主导，这时随着过冷度的增大生长速度反而降低，这种趋势与形核率随过冷度的变化规律类似。晶体生长阶段对于制备高品质的晶体至关重要，控制生长过程中界面前沿的温度梯度、浓度梯度和晶体生长速度，能够调控晶粒的尺寸和生长方向，减少晶体缺陷。

本章小结

（1）晶体中的分子或原子排列具有空间平移和旋转对称性。根据其对称性，可将晶体划分为 7 个晶系，14 种晶格。

（2）固体中分子或原子间的相互作用决定着固体的物理和化学性质，这种相互作用主要包括共价键、离子键、金属键、范德瓦尔斯键和氢键。

（3）液体的结构特征是长程无序、短程有序。表征液体结构的主要方法有径向分布函数和结构因子。

（4）一般液体的扩散系数遵循 Einstein 关系式：

$$\langle r^2 \rangle = \lim_{t \to \infty} 6Dt$$

扩散系数的温度依赖关系可以由 Arrhenius 方程描述：

$$D = D_0 e^{-\frac{Q}{RT}}$$

（5）液体的黏度可由应力自相关函数定义：

$$\eta_V = \frac{V}{9k_B T} \sum_{\alpha\beta} \int_0^{\infty} \langle \delta\sigma_{\alpha\alpha}(t) \delta\sigma_{\beta\beta}(0) \rangle \mathrm{d}t$$

它的温度依赖关系同样可由 Arrhenius 方程描述。

（6）球形液滴的表面附加压为

$$p = \frac{2\sigma}{R}$$

（7）两相共存的热力学条件是化学势相等，即

$$\mu_v(T,p) = \mu_l(T,p)$$

（8）克劳修斯－克拉珀龙方程为

$$\frac{\mathrm{d}p}{\mathrm{d}T} = \frac{L_v}{(v_v - v_l)T}$$

思考题

1. 说明在晶体中的平移周期性、单胞和晶格常数的物理意义。
2. 说明 7 种晶系和 14 种点阵各自的特点。
3. 化学键主要有哪些类型？说明这些化学键的特点。
4. 说明液体的结构特征。
5. 为什么液体中物质的扩散系数随着温度的升高增加得很快？
6. 扩大液面需要做多少功？说明表面能与表面张力的关系。
7. 什么是接触角？什么是润湿与不润湿？从微观上加以说明。
8. 单元系一级相变有什么普遍特征？
9. 用克拉珀龙方程说明液体沸点与压强的关系和固体熔点与压强的关系。
10. 在夏天时，为什么池塘、湖和海水的温度总比周围空气的温度低？

11. 范德瓦尔斯等温线可以说明实际气体的哪些性质？

12. 结晶由哪两个过程组成？为什么一般情况下溶液凝固成多晶体？

13. 晶体生长速度和过冷度有什么关系？形核率和过冷度有什么关系？一般在什么条件下液态金属才能凝固成非晶态金属？

习题

7.1 立方晶格的晶格常数为 a，求体心立方和面心立方的下列数据。

（1）原胞体积；

（2）原胞结点数；

（3）最近邻结点间距离；

（4）最近邻结点数目。

7.2 一球形泡，直径等于 1.0×10^{-5} m，刚处在水面下，如果水面上的气压为 1.0×10^{5} Pa，求泡内压强。已知水的表面张力系数 $\sigma=7.3\times10^{-2}$ N/m。

7.3 一半径为 1.0×10^{-5} m 球形泡，在压强为 1.0×10^{5} Pa 的大气中吹成。如果膜的表面张力系数 $\sigma=5.0\times10^{-2}$ N/m，问周围大气压强多大时，才可使气泡的半径增为 2.0×10^{-5} m，设增大过程在等温条件下进行。

7.4 在图 7.26 所示的 U 形管中注入水。设半径较小的毛细管 A 的内径为 $r=5.0\times10^{-5}$ m，半径较大的毛细管 B 的内径为 $R=2.0\times10^{-4}$ m，求两管水面的高度差 h。已知水的表面张力系数 $\sigma=7.3\times10^{-2}$ N/m。

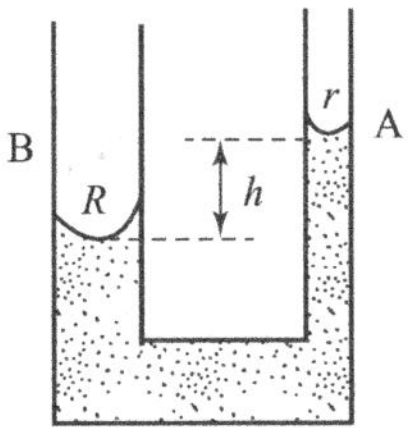

图 7.26 题 7.4 用图

7.5 玻璃管的内直径 $d=2.0\times10^{-5}$ m，长度为 $l=0.20$ m，垂直插入水中，管的上端是封闭的。问插入水面下的那一段的长度应为多少时，才能使管内外水面一样高？已知大气压为 1.0×10^{5} Pa，水的表面张力系数 $\sigma=7.3\times10^{-2}$ N/m，水与玻璃的接触角 $\theta=0$。

7.6 质量为 $m=0.027$ kg 的气体占有体积为 1.0×10^{-2} m^3，温度为 300 K。已知在此温度下两相共存处液体的密度为 $\rho_l=1.8\times10^{3}$ kg/m^3，饱和蒸气的密度为 $\rho_g=4.0$ kg/m^3。设用等温压缩的方法可将此气体全部压缩成液体，问：

（1）在什么体积时开始液化？

（2）在什么体积时液化终了？

（3）当体积为 1.0×10^{-3} m^3 时，液、气各占多大体积？

7.7 要使冰的熔点降低 1 ℃，需要加多大的压力？已知冰的熔化热为 $l_m=3.34\times10^{5}$ J/kg，冰的比体积为 1.0905×10^{-3} m^3/kg，水的比体积为 1.000×10^{-3} m^3/kg。

7.8 证明 1 mol 物质相变时内能的变化为

$$\Delta u=l\left(1-\frac{\mathrm{d}(\ln T)}{\mathrm{d}(\ln p)}\right)$$

如果一相是气相，可看作理想气体，一相是凝聚相，试将公式化简。

7.9 蒸汽与液相达到平衡，以 $\mathrm{d}v/\mathrm{d}T$ 表示在维持两相平衡条件下蒸汽摩尔体积随

温度的变化率，将蒸汽近似看作理想气体，l 为摩尔相变潜热，试证明蒸汽的两相平衡膨胀系数为

$$\frac{1}{v}\frac{\mathrm{d}v}{\mathrm{d}T}=\frac{1}{T}\left(1-\frac{l}{RT}\right)$$

7.10　在三相点附近。固态氨的蒸气压方程为

$$\ln p=27.92-\frac{3\ 754}{T}(\text{SI 单位})$$

液态氨的蒸气压方程为

$$\ln p=24.38-\frac{3\ 063}{T}(\text{SI 单位})$$

试求：(1) 氨三相点的温度和压强；

(2) 氨的汽化热、升华热和溶解热。

7.11　证明摩尔相变潜热 l 为

$$l=T(S_m^\beta-S_m^\alpha)=H_m^\beta-H_m^\alpha$$

$S_m^{\alpha,\beta}$ 和 $H_m^{\alpha,\beta}$ 分别表示 α 和 β 两相的摩尔熵和摩尔焓。

参 考 文 献

[1] 李椿，章立源，钱尚武. 热学 [M]. 3 版. 北京：高等教育出版社，2015.
[2] 刘玉鑫. 热学 [M]. 北京：北京大学出版社，2016 年.
[3] 赵凯华，罗蔚茵，热学 [M]. 2 版. 北京：高等教育出版社，2005.
[4] 秦允豪，黄凤珍，应学农. 热学 [M]. 4 版. 北京：高等教育出版社，2018.
[5] 张玉民. 热学 [M]. 2 版. 北京：科学出版社，2005.
[6] 王竹溪. 热力学 [M]. 2 版. 北京：北京大学出版社，2014.
[7] J. B. Stephen and M. B. Katherine. Concepts in Thermal Physics [M]. 2rd Ed. New York：Oxford University Press，2006.
[8] R. Andrew. Finns Thermal Physics [M]. 3rd Ed. Boca Raton：CRC Press，2017.
[9] [美] R. Shankar. 耶鲁大学开放课程 基础物理 [M]. 刘兆龙，李军刚，译. 北京：机械工业出版社，2017.
[10] 黄淑清，聂宜如，申先甲. 热学教程 [M]. 4 版. 北京：高等教育出版社，2019.
[11] 包科达. 热学教程 [M]. 北京：科学出版社，2007.
[12] H. C. Ashley. 热力学与统计物理简明教程 [M]. 北京：清华大学出版社，2007.
[13] [美] F. 瑞夫. 伯克利物理学教程 统计物理学 [M]. 周世勋，徐正惠，龚少明，译. 北京：机械工业出版社，2014.